生物集団と進化の数理

生物集団と進化の数理

松田博嗣
石井一成 著

岩波書店

まえがき

本書は生物集団と進化の現象を因果論的に解明するための理論としての集団遺伝学と生態学の数理的側面を紹介しようとするものである．このような分野は広く集団生物学(population biology)と呼ばれている．集団生物学の理論が建設されてから既に半世紀を経過するが，近年この分野において新生面が拓かれているように思われる．分子生物学の発展が進化を分子のレベレで追求することを可能にしたことや，いわゆる環境問題が生態学に対する一般的関心を呼び起したことなどが大きな要因であろう．また計算機の発達が数理科学に新しい研究手段を提供しつつあること，物理学者や数学者が自分野の境界領域として生命現象の研究に強い興味を抱くようになったことの影響も見逃せない．筆者らもかつては統計物理学を主として研究してきたもので，九州大学理学部生物学教室に移った8年前頃からこの分野の勉強を始めたばかりである．

個体レベルを単位として考える数理生態学の諸概念は概ね日常経験に近いから，数理科学に興味をもつ学生としては比較的取っつき易いのに対して，集団遺伝学の教科書は通常，遺伝学の知識を前提として書かれているので，他分野の出身者はまず言葉の障壁でつまずいて，この分野を敬遠することになったり，あるいは既成の方程式やモデルの数学的側面のみに興味をしぼりがちになるようである．しかし，先に述べた集団生物学にもたらされた新生面が理論家に要請しているのは，むしろ自然科学としてそれに即応した新しい概念構成やモデルの建設と，それに伴う数学的諸問題の解決や数学的手段の開発であると考えられ，より多くの数理科学の研究者がこのような方向に目を向けられることは筆者らの念願するところである．したがって本書では必ずしも遺伝学の知識を前提としないで読めるよう配慮したが，やはり数理的側面に重点をおく本叢書の性格上，遺伝学については，必要最小限その言葉を紹介するに止めざるを得なかった．しかし，あくまで数学的厳密性よりもむしろこうした数理科学への意図の下で書かれたものであることを強調したい．

一般に学問の研究成果は，各方面において人間の行動に対する，ある指針を与えるものと受け止められるが，生物進化を深く理解することは，人間自体としての在り方生き方を考える上に豊かな示唆を与えるように思われる．いわゆる新生面の下では，生態学には遺伝学的視点が，集団遺伝学には生態学的配慮が今後ますます必要となるであろう．序論においても述べるように，数理的側面に注目すれば，集団遺伝学も数理生態学も自己複製能をもつ要素の集合の時間発展ということで軌を一にしている．筆者らはこのような要素を広くレプリコン(replicon)と呼んで，レプリコン集団の時間発展に関する数理的諸問題をできる限り系統的に扱おうと試みた．

生物学における数学的モデルは，他分野特に物理学や工学で用いられるモデルと異なり，統一的第1原理にもとづく簡単化によって作られるものではなく，むしろ最近いろいろの分野で用いられる隠喩(metaphor)という言葉に近く，それによって自然現象を理解する上のインスピレーションを与えるようなものであるとよくいわれる．このこと自体には別段異論はないが，かといって，生物学における数理的研究は所詮隠喩であって，単にインスピレーションを与えるに止まるものとして，それに甘んじたり，安住したりしていてはならない．始めは隠喩に過ぎなくても，やがては他分野のモデルのように，それによる現実の予測可能性を獲得し得るようなものに発展させなければならないと考える．

集団遺伝学理論では以前からかなり定量的な議論がなされており，モデルは単なる隠喩とはいえないが，分子レベルの研究はさらにモデルらしいモデルの研究を促しているように思われる．例えば，分子レベルの進化は多くの場合適応とは無関係な中立突然変異によって起るとして実測データを理解しようとする木村資生博士らの中立説は，伝統的な新ダーウィニズムに対立するものとして多くの論議を呼び起し，データ解析からその適否を探ろうとする研究を促した．中立説か自然選択説かの論争はそれ自体分子レベルの存在の理法についての興味ある問題であるが，さらに一般的には，集団遺伝学として中立に近い，すなわち極めて弱い自然選択による進化はどのように取り扱うべきかの問題を提起していると受けとめられる．このような問題は従来から量的形質などを支配するポリジーンの進化などに関連していわれてきたことであるが，分子レベルでの知見の拡大によって問題がより顕在化してきたと見られる．第9章に述べるように，従来の集団遺伝学理論では暗々裡にかなりの強さの自然選択が働く場合を想定して進化のモデルが考えられていた．そこでは，少なくも第1近似としては環境は時間的に一定と考え，自然選択は各遺伝子座ごとにほぼ独立に働くとし，進化は環境変化により新たに適応性を獲得した変異体が集団中に固定するまでの互いに独立な過程のくり返しと仮定して論じてよいであろう．しかし，このような仮定は分子進化に見られるような微弱な選択圧の場合には全く成り立ち難いと思われるし，もしこうした仮定の下での理論を無反省に延長してデータを解析すると納得のいかないことが多い．この方面の試みとして筆者らは環境の持続時間の概念と，新たな進化モデルを導入した．その一部は第8章，第9章に含ませたが，まだ書き足りないことや，幾多の未解決の問題が残されている．

本書のように，抽象的なレプリコン集団としてその数理を論ずることは，一見現実との密着度を弱める行き方のように思われるかも知れないが，不必要な枝葉が切り払われていることこそ，モデルのモデルたる所以であり，融通無碍にいろいろな場合に対応させて考えることが許される．特に上に述べたような，理論の適用限界の拡張などが必要とされる場合には，まず簡単なモデルから幾分出直し的に検討することが本質を見極める上に都合がよいことはいうまでもない．モデルの本質が判れば，必要に応じてより現実に近い場合を調べることは，計算機の発達した現在ではむしろ比較的容易であるともいえよう．

筆者らがこの応用数学叢書に執筆するよう依頼を受けたのはほぼ7年前のことであり，それもランダム系の物理学に関連することを書くようにとのことであった．筆者らの個人的興味や事情からテーマを大幅に変更して，研究経験の浅い集団生物学について執筆することを認めて下さった本叢書編集委員と岩波書店編集部にまず感謝したい．筆者らが集団生物学の理論に関心をもつようになったのは，J. F. Crow 博士，木村資生博士，寺本英博士，根井正利博士，向井輝美博士，太田朋子博士，丸山毅夫博士その他この分野の諸先達の著書，講演，討論などに負うところが多い．就中 Crow 博士の激励と木村博士の鋭い批判とは筆者らを奮い立たせる上に大きな力となった．この機会に深い感謝を捧げる．

最後に，本書の執筆に当り堀淳一博士は原稿に目を通され，不明瞭あるいは生硬な文章を書き改めるよう巨細に注意された．また岩波書店片山宏海氏からは単なる編集担当者として以上に，よく表現上の矛盾点問題点などを注意深く指摘して頂いた．ここに心からお礼を申し上げたい．

1980年9月

松　田　博　嗣
石　井　一　成

目　　次

第1章　序　　論

§1.1　集団生物学の生い立ち

生物学の研究により，われわれは生物の存在と営みについての新たな知見を加え，生物についての深い理解に到達したいと考える．因みに広辞苑によれば，別る・分る・判るは同一項目に入れられており，混沌としたものがくっきりと離れ離れになることと説明されている．けだし，理解の第一歩は違いが判る——区別がつくということであろう．Linné が生物分類の広汎な研究を行なったのは，18 世紀半ばのことで，現在の生物種の分類命名法の始まりとなった．

しかし，18 世紀には，まだ生物種は個々別々に神によって創造されたものであると概ね信じられていた．19 世紀に入ると，Lamarck が動物の分類体系の整備から，種は不変なものではなく，祖先から次第に進化してきたものであると主張して，大きな論議を引き起した．その後 1859 年に及んで，Darwin が名著『種の起源』(The Origin of Species) を著して，種が共通の祖先から進化，分岐してきた，すなわち系統的に発生してきたと考えられる幾多の例を示し，進化の要因として自然選択(淘汰)(natural selection) の概念を導入したのはよく知られているところである．

この生物進化説は，生物種の分類は系統発生に基づいて行なうことが合理的であり，それによって自然分類が可能であること，また生物の存在はその営みの結果として，ある程度因果論的に捉え得るものであることを示したものであって，その後の生物研究のみならず，自然観，世界観に大きな影響を及ぼした．

Darwin は生物進化を‘変更を伴う遺伝’(descent with modifications) と呼んだ．この遺伝の基本法則ともいうべき Mendel の法則は Darwin とほぼ同じ頃，Mendel によって発見されたが，当時は注目を受けないままに打ち過ぎた．Mendel の死後，今世紀初頭に及んで，de Vries らによってその法則が再発見され，さらに Morgan らによる，主としてショウジョウバエを用いる研究によって，**遺伝学**(genetics) は急速に進んだ．かくて 1930 年頃までに，遺伝の実体は染色体にあること，染色体には遺伝の単位ともいうべき多くの遺伝子があること，遺伝における‘変更’は染色体上に起る突然変異に起因するものであることなどが明らかになってきた．そこで，こうした遺伝学の知見に基づいて，Darwin の進化説を定量化し，生物進化の過程を数理科学的に捉えようとする試みが Haldane, Fisher, Wright らによって行なわれ，それは**集団遺伝学**(population genetics)と呼ばれるようになったのである．

生物進化の種々相は複雑多岐であるが，それは畢竟生物集団の遺伝的構成の変化の反映である．遺伝的構成の変化は各個体において親から子へと伝達される遺伝の法則の支配を受けることはいうまでもないが，それぞれの個体が生物集団においてどのように生き抜いて繁殖して行くかという生態学的な法則の支配下にもあるわけである．こうした複雑さの中にあって，集団遺伝学の理論においては，まず生物集団の各個体に起る多様な事象を捨象し，1 世代の時間スケールでの集団の遺伝的構成の変化を与える法則を少数個の量で表わすことにより適当な単純化，すなわち集団のモデル化を行なう．ついでそのモデル集団の遺伝的構成が多世代にわたってどのように変化するかを数学的に導き，これを媒介として現実の生物集団の振舞を理解しようとするのである．

このようにして，集団遺伝学においては，環境に対する適応性を獲得した遺伝子はどのように集団中に拡って行くか．逆に適応性において劣る遺伝子はどのような速さで集団から除去されて行くであろうか．集団の大きさはこうした過程にどのような影響を及ぼすであろうか．有性生殖と無性生殖のちがいはどのように現れるであろうかなど，生物進化に関連した幾多の問題が論じられ，また育種学，優生学などへの応用が生まれた．

さて，Malthus が有名な『人口論』(An Essay on the Principle of Population)を著して，人口が幾何級数的に増加することによる社会的問題を警告したのは 18 世紀末のことであった．この人口論は Darwin が自然淘汰説を唱える刺激となったようであるが，その後，個体数の増加と変動を扱う**個体群生態学**(population ecology)の研究が行なわれるようになってきた．集団遺伝学理論が始まったのとほぼ同じ 1920 年代に及んで，Lotka と Volterra は餌・捕食者や競争する種間の個体数の時間変化を非線形連立微分方程式で表現して論じ，これはその後の近代的な数理生態学の出発点となった．

集団遺伝学と生態学を一括して**集団生物学**(population biology)と呼ぶことができる．最近に到って，これらの分野には新生面が開かれてきた．すなわち，分子生物学の進歩によって遺伝現象を分子のレベルに煮つめることが可能となり，種々の生物の蛋白質，核酸の構造，機能に対する実測結果が次々と明らかになってきた結果，生物の進化を分子の進化という面から定量的に眺められるようになってきたのである．かくて，生物集団において，各生物個体の保有する分子の進化はどのような法則に支配されているか，分子の進化と生物の進化はどう関連しているかなど幾多の新しい重要な課題が浮び上り，現在では**分子集団遺伝学**(molecular population genetics)と呼ばれる分野が拓かれてきた．例えば木村資生らは，分子進化の定量的な観測値を理解するためには，自然淘汰とは無関係な中立突然変異が重要な役割をしているとする**分子進化の中立説**(neutral theory of molecular evolution)を提唱し，大きな論議を巻き起している．

一方，最近の科学技術，生産規模の急速な発展や人口増加に伴う公害問題あるいは地球資源枯渇の問題などは生態学の重要性を認識せしめる結果となり，勢い個体群生態学ないしはそれを数理科学的に扱うという意味で数理生態学への関心が高まってきた．また数理生態学の直接の研究対象は，生物個体数の時間的空間的変化であるが，数理的に見れば，それは化学反応系の問題としても眺められる．生化学の進歩の結果，生物の営みを複雑ではあるが合理的に組織化された化学反応系として捉えようとする気運が生じ，それとの関連においても数理生態学の研究が活潑化してきたのである．

§1.2　集団生物学の数理的性格

集団遺伝学と数理生態学は，具体的な研究対象からみれば，一方は遺伝子など遺伝現象に関連したもの，他方は生物個体と，それぞれ主眼の置きどころが異なり，概ね別々の研究者によって研究が進められているが，数理的にみれば両者とも要素に対して仮定された法則から，多数個の要素の集合の振舞を導く学問であるといえる．いずれも各要素は各時点である1つの状態にあると考え，種々の状態にある要素の数が時間と共にどのように変るかが数理的に取り扱われているのであって，ちがいは具体的に何を要素と考え，また何に注目して要素を特徴づける状態と見なすかにあるのである．例えば集団遺伝学の簡単なモデルでは要素は遺伝子であって，その状態は遺伝子が**野生型**(wild-type)(自然集団で多数を占める型)であるか，**変異型**(mutant)であるかで特徴づけられるし，数理生態学では，要素は通常個体であって，その状態はその種とかさらには年齢や棲む場所などによって特徴づけられる．

このように包括的に考えると，集団生物学は他の分野の学問，特に統計物理学と共通の理念に基づいていることに気付く．後者の具体例として，容器に入れられた気体を考えよう．気体は多数の分子からなっている．各分子の状態はそれを構成する原子の種類，分子構造や分子の内部運動状態，および分子の重心の座標と運動量などによって特徴づけられる．統計物理学では，分子の状態の時間変化を規定する法則が与えられたとき，多数の分子が集団として示す性質，すなわち集団について観測可能な量(マクロの量)を理論的に導こうとする．上記の法則は，集団のサイズや観測の行なわれる時間のスケールに比べると，空間的にも時間的にも局所的に与えられており，これをミクロの法則と呼ぶことができる．集団生物学において，野生型と変異型間の突然変異率や生物個体の移動の確率などはミクロの法則に相当するわけである．分子の状態が分子ごとに異なり，ミクロのレベルでは一見不規則と見えても，マクロの量としては与えられたマクロの環境下で再現可能な規則性が現れるのは大数の法則によるものである．これと同じく突然変異などが確率論的なものであるにかかわらず，多数の個体からなる集団における変異型の頻度の時間変化などが決定論的に近似し得るのも正にこうした大数の法則によるものである．

ミクロの法則はマクロの現象の多様さに比べて普遍性，不変性の程度が高い．分子間力が分子対ポテンシャルから導かれるとし，分子対ポテンシャルを重心間の距離の関数として与えることはミクロの法則であり，これは気体の密度や温度の変化によってあまり変らないと考えられる．したがって分子間ポテンシャルを仮定することによって理論的に種々の密度，温度の下での圧力が推定されるし，逆に圧力などの観測値から現実の気体の分子間ポテンシャルに対する情報が得られる．また統計物理学によって通常の環境下で気体の圧力を導くときに，分子の状態としては，各分子の重心の座標，運動量だけに着目し，分子を質点のように考えて，よい近似が得られる．すなわち，圧力だけを問題にするときは，必ずしも分子の全状態を考慮に入れる必要はない．

ここで注意すべきことは，このような単純化をすることが事象の肝心の部分を理解する上に重要であることと，このような単純化には適用限界があることである．実際，高温で分子がイオン化するようになれば，分子間ポテンシャルは大きな変化を受けるであろうし，分子間ポテンシャルは一般に分子構造やその内部運動状態にも依存するはずで，高密度ではこのような効果は無視し得ないであろう．このような情況は集団生物学でも同様である．

さて，前述の気体の場合にはその存在形態が温度を下げることによって，液体，固体へと移っていく．統計物理学は，こうしたマクロの存在形態をミクロの法則に従う分子の運動——営みに基づいて理解しようとする．このことには，生物の存在をその営みとの関連において捉えようとするDarwinの思想との類似性をも認めることができる．しかし，進化現象は通常統計物理学の対象とはされていない．生物の進化を可能にしたのは，ミクロの法則において，単に要素が状態を変えるだけでなく，類似した状態の要素を作り出す複製の過程が含まれることと，要素のとり得る極度に多様な状態のうち，特定のいくつかが選択的に子孫の状態として残されるという事情があるからである．このような複製過程の存在は理論集団生物学に統計物理学には見られない型の，興味ある数理的問題を提供することになる．

一方，現実の要素のとり得る状態の極度の多様性と，要素の従うミクロの法則が複雑な諸要因の支配下にあることは，理論と現実との密着度において集団生物学と統計物理学の異質性を浮き立たせてきた．生物の現象は複雑であるから，統計物理学のようにモデルの性質の数理的研究が現実の理解を深め，それによって現実を理論的にしかも定量的に予測しようとすることは無理ではないか，それなら集団生物学の数理的研究を進めることの意義は何かという疑問も生じよう．しかし，前節で述べた分子レベルでの多くの新しいデータの解釈や，人類が直面している環境問題などは，むしろ理論集団生物学の可能性に対する挑戦として受け止められる．したがって理論集団生物学の適用限界を正しく把握し，またそれをどう拡げて行くかは興味ある大きな課題であろう．

元来，研究は段階的に進むものであって，一挙に何もかも解決しようとすることは，しばしば何も解決できずに終ることが多い．われわれは状態をもつ多数の要素の集合の研究ということで集団生物学と統計物理学の等質性をむしろ強調してきた．これは単純なモデルの設定とその数理の解明，ついで現実との比較による現象の要因解析，さらにはモデルの適用限界の認識と，その上に立つ新たな研究方向の考察というパターンが集団生物学でも有効であると信ずるからである．

本書は集団生物学のこれまでの研究成果をその伝統に従って綜合報告的に紹介するのではなく，上記のような観点に立ち，理論集団生物学のモデルを特徴づける可能な状態の集合の数理的性格に着目してモデルを系統的に分類し，より単純なものから，複雑なものへと段階的に進み，それぞれの段階における特徴的結果とその生物学的意義を紹介することを目的とする．このため，まず集団生物学，特に集団遺伝学において，どのような状態を対象として考えるべきであるかを見なければならない．そこで少しく分子遺伝学の知見を振り返ってみよう．

§1.3　分子遺伝学の基礎的知見

よく知られているように，すべての生物個体は1つまたは多数の細胞 (cell) からできており，前者は単細胞生物，後者は多細胞生物と呼ばれる．個体の生長および増殖は細胞分裂によって起こる．細胞は多くの場合，**1倍体** (haploid) か**2倍体** (diploid) かの何れかである．1倍体細胞に含まれる遺伝情報を担う物質全体は**ゲノム** (genome) と呼ばれる．2倍体は2個のゲノムを含む細胞であり，3個以上のゲノムを含む**倍数体** (polyploid) 細胞も例外的には見られる．

動物植物をつうじて合体や接合に与る**配偶子** (gamete) と呼ばれる生殖細胞は1倍体である．配偶子が合体して生じた細胞は**接合子** (zygote) と呼ばれ，接合子は2倍体である．多細胞生物の体細胞は概ね2倍体であり，2倍体は**体細胞分裂** (somatic cell division) によって2個の2倍体を作るかあるいは**減数分裂** (meiosis) によって配偶子である精子または卵を生ずる．細菌や原生動物など単細胞生物においては細胞分裂はすなわち増殖であるが，このような細胞も時には配偶子として接合を行なう．すなわち，2つの配偶子の合一によって接合子となり，遺伝物質の交換が行なわれて後，2つの1倍体に分れることがある．

さて，ゲノムは1個または何個かの染色体 (chromosome) からなっている．この染色体の個数は生物種によって定まっており，例えばヒトでは23本である．染色体は DNA 分子を含み，DNA は遺伝情報の担体である．図1.1に示すように，DNA はリン酸によって結合された糖の重合体を背骨とした長鎖状高分子であって，各糖には塩基であるプリン (purine) またはピリミジン (pyrimidine) が結合されている．ここにおいてプリンはアデニン (adenine, A) また

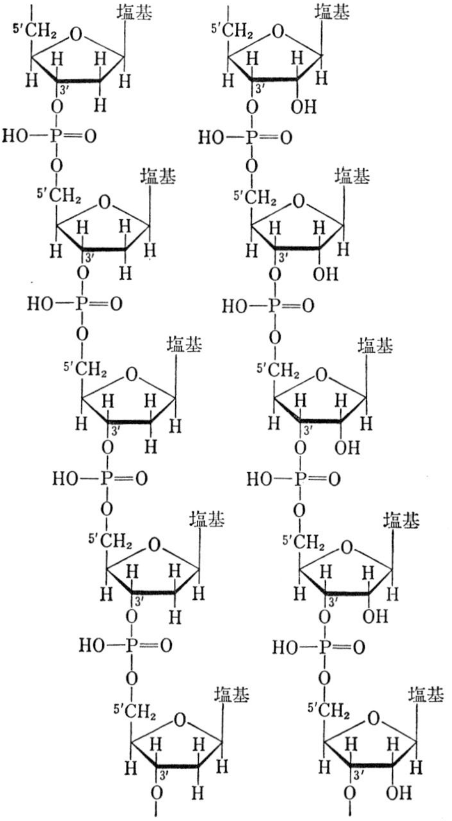

図1.1　DNA と RNA における各構成成分の結合(図1.1，図1.2はともに，東京大学教養学部生物学教室内生物学資料集編集委員会編：『生物学資料集』，東大出版会(1974)による)．

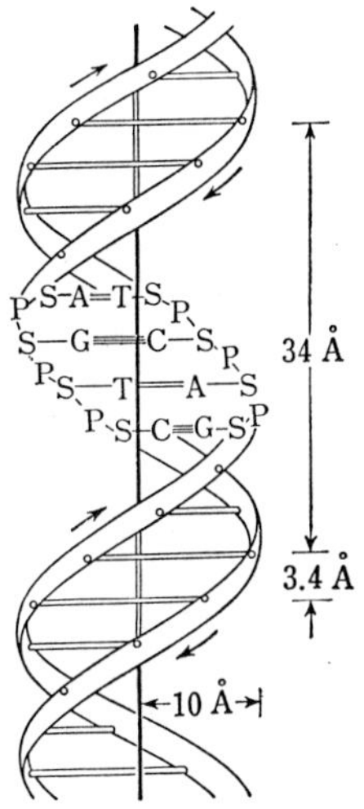

図1.2　DNA の2重らせん構造．P：リン酸，S：デオキシリボース，A═T：アデニン–チミンの対，G≡C：グアニン–シトシンの対．

はグアニン (guanine, G) であり，ピリミジンはチミン (thymine, T) またはシトシン (cytosine, C) である．図1.2に示すように，DNA は対応する位置に相補的な塩基をもつ DNA (相補的 DNA) と通常2重らせんを作っている．ここに相補的な塩基とは，A に対しては T，G に対しては C であって，これらは水素結合で結ばれている．

ゲノムのもつ遺伝情報はゲノムに含まれる DNA における A, T, G, C 4種類の塩基の1次元的配列によって与えられる．ゲノム当りの塩基対の個数は生物種ごとに異なる．その個数は概ねいわゆる高等生物は下等生物より大きく，例えば哺乳類では約 3×10^9，遺伝の実験によく使われるショウジョウバエで約 10^8，細菌では約 10^6 程度である．ただし，魚類や両棲類の中には 10^{10} 以上をもつ種もある．

DNA 上の塩基の全系列は機能上の単位となるいくつかの部分系列からなると考えられ，そのおのおのは広い意味で**遺伝子** (gene) と呼ばれる．遺伝子のうち，特に**構造遺伝子** (structure gene) と呼ばれる塩基系列は，RNA 分子の塩基配列や，ポリペプチド (polypeptide) 分子のアミノ酸配列などを与えている．すなわち，構造遺伝子は鋳型として働いて，それと相補的な塩基配列をもつ RNA 分子の合成が行なわれる．(これを**転写** transcription という.) RNA 分子は，DNA 分子同様，リン酸によって結合された糖の重合体を背骨とした長鎖状分子であり，各糖には塩基であるプリンまたはピリミジンが結合されている．RNA 分子が DNA 分子と比べて異なるのは，糖分子が酸素原子を1つ多くもつこと，ピリミジンにはチミンの代りにウラシル (U) が現われ，それが A と相補的な塩基となっていること，通常2重らせんを作らぬことなどである．RNA には，ペプチド合成の場であるリボゾームを構成するリボゾーム RNA の他，メッセンジャー RNA (mRNA)，転移 RNA (tRNA) などの区別がある．リボゾームにおいて，mRNA は tRNA の働きを媒介として鋳型の役割をなし，mRNA の塩基配列に対応するアミノ酸配列 (1次構造) をもつポリペプチドの合成が行なわれる．(これを**翻訳** translation という.) mRNA 分子の塩基系列の相続く3つの塩基は**コドン** (codon) と呼ばれ，それらは表1.1に示すように，翻訳に際して20種類のアミノ酸のいずれかに対応する．ただし，表1.1において，Term とあるのは，そのコドンに対応するアミノ酸がなく，そこでポリペプチドの合成が止まることになる．すなわち，ピリオドに当るコドンである．表1.1は正に翻訳における暗号(コード)表に当っている．こうしてできた1つのポリペプチド分子自体，または数個のポリペプチド分子が会合したものが蛋白質 (protein) である．

表1.1 コドン表(東京大学教養学部生物学教室内生物学資料集編集委員会編：『生物学資料集』，東大出版会(1974)による)

	U		C		A		G	
U	UUU	Phe	UCU	Ser	UAU	Tyr	UGU	Cys
	UUC	Phe	UCC	Ser	UAC	Tyr	UGC	Cys
	UUA	Leu	UCA	Ser	UAA	Term	UGA	Term
	UUG	Leu	UCG	Ser	UAG	Term	UGG	Trp
C	CUU	Leu	CCU	Pro	CAU	His	CGU	Arg
	CUC	Leu	CCC	Pro	CAC	His	CGC	Arg
	CUA	Leu	CCA	Pro	CAA	Gln	CGA	Arg
	CUG	Leu	CCG	Pro	CAG	Gln	CGG	Arg
A	AUU	Ile	ACU	Thr	AAU	Asn	AGU	Ser
	AUC	Ile	ACC	Thr	AAC	Asn	AGC	Ser
	AUA	Ile	ACA	Thr	AAA	Lys	AGA	Arg
	AUG	Met	ACG	Thr	AAG	Lys	AGG	Arg
G	GUU	Val	GCU	Ala	GAU	Asp	GGU	Gly
	GUC	Val	GCC	Ala	GAC	Asp	GGC	Gly
	GUA	Val	GCA	Ala	GAA	Asp	GGA	Gly
	GUG	Val	GCG	Ala	GAG	Glu	GGG	Gly

[記号] Ala: アラニン，Arg: アルギニン，Asn: アスパラギン，Asp: アスパラギン酸，Cys: システイン，Gln: グルタミン，Glu: グルタミン酸，Gly: グリシン，His: ヒスチジン，Ile: イソロイシン，Leu: ロイシン，Lys: リジン，Met: メチオニン，Phe: フェニルアラニン，Pro: プロリン，Ser: セリン，Thr: スレオニン，Trp: トリプトファン，Tyr: チロシン，Val: バリン．Term は終止コドン．

1つの構造遺伝子に含まれる塩基の数はそれが決定するポリペプチドの長さに依存し，大体において1000のオーダーである．ゲノム当りの構造遺伝子の数は，例えばショウジョウバエの場合5000，哺乳類ではその10倍程度と推定されている．したがって構造遺伝子に含まれる塩基対は全ゲノムのそれの数%に過ぎない．狭い意味で遺伝子というときはこのような構造遺伝子を指すが，広い意味の遺伝子には例えばオペレーター (operator) 部位のように，そこにリプレッサー (represser) 分子がつくことによって構造遺伝子の転写を抑制する機能を果すなど，他の遺伝子の機能発現を種々調節する機能の単位となるものも含まれる．しかし，その全貌はまだよく判っておらず，その機能の解明は分子遺伝学の最重要課題の1つになっている．

DNAの重要な機能の今1つは，自己複製である．すなわち，DNAを鋳型とする相補的なDNAの合成により，2重らせんDNAの複製(replication)が行なわれる．この際，DNAの塩基配列はよく保存されるが，むろんある確率で複製エラーによる**突然変異**(mutation)が生ずる．突然変異率はDNAの部分によって異なり，また生物によっても異なる．現在までのところでは，大雑把な推定が与えられているにすぎない．すなわち，大腸菌などでは細胞分裂に際して，塩基当り突然変異率は10^{-6}から10^{-9}程度に亙ると推定されており一般に生物個体1世代1構造遺伝子当り自然突然変異率は10^{-4}から10^{-6}程度と考えられているが，正確なところはまだよく判っていない．いずれにしても生物の系統発生は，このようなエラーをも含むDNAの複製によって生ずるゲノムの系統発生に基づくものである．系統発生的に近縁なゲノム間においては，同等の機能に対応する各遺伝子はDNA上概ね定まった位置を占めており，その位置を**遺伝子座**(locus)と呼んでいる．遺伝子座の状態はそこの塩基配列，すなわちそこを占める遺伝子の塩基配列によって定まる．この塩基配列は突然変異によって変更を受ける．したがって異なるゲノムでは異なる塩基配列をもつ遺伝子が同一の遺伝子座を占めることがある．このように同一の遺伝子座を占めて，異なる塩基配列をもつ遺伝子は**対立遺伝子**(アレル allele)であるという．したがって，遺伝子座の状態はそれがどのような対立遺伝子によって占められるか，すなわちどのような**アレル状態**(allelic state)にあるかによって定まる．かくて，ゲノムの遺伝的状態は，それがどのような遺伝子座からなっているか，各遺伝子座はどの染色体のどこに位置しているか，また各遺伝子座のアレル状態は何かを指定することによって与えられると考えられよう．

生物の個体発生は個体が保有するゲノムとゲノムの置かれた環境との相互作用の結果起るのであるが，個体間の遺伝的な差異は，ゲノムの遺伝的状態の違いに負っている．したがって，生物の進化はゲノムの進化によるものであり，ゲノムを要素とする集合において，種々の状態にあるゲノムの個数の時間的空間的変化を追究することによって，進化の過程を論ずることができる．集団遺伝学はこのような考えに基づいて構築される．

集団遺伝学の理論では，特定の遺伝子座に着目して，そこのアレル状態のみによってゲノムの状態を特徴づけることが多い．これは理論を単純にするためでもあるが，しばしば生物個体の特定の形質(例えばABO式血液型)はただ1つの遺伝子座によって支配されるためでもある．このような事情があるからこそ，Mendelの法則の発見とその解釈が可能になったのであるが，このような単純化には適用限界があることはいうまでもない．

§1.4 レプリコンの集合としての集団生物学

前節で述べた分子遺伝学の基礎的知見からすれば，遺伝子座，対立遺伝子の概念はゲノムの状態を特徴づけるのに自然かつ有効である．一般に遺伝子座は分類の範疇であり，計算機のプログラムにたとえれば，情報を書きこむための番地に当り，対立遺伝子は番地に書きこまれた情報である．このように考えれば，こうした概念は遺伝的状態に限定されることはない．元来，locusは場所を意味するラテン語であり，alleleはギリシア語のallelomorph(2つ以上のものの中の1つの形態)に由来する語で，遺伝に関した意味は含まれていない．したがって，ゲノムをその遺伝的状態のみでなく，それが置かれている空間的場所や諸情況をも指定して特徴づけるとすると，後者はいわば**生態学的座**(ecological locus)におけるアレル状態を指定することであろう．

このように状態概念を広く考え，そうした状態をもつ要素の集合の研究として集団生物学の数理を考えるとき，その要素はゲノムよりも，もっと一般的な概念として，状態と自己複製能をもつ要素という意味で**レプリコン**(replicon)と呼ぶのがふさわしい*．レプリコンは場合によってはゲノムであったり染色体ないしは遺伝子であり，あるいは個体と考えることもできる．したがって集団生物学の数理的モデルはレプリコンの実体よりは，むしろレプリコンのとり得る状態によって自然に分類される．モデルの数理的結果は適当にレプリコンに実体——具体的内容を与えることによって多くの場合に対して適用可能とな

---

* 分子遺伝学では，レプリコンはDNAの自律的複製の単位部分という限定的な意味で用いられている．しかし，他に適当な語が思い浮ばないので，本書はこれを汎用することにした．

り，それから種々の示唆を得ることができるのである．

ただ1種の生物個体数の時間変化，すなわち人口変化の最も簡単なモデルでは，ただ1つの遺伝子座にただ1つのアレル状態がある場合に当り，この数理については第2章で論ずる．第3章，第4章は1つの遺伝子座に2個のアレル状態がある場合を取り扱う．伝統的な集団遺伝学理論の大半はこの場合について論じられている．このうち第3章は要素数が十分大きいとする決定論的取扱いに，第4章は要素数有限のため生ずる確率論的取扱いに充てられる．集団遺伝学理論の特徴を速くつかみたい読者は§2.1から直ちに第3章に進まれてもよい．第5章は2つの遺伝子座にそれぞれ2個のアレル状態をもつレプリコンの集合を扱い，ここにおいて遺伝子の組換えやエピスタシスなどの効果が論じられる．第6章では再び1つの遺伝子座に2個のアレル状態がある場合を考えるが，ここでは生物個体をレプリコンとみなす．アレル状態は生物種に対応し，突然変異に当る状態間の遷移は考えない代り，捕食，被食等によるレプリコン間の相互作用が考慮される．

以上により，集団生物学の主な基礎的概念を述べた後，第7章において，中立アレル・モデルの種々の結果をとりまとめる．中立アレル・モデルは木村資生らによって活潑に研究されたモデルであって，確率論的取扱いについて立ち入った計算が種々可能で，統計物理学における理想気体モデルに当るような1つの標準的モデルである．ここでは，飛び石モデルなど，n 個の地域集団があるとき，いいかえれば生態学的座に n 個のアレルがあるときも，簡単な取扱いが可能となる．第8章は一般に持続性をもつ環境ゆらぎの効果を確率過程として取り入れたモデルの諸結果を紹介する．このモデルは最近になって種々開発されたもので，中立モデルよりも数学的にやや複雑であるが，自然淘汰の確率論的取扱いとしてこれもまた集団生物学における標準的モデルとして発展するものと考えられる．第7章，第8章は，現在集団遺伝学における重要な課題である，蛋白多型現象に対する分子レベルでの測定結果の解釈や，遺伝的多型保持機構一般を考える上に重要な基礎となるであろう．第9章においては，こうした測定結果の具体的な理論的解析を取りまとめ，さらに現在筆者らが新たに研究を進めつつある進化モデルのいくつかの数理的結果を紹介する．

第2章　増殖と死亡

第1章で述べたように，理論集団生物学のモデルに特徴的なことの1つは要素の複製過程である．この章では，生物個体をレプリコンとみなし，その増殖と死亡という要素的機能を2,3の簡単な典型例について説明，記述しよう．また増殖と死亡が生物個体の集りである個体群の個体数変動に及ぼす影響を調べよう．

§2.1　1年生植物

例えばアサガオのような1年生草は寿命が1年以内である．ある年に生存していた1本のアサガオは，翌年の同時期には枯死しており，そのとき見出される個体は前年に存在していた個体のいずれかの子孫である．ある一定の地域に自生する1年生草の集団を考え，その状態を1年間隔で観察したとしよう．第 t 年目に集団を構成する個体数を N_t とすると，翌年の集団の大きさは

$$N_{t+1}=\sum_{i=1}^{N_t}w_i \tag{2.1.1}$$

によって与えられる．ここで，i は t 年目に存在した個体を標識する番号，w_i は第 i 個体を親として第 $t+1$ 年目に存在する個体の数である．2倍体植物では異なる2個体を両親として翌年に存在する子孫があり得る．このような子孫は両親の w_i のいずれにも 1/2 の寄与をすると考えよう．

このように定義された w_i は親個体の増殖と生まれた子個体の生き残りの過程の結果を記述している．自然集団において実際に w_i を測定することは困難であるが，仮に w_i が測定されたとすれば，それらの値は一定でなく i ごとに異なるであろう．これは，増殖と生き残りという過程が個体の遺伝的状態やそれの存在する環境条件(広義の生態学的状態)に左右されるためである．例えば，同一品種の生物個体が一定の場所において観測されているといった(巨視的)条件があっても，上述の各個体の遺伝的・生態学的状態(微視的状態)は1

通りに決まらないからである．しかし，適当に大きな N_t に対して w_i の値の分布を見てみると，それは同一品種・同一場所ならば N_t の値によらない一定の分布になると期待される．言い換えれば，生物個体の増殖・生き残りの過程は確率論的にのみ記述され得るのである．このように要素の機能が確率論的な性格をもつため，問題になる要素の総数 N_t が小さい場合には集団全体をも確率論的モデルによって扱うことが必要になる．個体増殖の確率論的効果の扱いは第4章で展開される．ここでは N_t が十分に大きいとして話を進めよう．

十分に大きい N_t に対して w_i の分布が N_t によらず一定になるとすれば，平均値

$$w \equiv \sum_{i=1}^{N_t} w_i \Big/ N_t \tag{2.1.2}$$

も N_t によらない定数となる．(2.1.1)，(2.1.2) から

$$N_{t+1} = wN_t \tag{2.1.3}$$

を得る．つまり，集団の個体数 N_t は要素の増殖・生き残りの結果，1年後には定数 w 倍になるという決定論的モデルが得られた．パラメタ w は**適応度** (fitness) と呼ばれる．$t=0, 1, 2, \cdots$ に対して (2.1.3) が成り立つならば，集団の大きさは

$$N_t = w^t N_0 \qquad (t=0, 1, 2, \cdots) \tag{2.1.4}$$

のように公比 w で幾何級数的に変化する．

(2.1.4) で与えられる個体数の時間変化は無制限に成り立つものでないことに注意しよう．$w<1$ の場合には，(2.1.4) によれば $t\to\infty$ と共に $N_t\to 0$ である．しかし，N_t がある程度以下に小さくなると大数の法則 (2.1.2) が破れ，(2.1.4) は成立の根拠を失う．このような状況での個体数変動の解析には分岐過程などの確率過程によるモデル化が必要となるが，ここでは省略する．

今1つ (2.1.4) の適用範囲が限定されるのは，$w>1$ の場合である．このとき，(2.1.4) によれば $t\to\infty$ と共に $N_t\to\infty$ である．したがって，この場合に (2.1.4) が成立しなくなるのは，大数の法則の破れといった数学的論理に基づくのではなく，有限の広さの場所が無限個の植物個体を維持できるはずがないという生物学的根拠によるのである．すなわち，(2.1.2) の w が N_t によらない定数となるのは，N_t が過度に大きくない場合に限るのである．個体の過密

的共存は増殖・生き残り過程に対し抑制的効果を及ぼし，w は N_t の減少関数になると期待される(**密度効果** density effect)．つまり，(2.1.3) は

$$N_{t+1} = w(N_t)N_t \tag{2.1.5}$$

と修正されなければならない．ここで，$w(N_t)$ は図 2.1 のような N_t の単調減少関数である．非線形定差方程式 (2.1.5) は (2.1.3) と違って一般に解析的に解くことができない．しかし，その定常解は，(2.1.5) で $N_{t+1}=N_t=N$ とおくことにより，$N=0$ または

$$w(N) = 1 \tag{2.1.6}$$

を満足することが分る．(2.1.6) の解は，図 2.1 の実線と破線の交点の横座標 N_c である．定常解 $N_t=N_c$ の安定性を調べるために

$$x_t \equiv N_t - N_c \tag{2.1.7}$$

とおこう．x_t について 2 次以上の項を無視すると，(2.1.5) は

$$x_{t+1} = \{1+N_c w'(N_c)\}x_t \tag{2.1.8}$$

となる．ただし，途中で (2.1.6) を用いた．(2.1.8) の解は

$$x_t = \{1+N_c w'(N_c)\}^t x_0 \tag{2.1.9}$$

である．したがって，

$$|1+N_c w'(N_c)| < 1 \tag{2.1.10}$$

ならば，$t\to\infty$ と共に $x_t\to 0$ すなわち $N_t\to N_c$ となり，定常解 N_c は安定 (stable) である．これに反し，(2.1.10) の不等号の向きが反対の場合には，定常解 N_c は不安定 (unstable) である．

最も単純な密度効果は線形の抑制効果

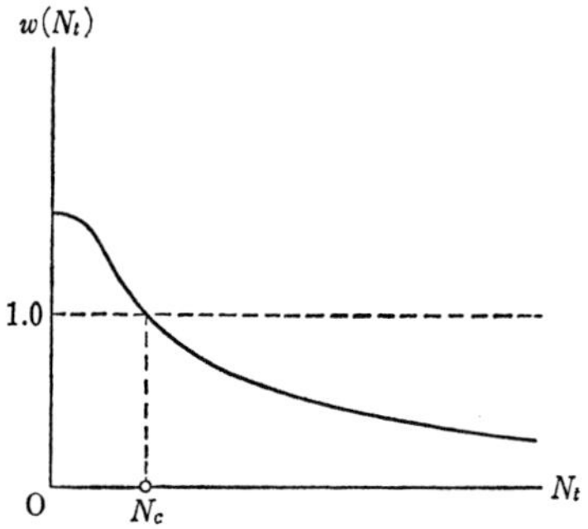

図 2.1 適応度 w のサイズ依存性の模式図．$w(N_t)$ は集団のサイズが N_t であるときの適応度．

$$w(N_t)=1+R(1-N_t/K) \qquad (2.1.11)$$

である (R, K は定数). (2.1.11) を仮定した個体数変動の方程式 (2.1.5) は, 定差ロジスチック方程式と呼ばれる. この場合, (2.1.6) を満足する定常解は $N_t=K$ である. 安定性の条件 (2.1.10) は

$$0<R<2 \qquad (2.1.12)$$

となる. 最近 May は, モデルのパラメタ R を連続的に変化させるに伴って (2.1.5) の安定な解がどのように変化するかを示した. $R>2$ となると $N_t=K$ は不安定になるが, その場合には周期2以上の安定な周期解が存在することなど, 興味ある解の挙動が見出されている*.

§2.2 多年生植物

前節で扱った1年生植物と異なって, 例えばタンポポのような多年生草は, 寿命が1年以上ある. ある年に生存していた1本のタンポポは翌年の同時期にも生き残り自分の子孫と一緒に個体群を形成することが可能である. このような多年生草の増殖と死亡も, 前節で1年生草について述べたのと同様に, 確率論的に記述できる. ただ, 多年生草集団の場合には同時に存在する生物個体の間に年齢に関する相違があり, 増殖と死亡の過程も個体の年齢に応じて変化すると考えられる. すなわち, ここでは年齢によってレプリコンの状態を指定するのが適切である. 今, ある一定の地域に自生する多年生草の集団を考え, その状態を1年間隔で観察したとしよう. この多年生草の年齢を1年単位で測ることとし, 受精後 $x-1$ 年を越えるが x 年以下の個体を年齢 x と呼ぶことにする. 年齢の上限を m 年としよう. 第 t 年目の集団の年齢構成は, その年に生存している年齢 x 年の個体数を $n_x(t)$ としたとき, $\{n_x(t); x=1, 2, \cdots, m\}$ によって完全に記述される. 年齢 x 年の個体の増殖・死亡過程を2つの定数 m_x, p_x で特性づけよう. ここで, m_x は集団を観察したときに年齢 x であった1個体から1年間に生まれる子孫の平均数であり, p_x は年齢 x の個体が1年間生きのびる確率である. $n_x(t)$ がすべての x に対して十分に大きいと仮定すると, 第 $t+1$ 年目における集団の年齢構成は

---

* たとえば, May, R. M.: Nature, **261** (1976), 459 を参照.

$$n_1(t+1) = \sum_{x=1}^{m} m_x n_x(t)$$
$$n_x(t+1) = p_{x-1} n_{x-1}(t) \qquad (x=2, 3, \cdots, m) \tag{2.2.1}$$

によって与えられる．この決定論的モデルは，行列形式で

$$\boldsymbol{n}(t+1) = \boldsymbol{M}\boldsymbol{n}(t) \tag{2.2.2}$$

と表わすこともできる．ここで，$\boldsymbol{n}(t)$ は $n_x(t)$ を第 x 成分とする m 次元列ベクトルであり，$\boldsymbol{M}$ は m 次元正方行列

$$\boldsymbol{M} = \begin{bmatrix} m_1 & m_2 & m_3 & \cdots & m_m \\ p_1 & 0 & & & \\ & p_2 & 0 & & \\ & & p_3 & \ddots & \\ & & & p_{m-1} & 0 \end{bmatrix} \tag{2.2.3}$$

である．

(2.2.2) は形式的に

$$\boldsymbol{n}(t) = \boldsymbol{M}^t \boldsymbol{n}(0) \tag{2.2.4}$$

と解くことができる．(2.2.4) の具体的な挙動を調べるためには，行列 $\boldsymbol{M}$ の固有値問題を解かねばならない．まず，簡単のために $\boldsymbol{M}$ の固有値はすべて単純であると仮定しよう．$\lambda_i, \boldsymbol{a}_i, \boldsymbol{b}_i$ をそれぞれ第 i 番目の固有値，左固有ベクトル，右固有ベクトルとすれば，$\boldsymbol{M}^t$ は

$$\boldsymbol{M}^t = \sum_{i=1}^{m} \lambda_i{}^t \boldsymbol{b}_i \boldsymbol{a}_i \tag{2.2.5}$$

のようにスペクトル分解される．ただし，固有ベクトルは

$$\boldsymbol{a}_i \boldsymbol{b}_j = \delta_{ij} \qquad (i, j=1, 2, \cdots, m) \tag{2.2.6}$$

を満足するように規格化されているものとする．ここで δ_{ij} は Kronecker の δ 記号で，$i=j$ のときのみ 0 と異なり値 1 をとる．(2.2.5) を代入すると，(2.2.4) は

$$\boldsymbol{n}(t) = \sum_{i=1}^{m} c_i \lambda_i{}^t \boldsymbol{b}_i \tag{2.2.7}$$

となる．ただし

$$c_i \equiv \boldsymbol{a}_i \boldsymbol{n}(0) \tag{2.2.8}$$

は与えられた $\boldsymbol{n}(0)$ から決まる定数である．

今，さらに，$\boldsymbol{M}$ の固有値の中に $\lambda_1>0$ というものがあって，他の固有値はすべて絶対値において λ_1 より小さいと仮定しよう．そうすると，$t\to\infty$ のとき (2.2.7) は

$$n(t)=\lambda_1{}^t\left\{c_1b_1+\sum_{i=2}^{m}c_i\left(\frac{\lambda_i}{\lambda_1}\right)^t b_i\right\}\sim c_1\lambda_1{}^t b_1 \qquad (t\to\infty) \qquad (2.2.9)$$

という漸近的挙動を示す．ここで，(2.2.9) の生物学的意味を考えてみよう．まず，(2.2.9) を成分で表わすと

$$n_x(t)\sim c_1\lambda_1{}^t b_{1x} \qquad (t\to\infty) \qquad (2.2.10)$$

となる．ただし，b_{1x} は固有ベクトル b_1 の第 x 成分である．第 t 年目の個体群の大きさ $N(t)$ は，(2.2.10) から

$$N(t)\equiv\sum_{x=1}^{m}n_x(t)\sim c_1\lambda_1{}^t\sum_{x=1}^{m}b_{1x} \qquad (t\to\infty) \qquad (2.2.11)$$

となる．したがって，年齢 x の個体の全集団における割合 $f_x(t)$ は，(2.2.10)，(2.2.11) から

$$f_x(t)\equiv\frac{n_x(t)}{N(t)}\sim b_{1x}\Big/\sum_{y=1}^{m}b_{1y} \qquad (t\to\infty) \qquad (2.2.12)$$

となる．これは，$t\to\infty$ と共に集団の相対的齢構造が，初期条件にも t にもよらずただ増殖・死亡の様式 $\boldsymbol{M}$ だけで決定される，一定の構造に近づくことを意味している．個体群の大きさに関する (2.2.11) は

$$N(t+1)\sim\lambda_1 N(t) \qquad (t\to\infty) \qquad (2.2.13)$$

の形に表わすことができる．(2.2.13) は前節の (2.1.3) に類似した関係式である．これから分るように，本節のモデルが増殖・死亡の年齢依存性まで考慮した複雑なものであるにもかかわらず，十分時間が経過し相対的齢構造が一定になったような状況では，前節の単純なモデルを十分良い近似として用いることができる．実際このことは，また次のように確認することもできる．すなわち，(2.1.3) に現われる定数 w は (2.1.2) で定義されたように，各個体が翌年に残す個体数 w_i の平均であった．本節のモデルで w に対応する量は，各個体が翌年も生き残りうることに注意すると

$$w(t)\equiv\sum_{x=1}^{m}(m_x+p_x)n_x(t)\Big/N_t=\sum_{x=1}^{m}(m_x+p_x)f_x(t) \qquad (2.2.14)$$

である．(ただし $p_m\equiv 0$ とおいた．) $w(t)$ は前節の場合と異なって t の関数とな

るが，t が十分大きくなると，

$$w(t) \sim w(\infty) = \sum_{x=1}^{m} (m_x + p_x) b_{1x} \Bigg/ \sum_{y=1}^{m} b_{1y} \qquad (t \to \infty) \tag{2.2.15}$$

のように一定値 $w(\infty)$ になる．$w(\infty)=\lambda_1$ であることは，b_1 が $\lambda_1 b_1 = \boldsymbol{M}_1 b_1$ を満足することから示せる．実際，これを成分で表わすと

$$\begin{aligned} \lambda_1 b_{11} &= \sum_{x=1}^{m} m_x b_{1x} \\ \lambda_1 b_{1x} &= p_{x-1} b_{1,x-1} \qquad (x=2, 3, \cdots, m) \end{aligned} \tag{2.2.16}$$

となるので，この関係を (2.2.15) の右辺に用いればよい．

また (2.2.16) から

$$b_{1x} = b_{11} l_x {\lambda_1}^{1-x} \qquad (x=2, 3, \cdots, m) \tag{2.2.17}$$

を得る．ただし

$$l_x \equiv p_1 p_2 \cdots p_{x-1} \qquad (x=2, 3, \cdots, m) \tag{2.2.18}$$

は，受精した個体が年齢 x まで生き残る確率である．(2.2.17) を (2.2.12) に代入すると，平衡齢構造 $f_x(\infty)$ は

$$f_x(\infty) = l_x {\lambda_1}^{1-x} \Bigg/ \sum_{x=1}^{m} l_x {\lambda_1}^{1-x} \tag{2.2.19}$$

となる．l_x は x の単調減少関数だから，$\lambda_1 > 1$ の場合には $f_x(\infty)$ も x の単調減少関数となる．すなわち，大きさが一定の速さで増大しつつある個体群の齢構造は，ピラミッド型になる．これに反し，$\lambda_1 < 1$ の場合には，${\lambda_1}^{1-x}$ が x の単調増大関数となるため，$f_x(\infty)$ の x 依存性について一般的には何とも言えない．しかし，l_x がほぼ一定値をとる年齢期では $f_x(\infty)$ が x と共に増大するので，このような時期が若幼齢期に存在すると，齢構造が中膨らみ型になる可能性がある．

以上の議論では，行列 $\boldsymbol{M}$ の固有値に関して，絶対値最大の固有値が正の単純固有値であると仮定して話を進めてきた．最後に，この仮定の正否を調べよう．(2.2.3) を用いて固有値方程式 $|\lambda - \boldsymbol{M}| = 0$ を具体的に書き下してみると，

$$\lambda^m - m_1 \lambda^{m-1} - m_2 l_2 \lambda^{m-2} - \cdots - m_{m-1} l_{m-1} \lambda - m_m l_m = 0 \tag{2.2.20}$$

となる．l_x はすべて正であると仮定してよいが，m_x の幾つかは 0 である可能性がある．今，仮に k を $m_x > 0$ なる年齢 x の最大値とすると，(2.2.20) は

$\lambda=0$ を $m-k$ 重に縮退した根としてもつ．これ以外の固有値は

$$\lambda^k-\sum_{x=1}^{k} m_x l_x \lambda^{k-x}=0 \tag{2.2.21}$$

を満足する．（ただし $l_1\equiv 1$ とおいた．）両辺を λ^k で割ると，(2.2.21) は

$$1=\sum_{x=1}^{k} m_x l_x \lambda^{-x} \tag{2.2.22}$$

とも表わすことができる．$m_x l_x \geqq 0$ であるから，(2.2.22) の右辺は λ の単調減少関数であり，$\lambda=+0$ のとき $+\infty$，$\lambda=1$ のとき $\sum_{x=1}^{k} m_x l_x$，$\lambda=\infty$ のとき 0 の値をとる．したがって，(2.2.22) は正の実根をただ1個もつ．この正根を λ_1 と表わしたとき，

$$M\equiv\sum_{x=1}^{k} m_x l_x \gtreqless 1 \tag{2.2.23}$$

に応じて，$\lambda_1 \gtreqless 1$ であることが分る．ここで，(2.2.23) の M は1個体が生涯に生む子孫の総数の平均である．

さて，(2.2.22) の λ_1 以外の根 λ_i が $|\lambda_i|<\lambda_1$ $(i=2, 3, \cdots, k)$ か否かが問題であった．これを調べるため，$\lambda=re^{i\theta}$ と極座標表示をしよう．すると，(2.2.22) の実部は

$$1=\sum_{x=1}^{k} m_x l_x r^{-x} \cos x\theta \tag{2.2.24}$$

となる．ここで，$\cos x\theta \leqq 1$ $(x=1, 2, \cdots, k)$ と λ_1 が (2.2.22) の根であることに注意すると，(2.2.24) から

$$\sum_{x=1}^{k} m_x l_x r^{-x} \geqq 1=\sum_{x=1}^{k} m_x l_x {\lambda_1}^{-x} \tag{2.2.25}$$

の不等式が得られる．ゆえに $r\leqq\lambda_1$ であることが分る．特に等号が成り立ち $r=\lambda_1$ となるためには，$m_x>0$ であるすべての x に対して

$$\cos x\theta=1 \tag{2.2.26}$$

でなければならない．今，$0\leqq\theta<2\pi$ として一般性を失わない．ここでの問題は，(2.2.26) を満足する θ として，$\theta=0$ 以外のものが存在するか否かである．$\theta=0$ は $\lambda=\lambda_1$ を与えるから，$\theta=0$ 以外に根がないことは，(2.2.22) の根について $|\lambda_i|<\lambda_1$ $(i=2, 3, \cdots, k)$ が成り立つことに対応する．さて，(2.2.26) が $\theta\neq 0$ に対して成り立ったと仮定してみよう．これは，$m_x>0$ である年齢 x ご

とに適当な自然数 n_x が存在して，$x\theta=2\pi n_x$ すなわち

$$\frac{x}{n_x}=\frac{2\pi}{\theta}>1 \tag{2.2.27}$$

が成り立つことと同値である．ここで，2つの場合を分けて考えよう．(i) $m_x>0$ である年齢 x が1個だけしか存在しないとき．このとき(2.2.27)が $x=k$ に対して成り立つから，

$$k>n_k\geqq 1 \tag{2.2.28}$$

となる．次に，(ii) $m_x>0$ である年齢 x が2個以上存在するとき．そのような年齢の任意の2つを x, x' としよう．これらについて(2.2.27)が成り立つことから

$$xn_{x'}=x'n_x \qquad (x>n_x,\ x'>n_{x'}) \tag{2.2.29}$$

の関係式を得る．これから，x と x' が共約数をもつことが分る．なぜならば，仮に x と x' が既約であると仮定すると，(2.2.29)の等式から n_x は x を約数としなければならなくなり $x>n_x$ に矛盾するからである．以上の2つの場合の結論をまとめると，(2.2.26)が $0<\theta<2\pi$ である θ に対して成り立つための必要十分条件は，(i)「$k\geqq 2$ かつ $m_x>0$ である年齢 x が $x=k$ だけしかない」，(ii)「$k\geqq 2$ かつ $m_x>0$ である年齢が共通公約数をもつ」のいずれかでなければならない．したがって，$\boldsymbol{M}$ の固有値 λ_i について $|\lambda_i|<\lambda_1$ $(i=2, 3, \cdots, m)$ が成り立つための必要十分条件は，(i)「$k=1$ である」，または(ii)「共約数をもたない複数の年齢で $m_x>0$ となる」のいずれかが成り立つことである．例えば，$m_x>0$ である年齢 x がただ1つしか存在しなくて，しかも $k>1$ である場合とか，あるいは，$m_x>0$ である年齢 x が複数個存在するが，すべて偶数年齢に限られる場合とかには，この条件が満足されず，λ_1 と同じ絶対値をもつ固有値が λ_1 以外にも存在する．このような固有値は正数でないので，この場合には，相対的齢構造は一般にいくら時間がたっても振動を続け，ある一定の構造に漸近することがない．これに反して，例えば $m_x>0$ である年齢 x が少なくとも2つ引き続いて存在する場合には，上の条件が満足される．このとき集団の相対的齢構造は初期条件によらず一定のもの(2.2.19)に漸近する．

定常な相対的齢構造が存在するとき，集団の大きさ $N(t)$ が定常状態では前節の簡単なモデルのように公比 λ_1 で増大することには，既に(2.2.13)で触れ

た．ここでは，これとは別な意味で前節のモデルが本節のモデルの挙動を記述するのに用いられることを示そう．固有値 λ_1 に属する左固有ベクトル a_1 を (2.2.2) に左から掛けてみると

$$a_1 n(t+1) = a_1 \boldsymbol{M} n(t) = \lambda_1 a_1 n(t) \tag{2.2.30}$$

を得る．すなわち

$$\tilde{N}(t) \equiv a_1 n(t) = \sum_{x=1}^{m} a_{1x} n_x(t) \tag{2.2.31}$$

が前節の模型のように公比 λ_1 で増大する．しかも，この性質 (2.2.30) は，$N(t)$ に関する (2.2.13) と違って，集団が定常な相対的齢構造に達していなくても，常に成立する．ここで，a_{1x} はベクトル a_1 の第 x 成分である．$a_{11}=\lambda_1$ とおくと，$\lambda_1 a_1 = a_1 \boldsymbol{M}$ から

$$a_{1x} = \frac{\lambda_1{}^x}{l_x} \sum_{y=x}^{m} \lambda_1{}^{-y} l_y m_y \qquad (x=2, 3, \cdots, m) \tag{2.2.32}$$

となることが示せる．(2.2.31) で与えられる $\tilde{N}(t)$ は，各年齢 x の個体数 $n_x(t)$ に (2.2.32) で与えられる正の重みを掛けて総計した一種の総個体数である．この重み a_{1x} は，Fisher によって**繁殖価** (reproductive value) と名づけられ，x 年齢の1個体が将来の世代の祖先となる度合と解釈された．この解釈は，十分世代が経過した集団の大きさが，(2.2.11), (2.2.8) により

$$N(t) \sim \left(\lambda_1{}^t \sum_{x=1}^{m} b_{1x}\right) \sum_{x=0}^{m} a_{1x} n_x(0) \qquad (t \to \infty) \tag{2.2.33}$$

と与えられることに基づいている．(2.2.33) に明らかなように，第0世代に x 年齢であった1個体は，将来の集団の大きさに a_{1x} に比例した貢献をしている．

§2.3　連続時間モデル

各個体の増殖と死亡の記述方法と，それらが個体群の大きさの変動に及ぼす影響の解析方法に関しては，上に導入した2つのモデルでほぼその本質が理解されたことと思う．これらはいずれも決定論的モデルであり，増殖・死亡の記述が1年間という有限の時間間隔の始めと終りの状態だけに着目してなされたという意味で，時間に関して離散的であった．換言すると，(2.1.3) も (2.2.2) も定差方程式であった．この節では，これらに対応する時間に関して連続的な

モデルを導入しよう．その目的は，往々にして数学的解析が非常に難しくなりがちな離散的モデルの代りに，解析のより容易な対応する連続的モデルにおいて，挙動の詳細を研究することにある．したがって，以下の議論では増殖・死亡に関して本質的に新しい仮定は何もなされない．

さて，§1.1で考察した1年生植物の**離散時間モデル** (discrete time model) に対応する**連続時間モデル** (continuous time model) を考えよう．(2.1.3) を1年間の個体数の増大

$$\Delta N_t \equiv N_{t+1} - N_t \tag{2.3.1}$$

を用いて書き表わすと，

$$\Delta N_t = (w-1)N_t \tag{2.3.2}$$

となる．これに対応する連続時間モデルは

$$\frac{dN(t)}{dt} = mN(t) \tag{2.3.3}$$

であろう．ここに，m は $w-1$ に対応する定数である．(2.3.2) と (2.3.3) が対応するという意味は，1階の定差 ΔN_t が N_t の定数倍に等しいという定差方程式 (2.3.2) に対して，1階の導関数 $dN(t)/dt$ が $N(t)$ の定数倍に等しいという微分方程式 (2.3.3) が対置されているということである．ただし，(2.3.3) では独立変数 t は $[0, \infty)$ に属する実数であり，$N(t)$ は少なくとも1回微分可能な $[0, \infty)$ 上の関数であると考えられている．

(2.3.3) の解は簡単に求められ，

$$N(t) = N(0)e^{mt} \tag{2.3.4}$$

となる．微分方程式 (2.3.3) を考察する目的が，定差方程式 (2.1.3) の解の挙動を対応する微分方程式の解 (2.3.4) の挙動に基づいて推測することにあるとしよう．連続変数 t が年単位で定義されているとすると，われわれは (2.3.4) で t が整数値をとる場合にのみ興味がある．この場合，われわれは対応する連続時間モデルの解析の結果，

$$N_t \sim N_0 e^{mt} \tag{2.3.5}$$

の形の解を離散時間モデルに対して推測することになる．実際，今の場合 (2.1.3) の解は (2.1.4) のように求められているので，両者を比較すると (2.3.5) の推測が定性的に正しいことが分る．特に

$$e^{m} = w \tag{2.3.6}$$

または

$$m = \log w \tag{2.3.7}$$

とおくと，定量的にも (2.3.5) と (2.1.4) は一致する．w が 1 に近いときには，(2.3.7) の右辺を $w=1$ の周りで展開し

$$m = \log\{1+(u-1)\} \sim w-1 \qquad (w \to 1) \tag{2.3.8}$$

の近似式を得ることもできる．(2.3.8) は，m を (2.3.3) で導入したとき $w-1$ に対応する定数であると説明したことに相応する表現とも考えられる．定数 m は，ふつう**マルサス径数** (Malthusian parameter) と呼ばれている．

連続時間モデル (2.3.3) は，対応する離散時間モデル (2.1.3) が単純であってその挙動が既に良く分っていたために，実質的に新しい知見を何も追加してくれなかった．しかし，対応する連続的モデルの挙動が離散的モデルの挙動に対応するという 1 つの例にはなった．以下では，この例に励まされてより複雑な離散時間モデルに対応する連続時間モデルを考えてみたい．

モデル (2.3.3) を離れるに先立って，今一度，上の議論とは違った導出法を紹介しておこう．離散時間モデルに対応する連続時間モデルを考える際，連続時間 t の単位を T 年とすると，$N_{t'}$ と $N_{t'+1}$ とには $N(t)$ と $N(t+\Delta t)$ $(\Delta t \equiv 1/T)$ が対応すると考えてよい．すると，(2.1.3) には

$$N(t+\Delta t) = wN(t) \tag{2.3.9}$$

が対応する．$N(t+\Delta t)$ を t の周りで展開し Δt の 1 次まで残すと，(2.3.9) は

$$N(t) + N'(t)\Delta t + o(\Delta t) = wN(t) \tag{2.3.10}$$

となる．したがって

$$\frac{dN(t)}{dt} = \left(\lim_{\Delta t \to 0} \frac{w-1}{\Delta t}\right) N(t) \tag{2.3.11}$$

を得る．一見，この導出方法は単純かつ機械的であって，離散時間モデルに対応する連続時間モデルの発見法的構成法として有用である．しかし，細部を気にしだすと，かえって分り難い点もでてくる．例えば，今の例では

$$m = \lim_{\Delta t \to 0} \frac{w-1}{\Delta t} \tag{2.3.12}$$

とおくのであるが，右辺の極限を文字通りに取ってはならない．

集団生物学の研究という興味を差しおくならば，上に現れた解釈の困難は，例えば，次のように合理化することができる．任意の自然数 T に対し，これを添数としてもつ離散時間モデル

$$N_{t+1}{}^{(T)} = w_{(T)} N_t{}^{(T)} \qquad (t=0, 1, 2, \cdots) \tag{2.3.13}$$

を考えよう．定数 $w_{(T)}$ は

$$\lim_{T\to\infty} T(w_{(T)}-1) = m \tag{2.3.14}$$

という性質をもつと仮定する．(2.3.13) の解

$$N_t{}^{(T)} = N_0 w_{(T)}{}^t \tag{2.3.15}$$

に基づいて，連続変数 $t\in[0, \infty)$ の関数 $N^{(T)}(t)$ を

$$N^{(T)}(t) \equiv N_{[tT]}{}^{(T)} \tag{2.3.16}$$

によって定義しよう．ただし，ここで $[\cdot]$ は Gauss の記号で，$\cdot$ を越えない最大整数を表わす．すると，任意の $t\in[0, \infty)$ に対し

$$N(t) \equiv \lim_{T\to\infty} N^{(T)}(t) \tag{2.3.17}$$

が存在し，$N(t)$ は (2.3.3) を満足する．

これこそが，ふつうあいまいに言われる離散時間モデルと連続時間モデルとの「対応」の真意であるという主張がなされることがある．ここでの極限定理風対応が (2.3.5) の素朴な対応と異なった議論であるのは，確かである．ただ，集団生物学的な問題状況においては，ここに紹介した厳密な数学的議論がより本質的であるとは考えられない．したがって，今後本書においてはこの種の‘厳密な’基礎論的研究は省略し，集団生物学的現象の実質的理解を助け促すような発見法的研究をむしろ採用したい．

次に，密度効果を考慮した (2.1.5) に話を進めよう．これに対応する連続時間モデルは

$$\frac{dN(t)}{dt} = m(N(t))N(t) \tag{2.3.18}$$

である．これは，(2.3.3) と違ってマルサス径数が個体数 $N(t)$ に依存している．特別な場合として，(2.1.11) に対応するのは

$$m(N) = r\left(1-\frac{N}{K}\right) \tag{2.3.19}$$

の場合である．(2.3.19)を代入すると，(2.3.18)は

$$\frac{dN(t)}{dt}=r\left\{1-\frac{N(t)}{K}\right\}N(t) \tag{2.3.20}$$

となる．(2.3.20)は**ロジスチック方程式**(logistic equation)と呼ばれる．これは容易に積分できる．すなわち，(2.3.20)は

$$rdt=\frac{dN}{(1-N/K)N}=\left(\frac{1}{K-N}+\frac{1}{N}\right)dN \tag{2.3.21}$$

のように変数分離形になるから

$$rt=\log\frac{N(t)}{K-N(t)}-\log\frac{N(0)}{K-N(0)} \tag{2.3.22}$$

を得る．あるいは，これを変形すると

$$N(t)=\frac{K}{1+\{K/N(0)-1\}e^{-rt}} \tag{2.3.23}$$

となる．(2.3.23)はロジスチック曲線と呼ばれ，図2.2のような形をしている．(2.3.4)と違って，(2.3.23)の与える $N(t)$ は $t\to\infty$ のとき有限の値 K に近づく．図2.2から明らかなように，この定常解 $N(t)=K$ はパラメタ r, K が正である限り常に安定である．

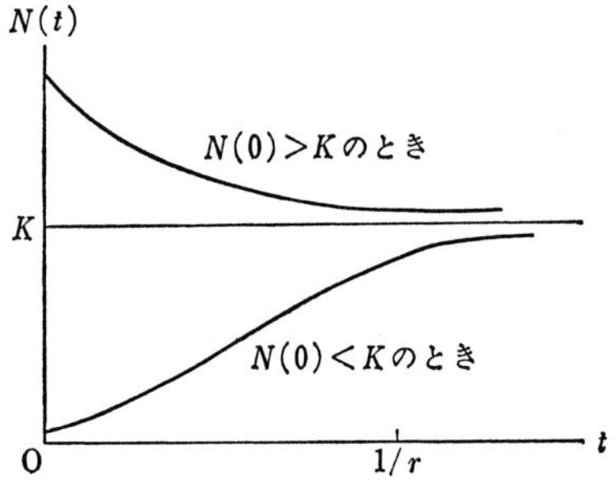

図2.2　ロジスチック曲線 $N(t)$ の時間依存性．

定差ロジスチック方程式(2.1.5)，(2.1.11)，すなわち

$$N_{t+1}=\left\{1+R\left(1-\frac{N_t}{K}\right)\right\}N_t \tag{2.3.24}$$

の解析的な解は求まっていないので，対応するロジスチック方程式(2.3.20)のあらわな解(2.3.23)が求められたことは，前者の解の挙動を推測するうえで参考になると考えられる．しかし，既に§2.1で調べたように，(2.3.24)で N_t

$=K$ が安定な定常解となるのは $0<R<2$ の場合に限られる．しかも，(2.1.9)から分るように，$1<R<2$ の場合には N_t は振動しつつ K に漸近する．したがって，ロジスチック方程式の解(2.3.23)が参考になるのは，$0<R<1$ の場合に限定されるであろう．これは，ある意味では自然な制限であって，むしろ，最初に調べた離散時間モデル(2.3.2)と連続時間モデル(2.3.3)の場合に何も制限が加えられなかったことの方が，例外的と考えるべきであろう．すなわち，(2.3.24)から

$$\Delta N_t \equiv N_{t+1}-N_t = R\left(1-\frac{N_t}{K}\right)N_t \qquad (2.3.25)$$

であるから，R が小さいほど1世代間の変化の大きさ $|\Delta N_t|$ は小さくなり，$r=R$ とおいた連続時間モデルの解の値

$$N_t = \frac{K}{1+(K/N_0-1)e^{-Rt}} \qquad (t=0, 1, 2, \cdots) \qquad (2.3.26)$$

が，(2.3.24)の解を良く近似すると期待される．この推測が正しいことは，(2.3.24)を数値計算によって解くことによって確かめられている．

以上で，2つの場合に離散時間モデルとそれに対応する連続時間モデルを考察した．少なくとも1世代間の変化の大きさ $|\Delta N_t|$ を十分小さくするパラメタに対しては，両者の挙動も対応し，連続時間モデルに基づく解析が離散時間モデルの挙動を推測するうえで有用であることが分った．しかし，$|\Delta N_t|$ をかなり大きくするパラメタに対しては，両者の挙動は必ずしも対応せず，離散時間モデルの方が連続時間モデルよりも質的に多様な振舞を示す場合があることも分った．このような関係は，上に見た2つの場合だけでなく，かなり一般的に成り立つものであることが知られている．

ロジスチック方程式について補足的な注意を述べてこの節を終えよう．(2.3.24)の代りに，定差方程式

$$N_{t+1} = \left\{1+R\left(1-\frac{N_{t+1}}{K}\right)\right\}N_t \qquad (2.3.27)$$

を考えてみよう．この解は，

$$N_t = \frac{K}{1+(K/N_0-1)(1+R)^{-t}} \qquad (t=0, 1, 2, \cdots) \qquad (2.3.28)$$

となる．これは，ロジスチック方程式の解(2.3.23)で

$$e^r = 1+R \tag{2.3.29}$$

とおいたものの整数時刻点での値と完全に一致する．定差ロジスチック方程式(2.3.24)と(2.3.27)の違いは，いずれも同じ形の密度効果関数(2.1.11)を仮定しているが，その引数が前者では N_t であったのに後者では N_{t+1} である点にある．(2.3.27)を N_{t+1} について解くと

$$N_{t+1} = \left\{1+R\left(1-\frac{1+R}{1+RN_t/K}\cdot\frac{N_t}{K}\right)\right\}N_t \tag{2.3.30}$$

となるので，(2.3.24)と(2.3.27)の違いは，前者が線形密度効果を仮定しているのに対し後者は非線形密度効果を仮定している点にあるとも言うことができる．

第3章　レプリコン頻度の時間変化
(決定論的取扱い)

前章で述べたように，出生・死滅による人口変化，すなわち，集団のレプリコン数の時間変化を与えるミクロの法則は離散時間モデルでは適応度により，連続時間モデルではマルサス径数により表現される．前章においては，集団のすべてのレプリコンは同一の遺伝的状態にあるとしたが，レプリコンのとる遺伝的状態に2つ以上の異なるものがある場合には，現実の集団におけるミクロの法則をどのような簡単なモデルとして近似的に記述できるであろうか．

§3.1　1倍体生物集団の適応度とマルサス径数

このために，簡単な場合として，同一種の生物を考え，そのゲノムの定まった1つの遺伝子座に注目し，そこのアレル状態は2つある，あるいは2種類に分類されるとしよう(2アレル・モデル)．例えば，一方のアレルは野生型であり，他方は変異型と考えてもよい．現実のゲノムは複雑多様であって，ゲノムごとに状態は異なるであろうが，上記の単純化の場合，ゲノムの状態は例えば±1の値をとる変数 σ でラベルすることができる*．すなわち，異なる σ の集合を $\mathfrak{S}$ と書くと，今の場合，$\mathfrak{S}=\{1,-1\}$ であり，$\sigma\in\mathfrak{S}$ と書ける．第1章で述べたように，1倍体細胞はただ1つのゲノムからなるから，今の場合，その状態は1つの (σ) でラベルされる．これに対して2倍体細胞の状態は1対の σ，すなわち，(σ,σ') でラベルされる．ただし，$\sigma,\sigma'\in\mathfrak{S}$ である．本章においてはこのような簡単な場合を念頭において議論を進めるが，得られる結果は必ずしも $\{1,-1\}$ という $\mathfrak{S}$ に限定されず，一般に拡張されることが多い．

まず，1倍体の単細胞生物個体を要素とする集団(集合)を考えよう．第1章

*　集団遺伝学では通常，2種のアレルは記号A, aで表され，したがって $\mathfrak{S}=\{A, a\}$ である．ここではこの慣用によらず，記法の対称性，簡便性を重んじて，あえて $\mathfrak{S}=\{1,-1\}$ を採用した．

で述べたようにこの要素をレプリコンと呼ぶ．時点 t において(σ)という状態にあるレプリコン数を $N_\sigma(t)$ $(\sigma \in \mathfrak{S})$ とする．いま，整数の時点だけに着目することにすると，t の次の時点 $t+1$ において存在するレプリコンは，時点 t において存在したレプリコン自体か，あるいは時点 t において存在したある1つのレプリコンの複製を通じて生じた子孫かの何れかである．この2つの場合，何れも時点 $t+1$ において存在する任意のレプリコンに対して，時点 t におけるただ1つのレプリコンを対応させることになる．この対応するレプリコンを，以下特に断らない限り，**祖先**(ancestor)と呼ぶことにする．このとき前者は後者の**子孫**(progeny)であると呼ぶ．すなわち，今後，祖先，子孫というときにはそれらは当該レプリコン自体であることも一般には含まれるものと考える．一般に任意の時点における任意のレプリコンに対し，それ以前の任意の時点においてただ1つの祖先が存在するとする——このいわば‘単一祖先の仮定’をみたすモデルの構造は簡明である．有性生殖をする2倍体生物に対するモデルにおいて，もし個体をレプリコンと考えるならば，個体には両親があるから，人為的に一方の親のみを祖先と定義しない限り，上の仮定は現実に合わない．しかし，上に行なったように特定の遺伝子座の状態によってラベルされたゲノム，さらに一般には特定の染色体の状態によってラベルされたゲノム，あるいはその遺伝子や染色体をレプリコンとするならば，各染色体の複製は染色体ごとにほぼ独立に行なわれるから，この仮定は自然に現実を代表することになる*．この事実を明示したことは，遺伝学の大きな成果の1つであろう．

さて，時点 t における各レプリコンが時点 $t+1$ において何個の子孫を与えるかは一般には確定したものではなく，ある確率法則として与えられると考えるのが現実的であろう．また等しく σ という状態にあるレプリコンでも，ゲノムの他の遺伝子座は一般に異なるアレル状態にあるであろうし，それぞれの棲息する環境も異なるであろうから，この確率法則も各レプリコンごとに異なるはずである．いずれにせよ，この確率法則は時点 t における各レプリコンの時点 $t+1$ における子孫の平均数や分散を与えるであろう．この平均数の時点 t において状態 σ というレプリコンについての算術平均を $w_\sigma(t)$ $(\sigma \in \mathfrak{S})$ と書くこ

＊　ただし，組換え(recombination)が起るときには，祖先，子孫の関係には人為的な取決めが必要となることがある．

とにする．もし時点 t から $t+1$ に到る間，各レプリコンの複製や死滅がほぼ互いに独立に行なわれると仮定すると，$N_\sigma(t)$ が十分大きいときは，確率論における大数の法則が成り立って，現実の $N_\sigma(t+1)$ はよい近似で

$$N_\sigma(t+1) = w_\sigma(t)N_\sigma(t) \qquad (\sigma \in \mathfrak{S}) \tag{3.1.1}$$

と書くことができ，$w_\sigma(t)$ は前章で与えた適応度に当る．ただし，ここでは突然変異や移住はなく，したがって子孫はその祖先と同一の状態をもつとしている．$N_\sigma(t)$ が有限のため $N_\sigma(t+1)$ が (3.1.1) の右辺より確率論的にずれる効果については次章に預けることにする．

ここで，各レプリコンが子孫を残す確率事象は互いに独立としたが，もし時点 t と時点 $t+1$ の間の時間が，個体の複製と次の複製との間の時間，すなわち1世代の時間に比してかなり大きいとすると，この仮定は非現実的となる恐れがある．なぜなら，時点 t から $t+1$ に到る間に，時点 t におけるレプリコンの子孫に働く環境が時点 t の他のレプリコンの子孫の数によって異なる影響を受け得るからである．

一方，この時点間の間隔が世代時間に比してかなり短いとすると，上記独立性はよい近似となるが，今度は $w_\sigma(t)$ が強い t 依存性をもつという複雑さが起ることがある．例えば，集団中の個体の増殖が同期的に行なわれる場合，時間領域 $[t, t+1]$ が増殖期と重なるときと重ならないときとでは，$w_\sigma(t)$ の値にかなりの違いがあるであろう．

集団遺伝学において，離散時間モデルで世代に重なりがない(non-overlapping generation)場合というのは，上記において，時間の単位として1世代の長さを取り，t が世代数を与える場合であって，通常 $w_\sigma(t)$ は σ のみに依存する定数と仮定される．しかし，(3.1.1) で与えられるモデルで現実を代表させること自体は，上のような留保の下で，もっと一般的に許されることであり，場合によっては時間の単位として世代時間以外の適当なものを選ぶ方がよいこともあり得ることに注意すべきである．

一方，$m_\sigma(t)$ を σ と t との関数として，$N_\sigma(t)$ が微分方程式

$$\dot{N}_\sigma(t) \equiv \frac{dN_\sigma(t)}{dt} = m_\sigma(t)N_\sigma(t) \qquad (\sigma \in \mathfrak{S}) \tag{3.1.2}$$

で与えられる連続時間モデルを考えよう．ここで $m_\sigma(t)$ はマルサス径数である．

これから，直ちに

$$\frac{N_\sigma(t+1)}{N_\sigma(t)}=\exp\left[\int_t^{t+1} m_\sigma(t')\,dt'\right] \qquad (3.1.3)$$

が得られる．

したがって，マルサス径数が予め

$$\int_t^{t+1} m_\sigma(t')\,dt' = \log w_\sigma(t) \qquad (t\ \text{は整数}) \qquad (3.1.4)$$

を充たすように選ばれているならば，モデル(3.1.2)は各整数時刻において離散モデルと一致した $N_\sigma(t)$ を与え得ることになる．したがって離散モデルにとって必要な結果は対応する連続モデルの結果の中に含まれることになる．(3.1.4)を充たす $m_\sigma(t)$ としては具体的に，

$$m_\sigma(t)=\log w_\sigma([t]) \qquad (3.1.5)$$

と取ることができる．ただし，$[t]$ は t の整数部分である．

$N_\sigma(t)$ が十分大きいだけでなく，レプリコンの出生・死滅時期に同期性がなく，時間的に一様な場合は，$m_\sigma(t)$ を t の滑らかな関数もしくは定数として，(3.1.2)は現実をよく代表するであろう．しかし，現実の集団のレプリコンの振舞に遡ってモデルを考える場合には，離散時間モデルの方が考え易い．一方，数学的な取扱いは微分方程式で与えられる連続時間モデルの方が差分方程式で与えられる離散時間モデルより簡単なことが多く，(3.1.4), (3.1.5)で与えられる対応により，前者の結果を後者の場合に引き直すことができる．今後，このことを念頭において議論を進めることにする．

§3.2　レプリコン頻度の時間変化

前節において，1倍体生物集団の個体数の時間変化を与える式を導いた．しかし，生物進化には，集団の個体数よりも集団の遺伝的構成の方が重要である．今の場合，これはレプリコン(σ)の**頻度**(frequency)

$$x_\sigma(t)\equiv N_\sigma(t)\Big/\sum_{\sigma'\in\mathfrak{S}} N_{\sigma'}(t) \qquad (\sigma\in\mathfrak{S}) \qquad (3.2.1)$$

で与えられる．この定義から，$x_\sigma=x_\sigma(t)$ は $[0,1]$ の実数で，

$$\sum_{\sigma\in\mathfrak{S}} x_\sigma = 1 \qquad (3.2.2)$$

である．頻度 $x_\sigma(t)$ の時間微分は，(3.1.2)から

$$\dot{x}_\sigma = \frac{d}{dt}\left(\frac{N_\sigma}{N}\right) = \frac{\dot{N}_\sigma N - N_\sigma \dot{N}}{N^2}$$
$$= \left(m_\sigma - \frac{\dot{N}}{N}\right)x_\sigma \tag{3.2.3}$$

となる．ただし，

$$N \equiv \sum_{\sigma\in\mathfrak{S}} N_\sigma \tag{3.2.4}$$

とおいた．ここで，

$$\frac{\dot{N}}{N} = \frac{\sum_{\sigma\in\mathfrak{S}} \dot{N}_\sigma}{N} = \sum_{\sigma\in\mathfrak{S}} m_\sigma x_\sigma \tag{3.2.5}$$

となるから，結局

$$\dot{x}_\sigma = (m_\sigma - \bar{m})\, x_\sigma \qquad (\sigma\in\mathfrak{S}) \tag{3.2.6}$$

と書かれる．ここに，

$$\bar{m} \equiv \sum_{\sigma\in\mathfrak{S}} m_\sigma x_\sigma \tag{3.2.7}$$

は集団の**平均マルサス径数**(average Malthusian parameter)であり，(3.2.5)から，これは集団の全レプリコン数の増加率を与えている．

(3.2.6)から見られるように，$x_\sigma(t)$の時間変化は置換 $m_\sigma(t)\to m_\sigma(t)+C(t)$ ($\sigma\in\mathfrak{S}$, $C(t)$は σ に依存しない t のみの関数)に対して不変である．したがって異なる σ に対する $m_\sigma(t)$ の差だけが頻度の変化を与えている．これは対応(3.1.5)から，異なる σ に対する $w_\sigma(t)$ の比のみが頻度の変化に利いていることに対応する．

(3.2.6)は状態の集合 $\mathfrak{S}$ や $\{m_\sigma(t)\}$ の構造によらず一般に成り立つ式であるが，特に最初に挙げたように，$\mathfrak{S}=\{1, -1\}$ の場合，

$$x \equiv x_1 \tag{3.2.8}$$

と書くと，(3.2.2)から

$$x_{-1} = 1-x \tag{3.2.9}$$

である．これを(3.2.7)に用いると，

$$\bar{m} = m_{-1}+sx \tag{3.2.10}$$

となる．ただし，

$$s \equiv m_1 - m_{-1} \tag{3.2.11}$$

であって，これは(3. 1. 5)から

$$s(t) = \log\frac{w_1([t])}{w_{-1}([t])} \tag{3.2.12}$$

とも書かれる．この $s(t)$ を状態 $\sigma=1$ の**淘汰有利度**(selective advantage)と呼ぶことにする．

これらを(3. 2. 6)に用いると，直ちに，

$$\dot{x}(t) = s(t)\{1-x(t)\}x(t) \tag{3.2.13}$$

となる．ここで

$$z \equiv \log\frac{x_1}{x_{-1}} = \log\frac{x}{1-x} \tag{3.2.14}$$

とおくと，簡単な式

$$\dot{z} = s \tag{3.2.15}$$

が得られる．この微分方程式の初期値問題の解は

$$z(t) = z(0) + \int_0^t s(t')dt' \tag{3.2.16}$$

である．

したがって，$t=0$ における $\sigma=1$ の頻度 $x(0)$ が与えられたとき，$x(t)$ は(3. 2. 14), (3. 2. 16)から，

$$\begin{aligned} x(t) &= \frac{1}{1+e^{-z}} \\ &= \frac{x(0)}{x(0)+\{1-x(0)\}\exp\left[-\int_0^t s(t')dt'\right]} \end{aligned} \tag{3.2.17}$$

によって与えられる．

もし，$s(t)$ が t によらず定数 s に等しいとすると，

$$x(t) = \frac{x(0)}{x(0)+\{1-x(0)\}e^{-st}} \tag{3.2.18}$$

となる．$0<x(0)<1$ とすると，

$$\lim_{t\to\infty} x(t) = \begin{cases} 1 & (s>0) \\ x(0) & (s=0) \\ 0 & (s<0) \end{cases} \tag{3.2.19}$$

となり，$s=0$ でない限り，十分長い時間の後には，$\sigma=\pm1$ の何れかのレプリコンが集団の多数を制する——集団中に‘固定(fix)される’*．固定に要する時間は s^{-1} のオーダーである．(3.2.19)の結果は，$s(t)$ が時間に依存する場合でも，その長時間平均を s とみなせば同様に成り立つことが(3.2.17)から判る．以上は自然淘汰の最も簡単なモデルであって，(3.2.18)で与えられる $x(t)$ の時間変化の模様を図3.1に示す．

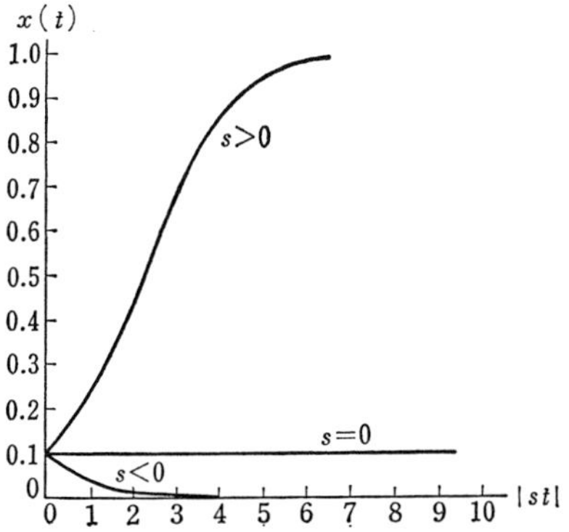

図3.1　淘汰による $x(t)$ の時間変化．

§3.3　2倍体生物集団の適応度とマルサス径数

上記において，1倍体を要素とする集団において，適応度 $w_\sigma(t)$ を定義し，$x_\sigma(t)$ の時間変化を与えた．このとき，$w_\sigma(t)$ は時点 t において状態 σ にある各レプリコンの時点 $t+1$ における子孫数の各レプリコンにわたっての平均として与えられた．2倍体の細胞をもつ生物集団の場合はどのようにモデルを構成すればよいであろうか．

§3.1においては，単細胞生物が時に接合して2倍体細胞である接合子となることを無視した．しかし，多細胞生物個体の体細胞は概ね2倍体であり，個体が生きて子孫を残す上の機能はその遺伝的状態(それは1対のゲノム (σ,σ') で代表される)と環境との相互作用で定まる．さて，突然変異や組換えの効果を無視すれば，このゲノム σ と σ' はそれぞれ精子または卵において同じ状態

*　有限時間では $x(t)\neq 0, 1$ であるから，$x(t)=0, 1$ となる場合と区別するために，擬固定(quasi-fixation)ともよばれる．

σ, σ' をとる1つのゲノムを祖先としている．またこの2倍体のゲノム σ, σ' は減数分裂により，(σ), (σ') でラベルされるゲノムを作ることになるのである．ただしゲノムの状態を完全に指定して状態 σ が定まるとするときは当然突然変異や組換えを無視することはできない．しかし σ が単に1つまたは少数個の遺伝子座のアレル状態のみを指定するような場合には複製に際しての状態変化，すなわち突然変異等の効果は小さく，第1近似としてはこれを無視して考えることができる．

さてこのようにラベルされたゲノムすなわちレプリコンの複製過程において，1つの配偶子にあるレプリコン(σ)に着目すれば，その子孫はあるレプリコン(σ')と接合して接合子の中に入り，また分離して配偶子の中にはいって行くことになるのである．したがって，レプリコン(σ)からすれば，接合子において接合している他のレプリコン(σ')は一種の環境であると考えることができ，このような考えの下で，レプリコンを要素とする集団は2倍体生物の場合も，§3.1で考えた1倍体生物集団にならってモデル化することが可能である．

ところで，同一の個体に属する多くの細胞に含まれるゲノムは相互にいわば運命共同体として振る舞うから，これらゲノム(レプリコン)それぞれすべてを集団の要素とすると，§3.1で行なったように，要素それぞれが子孫を残す確率事象が互いに独立とは近似できない．そこで1個体を1対のレプリコン(σ)と(σ')のみで代表させ，この難点を避けることにする．

このような対応づけの下で，レプリコンを要素とする集団を考えよう．この場合，レプリコンの総数は集団の個体数の2倍となる．そこで時点 t ですべてのレプリコンは2倍体を形成しているとし，(σ, σ') という2倍体にある1つのレプリコン(σ)の次の時点 $t+1$ における子孫レプリコンの平均数を $w_\sigma^{(\sigma')}(t)$ とする．いま，時点 t で(σ, σ')という2倍体にあるレプリコン(σ)の総数を $N_\sigma^{(\sigma')}(t)$ とすると，要素数が十分多いとして，§3.1と同様の考察の下に，

$$N_\sigma(t+1) = \sum_{\sigma' \in \mathfrak{S}} w_\sigma^{(\sigma')}(t) N_\sigma^{(\sigma')}(t) \qquad (\sigma \in \mathfrak{S}) \qquad (3.3.1)$$

と書くことができる．

定義から，

$$N_\sigma = \sum_{\sigma' \in \mathfrak{S}} N_\sigma^{(\sigma')} \qquad (\sigma \in \mathfrak{S}) \qquad (3.3.2)$$

であるが，与えられた N_σ から $N_\sigma^{(\sigma')}$ を求めるには，接合子が配偶子から形成される交配の仕方や交配後の情況が知れねばならない．もし，あるレプリコン状態にある配偶子がどのレプリコンと接合するかが相手の状態によらず，その確率はその頻度に比例する．すなわち**任意交配**(random mating)であると仮定し，接合後時点 t までに起り得る接合子の頻度(次節で定義する遺伝型頻度)の変化を無視し得る(したがってレプリコン頻度の変化も無視し得る)とすると，

$$N_\sigma^{(\sigma')}(t) = N_\sigma(t)\, x_{\sigma'}(t) \qquad (\sigma, \sigma' \in \mathfrak{S}) \tag{3.3.3}$$

となる．交配が任意交配からずれて，特定の状態にある相手を選び易いような**選択交配**(assortative mating)であったり，交配後淘汰が働くような場合には，(3.3.3)は成り立たないが，これについては§3.5で論ずることにする．(3.3.3)を(3.3.1)に用いると，

$$N_\sigma(t+1) = w_\sigma(t)\, N_\sigma(t) \qquad (\sigma \in \mathfrak{S}) \tag{3.3.4}$$

ただし，

$$w_\sigma = \sum_{\sigma' \in \mathfrak{S}} w_\sigma^{(\sigma')} x_{\sigma'} \tag{3.3.5}$$

であって，w_σ をレプリコン(σ)の適応度と呼ぶことにする．

この場合も，(3.1.4)または(3.1.5)により，対応する連続時間モデルのマルサス径数 $m_\sigma(t)$ を定義することができる．ただし，ここで扱った2倍体モデルの場合，$w_\sigma(t)$ は $\{x_\sigma(t)\}_{\sigma\in\mathfrak{S}}$ に依存するから，(3.1.5)を用いると，たとえ $w_\sigma^{(\sigma')}(t)$ が t に依存しないと仮定しても，$m_\sigma(t)$ は $\{x_\sigma([t])\}_{\sigma\in\mathfrak{S}}$ に依存し，(3.2.6)において $\dot{x}_\sigma(t)$ は同時点の $\{x_\sigma(t)\}_{\sigma\in\mathfrak{S}}$ だけでは定まらない．しかし現実的には，時間単位を十分小さく取り，$w(t)$ を t のみの関数として

$$w_\sigma^{(\sigma')}(t) = w(t)\{1+s_\sigma^{(\sigma')}(t)\} \tag{3.3.6}$$

と書いたとき，

$$|s_\sigma^{(\sigma')}(t)| \ll 1 \tag{3.3.7}$$

と仮定し得ることが多い．この仮定の下では $x_\sigma(t)$ の時間変化は小さいので，$x_\sigma(t)$ と $x_\sigma([t])$ の差は無視され，対応するマルサス径数は近似的に

$$\begin{aligned} m_\sigma &\cong \log w_\sigma \\ &\cong \log w + \sum_{\sigma' \in \mathfrak{S}} s_\sigma^{(\sigma')} x_{\sigma'} \end{aligned} \tag{3.3.8}$$

と書くことができる．ここで $s_\sigma^{(\sigma')}$ を2倍体(σ, σ')におけるレプリコン(σ)の選

択係数(selection coefficient)と呼ぶことにしよう．このとき，(3.2.7)から平均マルサス径数は

$$\bar{m} = \log w + \sum_{\sigma,\sigma'} \sum_{\in \mathfrak{S}} s_\sigma{}^{(\sigma')} x_\sigma x_{\sigma'} \qquad (3.3.9)$$

であり，(3.2.6)からレプリコン頻度の時間変化は

$$\dot{x}_\sigma = (s_\sigma - \bar{s})\, x_\sigma \qquad (3.3.10)$$

ただし，

$$s_\sigma \equiv \sum_{\sigma' \in \mathfrak{S}} s_\sigma{}^{(\sigma')} x_{\sigma'} \qquad (3.3.11)$$

$$\bar{s} \equiv \sum_{\sigma \in \mathfrak{S}} s_\sigma x_\sigma \qquad (3.3.12)$$

はそれぞれ，レプリコン(σ)の選択係数と集団の平均選択係数である．

§3.4　遺伝型と優劣関係

集団遺伝学において，2倍体生物集団を考えるとき，個体の細胞のもつ1対のゲノムの状態を個体の**遺伝型**(genotype)，与えられた環境の下でその1対のゲノムが発現する個体の形態，生理，行動様式，生殖機能などを，その個体の**表現型**(phenotype)と呼んでいる．われわれのモデルではレプリコン対(σ, σ')によって個体の遺伝型が代表されている．簡単なモデルではゲノムを1つの遺伝子座の遺伝子(アレル)によって特徴づけるので，このような場合は遺伝型は特に遺伝子型，レプリコン頻度は**遺伝子頻度**(gene frequency)と呼ばれる．生物進化の過程において自然が集団の遺伝的構成の変化に寄与すべく選択ないしは淘汰をしている究極の対象はゲノム(レプリコン)の状態(タイプ)であるが，そのような選択が生ずる要因としては2倍体としての個体の表現型の差によるところが大きいと考えられる．しかし，他の要因としては卵，精子のような単独に存在するゲノムの差も考えられ，これを特に**配偶子選択**(gametic selection)と呼び，これに対して前者すなわち2倍体を通じて働く自然選択を**接合子選択**(zygotic selection)と呼んでいる．こうした効果が前節導入された$w_\sigma{}^{(\sigma')}(t)$にまとめて代表されているのである．接合子選択だけの場合は接合子(σ, σ')におけるσ, σ'は共通の選択を受けるから，

$$w_\sigma{}^{(\sigma')} = w_{\sigma'}{}^{(\sigma)} \qquad (3.4.1)$$

と仮定してよいが，配偶子選択が働く場合など一般には，$w_\sigma{}^{(\sigma')} \neq w_{\sigma'}{}^{(\sigma)}$である．

遺伝型(σ, σ')をもつ個体数の全個体数に対する割合は**遺伝型頻度**(genotype frequency)と呼ばれ，前節での$N_\sigma{}^{(\sigma')}$の定義に注意すると，遺伝型頻度は

$$x_{\sigma,\sigma'} = x_{\sigma',\sigma}$$
$$= \begin{cases} \dfrac{(N_\sigma{}^{(\sigma)}/2)}{(N/2)} = \dfrac{N_\sigma{}^{(\sigma)}}{N} & (\sigma=\sigma') \\ \dfrac{N_\sigma{}^{(\sigma')}}{(N/2)} = \dfrac{2N_\sigma{}^{(\sigma')}}{N} = \dfrac{2N_{\sigma'}{}^{(\sigma)}}{N} & (\sigma\neq\sigma') \end{cases} \tag{3.4.2}$$

で与えられる．ただし，Nは(3.2.4)で定義されたレプリコンの総数であり，全個体数は$N/2$に等しい．

前節で行なったように，任意交配を仮定し，交配後の遺伝型頻度の変化を無視すると，(3.3.3)を用いて，

$$x_{\sigma,\sigma'} \begin{cases} = x_\sigma{}^2 & (\sigma=\sigma') \\ = 2x_\sigma x_{\sigma'} & (\sigma\neq\sigma') \end{cases} \tag{3.4.3}$$

となる．遺伝子頻度から上記の仮定の下で遺伝型頻度を求める式として，(3.4.3)は Hardy と Weinberg によって，1908年に独立に発表され，Hardy-Weinberg の公式と呼ばれている．

さて，2倍体の特徴として，同一の遺伝子座にある1対の遺伝子は一方が機能的に欠陥をもつアレルであっても，他方が正常であればこれが他を補って表現型として欠陥があまり現れないことがある．このことは，$w_\sigma{}^{(\sigma')}$の(σ, σ')依存性を通じて表現されるのであるが，$\mathfrak{S}=\{1, -1\}$の場合，s, hを定数として，

$$\frac{w_1{}^{(1)}}{w_{-1}{}^{(-1)}} = 1+s, \qquad \frac{w_1{}^{(-1)}}{w_{-1}{}^{(-1)}} = \frac{w_{-1}{}^{(1)}}{w_{-1}{}^{(-1)}} = 1+hs \tag{3.4.4}$$

とするとき，もし$h=1$ならば，ヘテロ接合体$(1, -1)$におけるアレル(1)の適応度はホモ接合体$(1, 1)$におけるそれと全く等しい．このとき，アレル(1)は完全に**優性**(dominant)，アレル(-1)は完全に**劣性**(recessive)であるという．一方，$h=0$ならば逆にアレル(1)は完全に劣性，アレル(-1)は完全に優性である．ここに優性，劣性というのは，sで測られるようなアレルの機能の優劣ではなく，ヘテロ接合体において，その表現型を支配する方のアレルが優性と言われるのである．hはアレル(1)の**優性度**(degree of dominance)と呼ばれるパラメタで，これによって完全優性，完全劣性でない中間的な場合も表わし得る．

因みに，ヘテロのときの適応度 $w_1{}^{(-1)}$ および $w_{-1}{}^{(1)}$ が両ホモのときの適応度 $w_1{}^{(1)}, w_{-1}{}^{(-1)}$ の何れよりも大きい場合は**超優性**(overdominance)と呼ばれており，$s>0, h>1$，または $s<0, h<0$ の場合である．

仮定(3.4.4)は(3.3.6)において，

$$
\begin{aligned}
s_1{}^{(1)} &= s \\
s_1{}^{(-1)} &= s_{-1}{}^{(1)} = hs \\
s_{-1}{}^{(-1)} &= 0
\end{aligned}
\tag{3.4.5}
$$

と置くことに当る．そこで $|s|\ll 1$, $|hs|\ll 1$ の仮定の下に，(3.4.5)を(3.3.11)，(3.3.12)に代入して，

$$
\begin{aligned}
s_1 &= sx+hs(1-x) = s\{h+(1-h)x\} \\
s_{-1} &= hsx
\end{aligned}
\tag{3.4.6}
$$

$$
\begin{aligned}
\bar{s} &= s_1x+s_{-1}(1-x) \\
&= sx\{x+2h(1-x)\}
\end{aligned}
\tag{3.4.7}
$$

を得る．ゆえに，(3.3.10)から

$$
\dot{x} = \dot{x}_1 = s(1-x)\{h+(1-2h)x\}x \tag{3.4.8}
$$

が得られる．

(3.4.8)の初期値問題の解は一般に求められるが，特に $h=1, 1/2, 0$ に対しては

$$
t = \frac{1}{s}\left[\log\frac{x(t)\{1-x(0)\}}{x(0)\{1-x(t)\}}-\frac{1}{x(t)}+\frac{1}{x(0)}\right] \qquad (h=0) \tag{3.4.9}
$$

$$
t = \frac{2}{s}\log\frac{x(t)\{1-x(0)\}}{x(0)\{1-x(t)\}} \qquad (h=1/2) \tag{3.4.10}
$$

$$
t = \frac{1}{s}\left[\log\frac{x(t)\{1-x(0)\}}{x(0)\{1-x(t)\}}+\frac{1}{1-x(t)}-\frac{1}{1-x(0)}\right] \qquad (h=1) \tag{3.4.11}
$$

である．

図3.2には $s>0$, $x(0)=0.1$ として，$x(t)$ が t と共に増加する模様を示した．当該アレルが完全優性($h=1$)，半優性(semi-dominant, $h=1/2$)，完全劣性($h=0$)であるかによって，増加の模様にかなりの違いがあることに注意されたい．優性の場合は，アレル頻度 x が小さい中はその増加率は大きいが，$x=1$ に近づくにつれ，増加率は小さくなり，劣性の場合はその逆になっている．

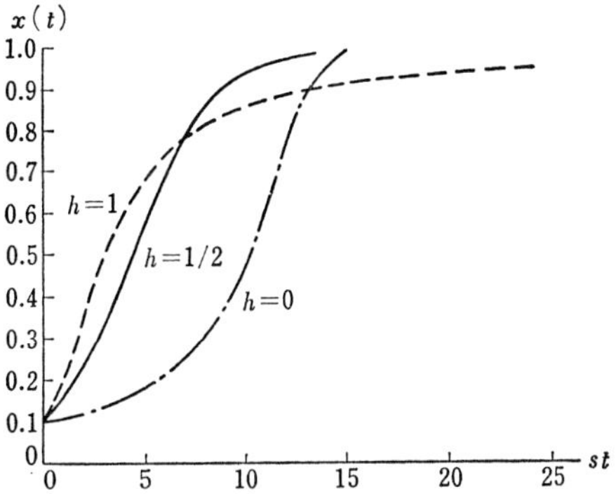

図 3.2 2倍体におけるアレル頻度の時間変化. h は優性度.

最後に，(3.4.8)を1倍体モデルの(3.2.13)と比べると，(3.2.13)に現れた $s(t)$ は $x(t)$ を通じてのみ時間に依存し，

$$s(t) = s\{h+(1-2h)x(t)\} \tag{3.4.12}$$

となるとすると，(3.4.8)は(3.2.13)に一致する．すなわち上記2倍体モデルのレプリコン頻度の変化も，$s(t)$ が(3.4.12)であるような1倍体モデルの特別の場合として考えられることに注意する．

§3.5 近交係数と線形マルサス径数モデル

前節までにおいて，適当にラベルされたゲノムを集団の要素とすることにより，現実の集団を‘単一祖先の仮定’を充すモデルで表わし，レプリコン頻度の時間変化を与える微分方程式を導いた．しかし，そのためには遺伝型頻度をレプリコン頻度の関数として与えることが必要で，これまでは任意交配を仮定したが，一般にはどうであろうか．もし交配が近縁のものと行なわれる場合，接合子において同一の遺伝子座を占める1対の遺伝子(これを**相同遺伝子** homologous gene と呼ぶ)が近い過去において共通の祖先をもつ確率が高くなるであろう．ここで近い過去というのは，その共通の祖先から当該遺伝子に到る時間内に突然変異がその系図上でほとんど起らぬような過去をいう．上記確率は**近交係数**(inbreeding coefficient)と呼ばれ，f で表わされる．近交係数 f の値は交配がどのような血縁関係にある個体間で行なわれるかによって推定される．

例えば，兄妹婚で生じた接合子の場合，図3.3から判るように，1対のレプ

リコン a, b において両者の共通の祖先は最も近いとして2世代前にあり，a の2世代前の祖先レプリコンは個体 A 内のレプリコン a′ であるとすると，b の2世代前の祖先遺伝子 b′ が A にある確率は 1/2 で，そのとき b′ が a′ と同一である確率は 1/2 であるから，結局 $f=1/2\times1/2=1/4$ と推定される．もっとも当該接合子の両親の祖先も近親結婚を行なっているとすると，たとえ2世代前に a と b は共通の祖先をもたなくても，それ以前に共通の祖先をもつかも知れず，そのような場合，f は 1/4 より若干大きいであろう．

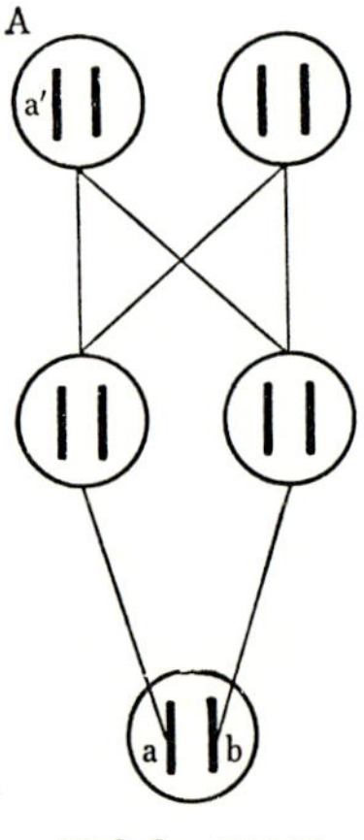

図 3.3　兄妹婚.

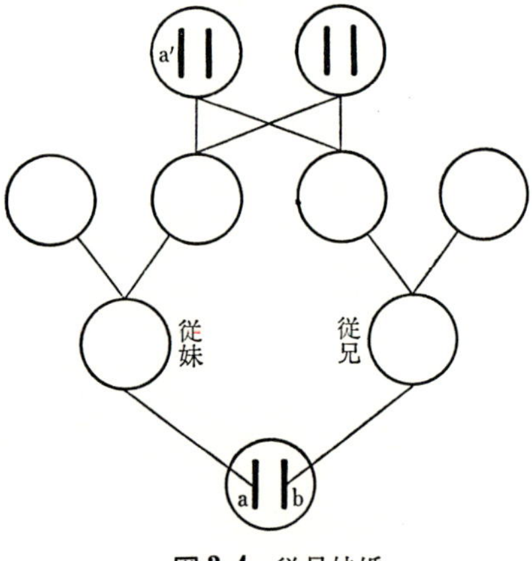

図 3.4　従兄妹婚.

このようにして，例えば従兄妹婚の場合，図 3.4 において，a の3代前の祖先 a′ が従兄妹の共通の祖父母の中に存在する確率は 1/2 であることに注意すると，前同様の考察により，$f=1/16$ であることが判る．

さて，接合子(σ,σ')において，(σ)と(σ')がこのような近い過去において共通の祖先からきたものであるときは突然変異は無視され，$\sigma'=\sigma$ である．一方，そうでないときは，σ と対合するレプリコンが時点 t で状態 σ' である確率は近似的に $x_{\sigma'}(t)$ であるとみなされよう．したがって，

$$N_{\sigma}^{(\sigma')}=\{f\delta_{\sigma\sigma'}+(1-f)\,x_{\sigma'}\}\,N_{\sigma} \tag{3.5.1}$$

と書くことができる．(3.3.3)の代りに(3.5.1)を(3.3.1)に用いると，レプリコン(σ)の適応度は(3.3.5)の代りに

$$w_{\sigma}=\sum_{\sigma'\in\mathfrak{S}}w_{\sigma}^{(\sigma')}\{f\delta_{\sigma\sigma'}+(1-f)\,x_{\sigma'}\} \tag{3.5.2}$$

となり，任意交配の仮定は今の考察において，$f=0$ とする特別の場合に当っていることが判る．(3.3.6), (3.5.2)から対応するマルサス径数は近似的に

$$m_\sigma \cong \log w_\sigma \cong \log w + f s_\sigma{}^{(\sigma)} + (1-f)\sum_{\sigma' \in \mathfrak{S}} s_\sigma{}^{(\sigma')} x_{\sigma'} \qquad (3.5.3)$$

となり，レプリコン頻度の時間変化は，やはり微分方程式(3.2.6)を解くことによって得られる．

(3.5.3)は(3.2.2)に注意して，

$$m_\sigma = \sum_{\sigma' \in \mathfrak{S}} m_\sigma{}^{(\sigma')} x_{\sigma'} \qquad (3.5.4)$$

と書くことができる．ただし

$$m_\sigma{}^{(\sigma')} \equiv \log w + f s_\sigma{}^{(\sigma)} + (1-f) s_\sigma{}^{(\sigma')} \qquad (3.5.5)$$

である．

以上の考察から，集団におけるレプリコン頻度 $x_\sigma(t)$ の時間変化を論ずる際，集団におけるレプリコンの受ける自然淘汰のあり方はマルサス径数をもって代表される．しかも，(3.5.3)に見られるように，マルサス径数は頻度の1次関数であって，これを線形マルサス径数モデルと呼ぶことにする．線形マルサス径数モデルは1倍体か2倍体であるかによらず，現実の集団を第1近似として捉える場合には許されると考えてよかろう．このことが，モデルの細部によらず，集団の遺伝的構成の時間変化にどのような特徴を与えるかを次節で考察しよう．

§3.6　淘汰による集団の漸近的振舞

(3.5.4)から，線形マルサス径数モデルの平均マルサス径数は

$$\bar{m} = \sum_{\sigma, \sigma' \in \mathfrak{S}} m_\sigma{}^{(\sigma')} x_\sigma x_{\sigma'} \qquad (3.6.1)$$

と書かれる．ここに，$m_\sigma{}^{(\sigma')}$ は時間 t に依存しない定数である．

$m_\sigma{}^{(\sigma')}$ の対称部分と反対称部分をそれぞれ

$$m_{\sigma,\sigma'}{}^{(\pm)} \equiv \frac{1}{2}\left(m_\sigma{}^{(\sigma')} \pm m_{\sigma'}{}^{(\sigma)}\right) \qquad (3.6.2)$$

で定義すると，

$$m_\sigma{}^{(\sigma')} = m_{\sigma,\sigma'}{}^{(+)} + m_{\sigma,\sigma'}{}^{(-)} \qquad (3.6.3)$$

となるが，

$$\sum\sum_{\sigma,\sigma'\in\mathfrak{S}} m_{\sigma,\sigma'}{}^{(-)} x_\sigma x_{\sigma'} = 0 \tag{3.6.4}$$

に注意すると，平均マルサス径数は

$$\bar{m} = \sum\sum_{\sigma,\sigma'\in\mathfrak{S}} m_{\sigma,\sigma'}{}^{(+)} x_\sigma x_{\sigma'}$$
$$= \sum_{\sigma\in\mathfrak{S}} m_\sigma{}^{(+)} x_\sigma \tag{3.6.5}$$

と書かれる．ただし，

$$m_\sigma{}^{(\pm)} \equiv \sum_{\sigma'\in\mathfrak{S}} m_{\sigma,\sigma'}{}^{(\pm)} x_{\sigma'} \tag{3.6.6}$$

である．

そこで，(3.2.6)を用い，(3.6.5)から

$$\dot{\bar{m}} = 2\sum\sum_{\sigma,\sigma'\in\mathfrak{S}} m_{\sigma,\sigma'}{}^{(+)}(m_\sigma - \bar{m})\, x_\sigma x_{\sigma'}$$
$$= 2\sum\sum_{\sigma,\sigma'\in\mathfrak{S}} \{m_{\sigma,\sigma'}{}^{(+)}(m_\sigma{}^{(+)} - \bar{m}) + m_{\sigma,\sigma'}{}^{(+)} m_\sigma{}^{(-)}\}\, x_\sigma x_{\sigma'}$$
$$= 2\sum_{\sigma\in\mathfrak{S}} \{(m_\sigma{}^{(+)} - \bar{m})^2 + m_\sigma{}^{(+)} m_\sigma{}^{(-)}\}\, x_\sigma \tag{3.6.7}$$

となる．

さて，任意交配が行なわれ，淘汰係数は遺伝型だけで定まる*とすると，(3.5.5)において，

$$f = 0 \tag{3.6.8}$$
$$s_\sigma{}^{(\sigma')} = s_{\sigma'}{}^{(\sigma)} \tag{3.6.9}$$

であって，このときは対称性

$$m_\sigma{}^{(\sigma')} = m_{\sigma'}{}^{(\sigma)} \tag{3.6.10}$$

が成り立ち，(3.6.7)は

$$\dot{\bar{m}} = 2\sum_{\sigma\in\mathfrak{S}} (m_\sigma - \bar{m})^2 x_\sigma = 2\sum_{\sigma\in\mathfrak{S}} \dot{x}_\sigma{}^2 / x_\sigma \tag{3.6.11}$$

となり，集団の平均マルサス径数の増加率はマルサス径数の分散の2倍に等しい**．したがって，マルサス径数に分散がある限り，集団の平均マルサス径数は増加を続ける．現実のマルサス径数の取り得る値には上限があるから，このことは十分時間が経つと，平均マルサス径数の値はこの上限を超えない一定値に収束し，マルサス径数の分散は0に近接する．また，このときレプリコン頻

*　すなわち配偶子選択が働かない．
**　1倍体モデルではマルサス径数の分散それ自体に等しい．

度 $\{x_\sigma\}_{\sigma\in\mathfrak{S}}$ の変化率 $\{\dot{x}_\sigma\}_{\sigma\in\mathfrak{S}}$ も(3.6.11)から0に収束することが判る．このような性質は Fisher によって始めて導かれ，**自然淘汰の基本定理**(fundamental theorem of natural selection)と呼ばれている．

ところで，基本定理を導くために，対称性(3.6.10)を用いた．しかし，近親交配が行われたり，配偶子選択が働いたりすると(3.6.10)は破れ，基本定理は必ずしも成り立たない．このような場合の情況を見るために，簡単な例として，$\mathfrak{S}=\{1,-1\}$ とし，a, b を定数として，

$$m_\sigma^{(\sigma')}=a(\sigma+\sigma')+2b\sigma \qquad (\sigma,\sigma'=\pm 1) \tag{3.6.12}$$

という場合を考える．(3.6.2), (3.6.6)から

$$m_\sigma^{(+)}=(a+b)(\sigma+\bar{\sigma}) \tag{3.6.13}$$

$$m_\sigma^{(-)}=b(\sigma-\bar{\sigma}) \tag{3.6.13'}$$

$$\bar{m}=2(a+b)\bar{\sigma} \tag{3.6.14}$$

となる．ただし $\bar{\sigma}$ は σ の集団平均であって，今後一般に σ の任意の関数 A_σ の集団平均を

$$\bar{A}\equiv\sum_{\sigma\in\mathfrak{S}}A_\sigma x_\sigma \tag{3.6.15}$$

で表す．したがって上式で $\bar{\sigma}$ は $A_\sigma=\sigma\,(\sigma=\pm 1)$ の場合である．

そこで，(3.6.7)に(3.6.13), (3.6.13′)を代入すると，

$$\dot{\bar{m}}=2\sum_{\sigma\in\mathfrak{S}}\{(a+b)^2(\sigma-\bar{\sigma})^2+(a+b)b(\sigma^2-\bar{\sigma}^2)\}x_\sigma \tag{3.6.16}$$

$$=2(a+b)(a+2b)\overline{(\sigma-\bar{\sigma})^2} \tag{3.6.17}$$

となり，$\overline{(\sigma-\bar{\sigma})^2}>0$ ならば，一般性を失うことなく $b\geqq 0$ として，

$$\dot{\bar{m}}=\begin{cases}>0 & (a>-b \text{ または } a<-2b)\\ =0 & (a=-b \text{ または } a=-2b)\\ <0 & (-2b<a<-b)\end{cases} \tag{3.6.18}$$

という結果が得られる．

モデル(3.6.18)において，a を含む項は接合子選択，b を含む項は配偶子選択を表しているとみなされる．(3.6.18)の結果は，平均マルサス径数が時間と共に単調に増加するためには対称性の仮定(3.6.10)(今の場合 $b=0$ の仮定)は必要ではないこと，しかし，パラメタ a, b の値によっては，平均マルサス径数は自然淘汰により，かえって単調に減少することもあることを示している．

したがって，近親交配や，配偶子選択が働く場合には，平均マルサス径数の単調非減少性は一般には成り立たないのであるが，このような場合でも基本定理の1つの帰結である

$$\lim_{t\to\infty} \dot{x}_\sigma(t) = 0 \qquad (\sigma \in \mathfrak{S}) \tag{3.6.19}$$

という性質は，線形マルサス径数モデル(3.5.3)においては，

$$s_\sigma{}^{(\sigma')} = s_{\sigma'}{}^{(\sigma)} \tag{3.6.20}$$

である限り，以下に示すように成り立つ．したがって一般にレプリコン頻度の時間変化は漸近的に0となり，頻度が限りなく時間的に振動するようなことはない．頻度が時間的に振動する性質は第6章で取り扱う生態学的問題で始めて現れる．

実際，(3.5.3)で述べたように，近親交配や配偶子選択が働く場合を含めて，マルサス径数は頻度の1次関数であって，一般に

$$m_\sigma = m_\sigma{}^{(1)} + \sum_{\sigma' \in \mathfrak{S}} m_{\sigma,\sigma'} x_{\sigma'} \tag{3.6.21}$$

$$m_{\sigma,\sigma'} = m_{\sigma',\sigma} \tag{3.6.22}$$

と書き，$m_\sigma{}^{(1)}$ は近親交配や配偶子選択の効果を表す定数，$m_{\sigma,\sigma'}$ は接合子選択の効果を代表する定数と考えることができる．

ここで，

$$\tilde{m} \equiv \sum_{\sigma \in \mathfrak{S}} m_\sigma x_\sigma + \sum_{\sigma \in \mathfrak{S}} m_\sigma{}^{(1)} x_\sigma \tag{3.6.23}$$

とおくと，これは平均マルサス径数と配偶子選択に対するマルサス径数の集団平均の和であるが，$\tilde{m}$ の時間変化率は

$$\begin{aligned}\dot{\tilde{m}} &= \sum_{\sigma \in \mathfrak{S}} (m_\sigma \dot{x}_\sigma + \dot{m}_\sigma x_\sigma + m_\sigma{}^{(1)} \dot{x}_\sigma) \\ &= \sum_{\sigma \in \mathfrak{S}} (m_\sigma \dot{x}_\sigma + \sum_{\sigma'} m_{\sigma,\sigma'} \dot{x}_{\sigma'} x_\sigma + m_\sigma{}^{(1)} \dot{x}_\sigma) \\ &= \sum_{\sigma \in \mathfrak{S}} (m_\sigma + \sum_{\sigma'} m_{\sigma,\sigma'} x_{\sigma'} + m_\sigma{}^{(1)}) \dot{x}_\sigma \end{aligned} \tag{3.6.24}$$

となる．最後の式では対称性(3.6.22)が用いられた．これから，(3.6.21)に注意して，

$$\dot{\tilde{m}} = 2 \sum_{\sigma \in \mathfrak{S}} m_\sigma \dot{x}_\sigma$$

$$= 2\sum_{\sigma\in\mathfrak{S}}(m_\sigma - \bar{m})\dot{x}_\sigma$$
$$= 2\sum_{\sigma\in\mathfrak{S}}(m_\sigma - \bar{m})^2 x_\sigma$$
$$= 2\sum_{\sigma\in\mathfrak{S}}\dot{x}_\sigma^{\,2}/x_\sigma \tag{3.6.25}$$

となり，これから $\bar{m}(t)$ は単調非減少でその増加率はマルサス径数の分散の2倍に等しいことがわかる．また，前同様の議論で(3.6.19)が導かれる．かくて(3.6.25)は基本定理の一般化とみなすことができる．

§3.7 突然変異の効果

§1.3で述べたようにゲノムの状態は突然変異によって変化する．しかし，**自然突然変異率**(spontaneous mutation rate)は細胞分裂当り，構造遺伝子当り大きくても 10^{-4} 程度であって，通常は 10^{-6} 程度と考えられている．また，1世代に起る性細胞分裂の数は高々10のオーダーであるから，前節までに行なったように，ゲノムの状態を1つの遺伝子座のアレル状態で分類して特徴づけ，時間の単位を世代の長さのオーダーに取る限り，単位時間当りの突然変異率は1に比べて十分小さい．したがって，突然変異によって起るレプリコン数 $\{N_\sigma(t)\}_{\sigma\in\mathfrak{S}}$ の時間変化は，$\{N_\sigma(t)\}_{\sigma\in\mathfrak{S}}$ が十分大きいとして，連続時間モデル

$$[\dot{N}_\sigma]_{\text{mut}} = \sum_{\sigma'\in\mathfrak{S}-\sigma}\mu_{\sigma,\sigma'}N_{\sigma'} - \sum_{\sigma'}\mu_{\sigma',\sigma}N_\sigma \tag{3.7.1}$$

で表わされる．ただし，$\mu_{\sigma,\sigma'}$ は状態 σ' から σ への突然変異率であって，一般には時刻 t に依存する．いま，$-\mu_{\sigma,\sigma}$ を状態 σ から任意の他の状態への突然変異率，すなわち，

$$-\mu_{\sigma,\sigma} = \sum_{\sigma'\in\mathfrak{S}-\sigma}\mu_{\sigma',\sigma} \tag{3.7.2}$$

とすると，

$$[\dot{N}_\sigma]_{\text{mut}} = \sum_{\sigma'\in\mathfrak{S}}\mu_{\sigma,\sigma'}N_{\sigma'} \tag{3.7.3}$$

と表わされ，(3.2.4), (3.7.3), (3.7.2)から

$$[\dot{N}]_{\text{mut}} = 0 \tag{3.7.4}$$

となるが，これは突然変異によって集団のレプリコン数は変らぬという当然のことを示している．

複製と突然変異の両者が共に働くとき，突然変異率が十分小さいとすると，$\dot{N}_\sigma$ に及ぼす両者の効果は相加的であると近似でき，

$$\dot{N}_\sigma = m_\sigma N_\sigma + \sum_{\sigma' \in \mathfrak{S}} \mu_{\sigma,\sigma'} N_{\sigma'} \tag{3.7.5}$$

と書くことができる．(3.7.4)に注意すると，レプリコン頻度 $\{x_\sigma(t)\}_{\sigma\in\mathfrak{S}}$ の時間変化率は(3.7.5)から一般に，

$$\dot{x}_\sigma = (m_\sigma - \bar{m})\, x_\sigma + \sum_{\sigma' \in \mathfrak{S}} \mu_{\sigma,\sigma'} x_{\sigma'} \tag{3.7.6}$$

で与えられることが判る．

簡単な例として，§3.2で導入した $\mathfrak{S}=\{1, -1\}$ という1倍体モデルを考えよう．$s(t)=s$ (定数)を状態 $\sigma=1$ の淘汰有利度とし，

$$\mu_+ \equiv \mu_{1,-1}, \qquad \mu_- \equiv \mu_{-1,1} \qquad (\text{定数}) \tag{3.7.7}$$

と置くと，$x(t)=x_1(t)$ の時間変化は(3.2.13), (3.7.6)から

$$\dot{x} = sx(1-x) + \mu_+ - (\mu_+ + \mu_-)x \tag{3.7.8}$$

となり，$s>0$ のとき，(3.7.8)の初期値問題の解は

$$st = \frac{1}{\sqrt{(1-\mu/s)^2 + 4\mu_+/s}} \log \frac{\{x(t)-\beta\}\{x(0)-\alpha\}}{\{x(0)-\beta\}\{x(t)-\alpha\}} \tag{3.7.9}$$

によって与えられる．ただし，

$$\mu \equiv \mu_+ + \mu_- \tag{3.7.10}$$

$$\alpha \equiv \frac{(1-\mu/s) + \sqrt{(1-\mu/s)^2 + 4(\mu_+/s)}}{2},$$

$$\beta \equiv \frac{(1-\mu/s) - \sqrt{(1-\mu/s)^2 + 4(\mu_+/s)}}{2} \tag{3.7.11}$$

である．

したがって，$\mu_+>0$ とすると，$x(0)$ によらず $(0 \leqq x(0) \leqq 1)$

$$x(\infty) \equiv \lim_{t\to\infty} x(t) = \alpha \tag{3.7.12}$$

となる．特に，

$$\mu_\pm/s \ll 1 \tag{3.7.13}$$

ならば，

$$x(\infty) \cong 1 - \frac{\mu_-}{s} \tag{3.7.14}$$

である．(3.7.14)の結果は突然変異がないときの平衡頻度 $x_0(\infty)=1$ が，突然

変異による摂動を受けて，μ_-/s だけ減少したものと理解される．

§3.4の終りに述べたように，2倍体モデルも $\tilde{s}(x)$ をレプリコン頻度 x のみの関数とし，1倍体モデルで淘汰有利度 $s(t)$ が

$$s(t)=\tilde{s}(x(t)) \tag{3.7.15}$$

であるときに帰着されることに注意した．この場合は，(3.2.6)に突然変異の効果を加えて，

$$\dot{x}=\tilde{s}(x)x(1-x)+\mu_+-\mu x \tag{3.7.16}$$

となる．突然変異がないときの平衡頻度を x_0 とすると，x_0 は0,1または

$$\tilde{s}(x_0)=0 \tag{3.7.17}$$

の解である．突然変異の存在により摂動を受けて平衡頻度が $x=x_0+\delta x$ ($|\delta x|\ll 1$)になるとすると，(3.7.16)の右辺を0とおき，$o(\delta x), o(\mu_\pm)$ を無視して，

$$\tilde{s}(0)\delta x+\mu_+=0 \qquad (x_0=0) \tag{3.7.18}$$

$$-\tilde{s}(1)\delta x-\mu_-=0 \qquad (x_0=1) \tag{3.7.19}$$

$$x_0(1-x_0)\tilde{s}'(x_0)\delta x+\mu_+(1-x_0)-\mu_-x_0=0 \qquad (x_0\neq 0,1) \tag{3.7.20}$$

となる．

特に一定の接合子選択が働く場合は，(3.4.12)から，

$$\tilde{s}(x)=s\{h+(1-2h)x\} \tag{3.7.21}$$

であって，$s>0$ とすると，

$0\leqq h<1$ ならば，$x_0=\lim_{t\to\infty}x(t)=1$ で，(3.7.19)から，

$$\delta x=-\frac{\mu_-}{s(1-h)} \qquad (0\leqq h<1) \tag{3.7.22}$$

であるが，$h=1$ という完全優性の場合は，$\tilde{s}(1)=0$ であるので，(3.7.19)の代りに，(3.7.21), (3.7.16)から

$$s(\delta x)^2-\mu_-=0$$

したがって，

$$\delta x=-\sqrt{\mu_-/s} \tag{3.7.23}$$

が得られる．

$h>1$ という超優性の場合は，(3.7.21)から

$$x_0=\frac{h}{2h-1} \tag{3.7.24}$$

であり，(3.7.20)から

$$\delta x=\frac{\mu_+-\mu x_0}{(2h-1)x_0(1-x_0)}=\frac{(\mu_+-\mu_-)h-\mu_+}{h(h-1)} \tag{3.7.25}$$

が得られる．

最後に，$h<0$ の場合は $x_0=0$ または 1 であって，

$$\delta x=\begin{cases}-\dfrac{\mu_+}{h} & (x_0=0)\\[2ex] -\dfrac{\mu_-}{s(1-h)} & (x_0=1)\end{cases}$$

である．

第4章　レプリコン頻度の時間変化 (確率論的取扱い)

前章までは，増殖・死亡，突然変異など生物集団を構成する要素・レプリコンのもつ機能が集団の全体的構成に及ぼす影響を，決定論的モデルによって調べてきた．これらの機能は，1つ1つのレプリコンについては確率論的にしか記述できないので，集団の大きさが十分大きくないときには，集団の全体的構成に及ぼす影響にも確率論的性質が残ってくると予想される．本章では，このような確率論的効果の評価から話をはじめ，その影響を拡散過程という確率過程によって記述・分析する手法を導入し，その結果，第3章で得られた集団構成の描像がどのように修正されることになるかを調べよう．

§4.1　有効集団サイズ

§3.2で述べたように，生物進化には，集団を構成するレプリコンの状態に関する個数構成よりも，頻度構成の方が大切である場合が多い．そこで，この節では，集団のサイズ，すなわちレプリコン総数が有限であるために生ずる確率論的効果を，レプリコン頻度に関して調べてみよう．以下に示すように，レプリコン数が有限であるときには，たとえ自然淘汰や突然変異などが働かなくても，頻度構成は時間と共に変化し得る．そこで，ここでは，集団のレプリコンはすべて機能的に差がないと仮定し，集団サイズが有限であるためにレプリコン頻度が1世代の間にどのような変化を受けるか，それが**有効集団サイズ** (effective population size) というパラメタでどのように表わされるかを調べよう．自然淘汰や突然変異の効果は，次節で述べるように，重ね合わせの近似によって取り入れることにする．

1倍体生物の場合

簡単のため，まず1倍体生物の集団を考え，$\mathfrak{S}=\{1, -1\}$ とする．すなわち，各個体の遺伝的状態は，$+1$ または -1 でラベルされる状態をもつ1つのレプリコンで代表されるとする．ある世代 t に，集団のレプリコン数構成 $\{N_\sigma;\ \sigma\in\mathfrak{S}\}$ が与えられたとすると，次の世代 $t+1$ における集団のレプリコン数構成 $\{N_\sigma';\ \sigma\in\mathfrak{S}\}$ は

$$N_\sigma' = \sum_{i=1}^{N_\sigma} w_\sigma{}^{(i)} = wN_\sigma + \sum_{i=1}^{N_\sigma} \varepsilon_\sigma{}^{(i)} \tag{4.1.1}$$

と表わされる．ここで $w_\sigma{}^{(i)}$ は，σ 状態にある i 番目のレプリコンが次代に寄与するレプリコン数を表わす互いに独立な確率変数である．w はその平均値である．レプリコンはすべて機能的に差がないとの仮定に応じて，この平均値 w はレプリコンの状態 σ によらず一定であるとする．

$$\varepsilon_\sigma{}^{(i)} \equiv w_\sigma{}^{(i)} - w \tag{4.1.2}$$

は平均からのずれを表わす互いに独立な確率変数であって，

$$\langle \varepsilon_\sigma{}^{(i)} \rangle = 0 \tag{4.1.3}$$

$$\langle \varepsilon_\sigma{}^{(i)} \varepsilon_{\sigma'}{}^{(j)} \rangle = v\delta_{ij}\delta_{\sigma\sigma'} \tag{4.1.4}$$

$$\langle (\varepsilon_\sigma{}^{(i)})^n \rangle = O(1) \qquad (n=3, 4, 5, \cdots) \tag{4.1.5}$$

を満足すると考える．ここで，$\langle\cdot\rangle$ は確率変数・の期待値を表わす．v は1つのレプリコンが次世代に寄与するレプリコン数の分散であって，やはりレプリコンはすべて機能的に差がないとの仮定により，この分散 v はレプリコンにもその状態にもよらず一定とする．(4.1.1)の右辺第2項が，決定論的扱い(3.1.1)に対する確率論的補正を表わしている．

さて，次の世代における状態1のレプリコン頻度 $x'\equiv x_1(t+1)$ は

$$x' = \frac{N_1'}{N_1'+N_{-1}'} \tag{4.1.6}$$

であるから，(4.1.1)を代入すると

$$x' = \frac{wN_1 + \sum_{i=1}^{N_1} \varepsilon_1{}^{(i)}}{wN + \sum_{i=1}^{N_1} \varepsilon_1{}^{(i)} + \sum_{i=1}^{N_{-1}} \varepsilon_{-1}{}^{(i)}} \tag{4.1.7}$$

となる．ただし，$N\equiv N_1+N_{-1}$ は t 世代における集団のサイズ，すなわちレプリコン総数であって，N は1と比較して十分大きいとする．この1世代間の頻度の変化 Δx は，$x\equiv x_1(t)$ とおくと

$$\Delta x \equiv x'-x = \frac{(1-x)\sum_{i=1}^{N_1}\varepsilon_1{}^{(i)} - x\sum_{i=1}^{N_{-1}}\varepsilon_{-1}{}^{(i)}}{wN+\sum_{i=1}^{N_1}\varepsilon_1{}^{(i)}+\sum_{i=1}^{N_{-1}}\varepsilon_{-1}{}^{(i)}}$$

$$= \frac{1}{wN}\left\{(1-x)\sum_{i=1}^{N_1}\varepsilon_1{}^{(i)} - x\sum_{i=1}^{N_{-1}}\varepsilon_{-1}{}^{(i)}\right\}\cdot\left[1-\frac{1}{wN}\left\{\sum_{i=1}^{N_1}\varepsilon_1{}^{(i)}+\sum_{i=1}^{N_{-1}}\varepsilon_{-1}{}^{(i)}\right\}\right.$$

$$\left.+\frac{1}{(wN)^2}\left\{\sum_{i=1}^{N_1}\varepsilon_1{}^{(i)}+\sum_{i=1}^{N_{-1}}\varepsilon_{-1}{}^{(i)}\right\}^2-\cdots\right] \tag{4.1.8}$$

となる．(4.1.8)に(4.1.3)～(4.1.5)を用いて，確率変数 Δx のモーメントを求めると

$$\langle\Delta x\rangle = -\frac{1}{(wN)^2}\{(1-x)\cdot Nxv - x\cdot N(1-x)v\} + O\left(\frac{1}{N^2}\right) = O\left(\frac{1}{N^2}\right) \tag{4.1.9}$$

$$\langle(\Delta x)^2\rangle = \frac{1}{(wN)^2}\{(1-x)^2\cdot Nxv + x^2\cdot N(1-x)v\} + O\left(\frac{1}{N^2}\right)$$

$$= \frac{x(1-x)v}{wN} + O\left(\frac{1}{N^2}\right) \tag{4.1.10}$$

$$\langle(\Delta x)^n\rangle = O\left(\frac{1}{N^{n-1}}\right) \qquad (n=3, 4, 5, \cdots) \tag{4.1.11}$$

が得られる．これらの意味を少し考えてみよう．レプリコンの状態如何にかかわらず増殖・死亡はどのレプリコンも同一の確率法則に従うと仮定したのであるから，決定論的扱いによれば，例えば(3.2.6)から示されるように，$\Delta x=0$ になるはずである．ところが，ここでの確率論的扱いによると，Δx の平均値が $O(1/N^2)$ だけ 0 からずれ，Δx の分散は $O(1/N)$ である．N は十分大きいとしたから，これらの値は小さい．しかし，N 世代の後のこれらの累積的効果はほぼこれらの N 倍と見て，平均値の 0 からのずれが依然 $O(1/N)$ と小さいのに対し，分散の方は $O(1)$ となって無視できない．Δx の分散は(4.1.10)に見られるように，集団のサイズ N に反比例し，各レプリコンが次代に残す子孫レプリコン数の分散 v に比例している．また，この量は $x(1-x)$ に比例している．$x=0$ または $x=1$ は，集団が 1 種類のレプリコンだけから構成されることを意味するから，そのような集団で増殖・死亡がどんなに確率論的に起っても，レプリコン頻度が変化するはずはなく，当然 Δx の分散も 0 となるのである．

2倍体生物の場合

2倍体生物個体の遺伝的状態は，前章で述べたように，1対のレプリコンで代表される．$\mathfrak{S}=\{1,-1\}$ とすると，この場合も，1倍体の場合と同様の考え方で，状態1のレプリコン頻度の変化 Δx のモーメントを求めることができる．ただし，2倍体の生物集団では，各レプリコンが互いに独立な確率則に従って次世代に子孫レプリコンを残すという近似は成り立たない．この場合，独立な確率則に従って子孫レプリコンを次世代に残すとみなせる単位は，夫婦である．したがって，ここでは i によって夫婦を番号づけ，$w_\sigma{}^{(i)}$ は第 i 番目の夫婦が次世代に残す状態 σ というレプリコン数を表わす確率変数であるとしよう．すると $w_\sigma{}^{(i)}$ の全夫婦にわたる和が N_σ' を与える．この確率変数 $w_\sigma{}^{(i)}$ の確率分布は，夫婦のタイプに依存して定まることになる．今の場合，それぞれ1対のレプリコンの状態により，夫のタイプを (σ_1, σ_2)，妻のタイプを (σ_3, σ_4)，$(\sigma_\alpha \in \mathfrak{S};\ \alpha=1, 2, 3, 4)$ と特徴づけることができ，計算の結果

$$\langle \Delta x\rangle = O(1/N^2) \tag{4.1.12}$$

$$\langle(\Delta x)^2\rangle = \frac{x(1-x)}{2wN}\left\{1-\frac{f_{\mathrm{M}}+f_{\mathrm{F}}}{2}+\frac{\mathrm{Var}(\nu)}{\langle\nu\rangle}\left(1+\frac{f_{\mathrm{M}}+f_{\mathrm{F}}+4f_{\mathrm{MF}}}{2}\right)\right\}+O\left(\frac{1}{N^2}\right) \tag{4.1.13}$$

$$\langle(\Delta x)^n\rangle = O(1/N^{n-1}) \qquad (n=3, 4, 5, \cdots) \tag{4.1.14}$$

となる(A4参照)．ただし，N は交配を行なったレプリコン総数であって，集団中の交配を行なった夫婦数の4倍である．w はこうした N 個のレプリコンが1個当り次世代に残すレプリコン数の平均値である．$\boldsymbol{\nu}$ は夫婦当りの次世代に残す子供個体数を表わす確率変数で，$\langle\boldsymbol{\nu}\rangle$ および $\mathrm{Var}(\boldsymbol{\nu})$ は，それぞれその平均値と分散である．x は集団中での状態1のレプリコン頻度であって，簡単のため，(4.1.13)では，この頻度は夫の集団中でも妻の集団中でも等しく x であると仮定している．$f_{\mathrm{M}}(f_{\mathrm{F}})$ は，夫(妻)個体に含まれる1対のレプリコンの状態が異なっている夫(妻)の割合，すなわち，夫(妻)集団中におけるヘテロ接合体の頻度を $h_{\mathrm{M}}(h_{\mathrm{F}})$ とするとき，

$$f_\alpha \equiv 1-\frac{h_\alpha}{2x(1-x)} \quad (\alpha=\mathrm{M, F}) \tag{4.1.15}$$

で定義され，f_{MF} は，夫婦において夫と妻から1つずつレプリコンを任意抽出したときそれらが異なる状態である割合を h_{MF} として，(4.1.15)と同様に定義される．いずれも集団中における夫婦のタイプの分布を特徴づけているパラメタである．

§3.5において，近交係数という概念を導入し，これを用いて近似的に集団中の遺伝型頻度をレプリコン頻度で表わした．この近似の下では，f を近交係数とするとき，ヘテロ接合体の頻度 h は

$$h = 2(1-f)x(1-x) \qquad (4.1.16)$$

となる((3.5.1)参照)．これを(4.1.15)と比較すると，f_M, f_F, f_{MF} はそれぞれ夫，妻，および子供の近交係数となる．しかし，近交係数によって遺伝型頻度をよく表わし得ない場合でも，定義(4.1.15)の下で(4.1.13)は成り立つのである．

Δx の分散を与える(4.1.13)は，各夫婦が互いに独立に子供を次世代に残し，レプリコン頻度が夫集団と妻集団とで同一であるとする限り，全く一般的な表式である．ここにおいて，F_M, F_F, F_{MF} を x によらないパラメタとみなすと，$\langle(\Delta x)^2\rangle$ が，やはり1倍体生物の場合と同様に N に反比例し，$x(1-x)$ に比例するのは興味のあることである．

特別な場合として，任意交配をする集団を考えると，

$$f_\alpha = 0 \qquad (\alpha=\mathrm{M, F, MF}) \qquad (4.1.17)$$

であるから，(4.1.13)は

$$\langle(\Delta x)^2\rangle = \frac{x(1-x)}{2wN}\left\{1+\frac{\mathrm{Var}(\nu)}{\langle\nu\rangle}\right\}+O\left(\frac{1}{N^2}\right) \qquad (4.1.18)$$

となる．さらに，ν の分布がポアッソン分布のときには，$\langle\nu\rangle=\mathrm{Var}(\nu)$ であるから，(4.1.18)は

$$\langle(\Delta x)^2\rangle = \frac{x(1-x)}{wN}+O\left(\frac{1}{N^2}\right) \qquad (4.1.19)$$

と簡単化される．

ライト-フィッシャー・モデル

以上では，2つの典型的な場合に，増殖・死亡の確率論的性格が有限集団のレプリコン頻度の変化に与える不確定性の程度を調べた．ここでは，同様の不確定性を生じる別のやや数学的なモデルを紹介しよう．このモデルでは，どの

世代においても集団のサイズ，すなわちレプリコンの総数は一定(N)であると仮定され，ある世代において集団の遺伝的構成が i 個の $\sigma=1$ レプリコンと $N-i$ 個の $\sigma=-1$ レプリコンであるならば，次世代の遺伝的構成が j 個の $\sigma=1$ レプリコンと $N-j$ 個の $\sigma=-1$ レプリコンとなる確率 p_{ij} は

$$p_{ij}=\binom{N}{j}\left(\frac{i}{N}\right)^j\left(1-\frac{i}{N}\right)^{N-j}\qquad(i,j=0,1,2,\cdots,N)\qquad(4.1.20)$$

によって与えられる．すなわち，第 t 世代における $\sigma=1$ レプリコンの数を X_t と表わせば，X_t は(4.1.20)で与えられる遷移確率をもった単純マルコフ連鎖である．

このモデルでは，増殖・死亡の過程が，第1段階：親世代のレプリコン頻度と同一の頻度構成をした無限個のレプリコンの複製，第2段階：このレプリコン・プールから，次代の集団を構成する N 個のレプリコンの無作為な抽出，の2段階から成り立つとも解釈できる．この意味で，このモデルの示す不確定性はしばしば無作為抽出の効果(random sampling effect)と呼ばれる．

さて，このモデルの示すレプリコン頻度変化がばらつく程度を調べよう．$X_t=i$ が与えられたとき X_{t+1} の確率論的諸量を計算するには，母関数(generating function)

$$g(\theta)\equiv\langle e^{\theta X_{t+1}}\rangle=\sum_{j=0}^{N}e^{j\theta}p_{ij}\qquad(4.1.21)$$

を計算しておくのが便利である．なぜなら，定義(4.1.21)から分るように

$$g^{(n)}(0)=\langle X_{t+1}{}^n\rangle\qquad(n=0,1,2,\cdots)\qquad(4.1.22)$$

が成り立ち，母関数の $\theta=0$ における n 階の微係数が X_{t+1} の n 次のモーメントを与えてくれるからである．(4.1.20)の p_{ij} を(4.1.21)に代入すると

$$g(\theta)=\sum_{j=0}^{N}\binom{N}{j}\left(\frac{i}{N}e^\theta\right)^j\left(1-\frac{i}{N}\right)^{N-j}=\left(1-\frac{i}{N}+\frac{i}{N}e^\theta\right)^N\qquad(4.1.23)$$

のように，母関数が求められる．これから

$$g'(\theta)=ie^\theta\left(1-\frac{i}{N}+\frac{i}{N}e^\theta\right)^{N-1}\qquad(4.1.24)$$

$$g''(\theta)=\frac{i^2}{N}(N-1)e^{2\theta}\left(1-\frac{i}{N}+\frac{i}{N}e^\theta\right)^{N-2}+ie^\theta\left(1-\frac{i}{N}+\frac{i}{N}e^\theta\right)^{N-1}$$

$$(4.1.25)$$

であるから，(4.1.22)の公式により

$$\langle X_{t+1}\rangle = g'(0) = i \tag{4.1.26}$$

$$\langle {X_{t+1}}^2\rangle = g''(0) = \frac{N-1}{N}i^2+i \tag{4.1.27}$$

を得る．したがって

$$\mathrm{Var}(X_{t+1}) = \langle {X_{t+1}}^2\rangle - \langle X_{t+1}\rangle^2 = \frac{i(N-i)}{N} \tag{4.1.28}$$

である．状態1のレプリコン数に関する以上の結果をレプリコン頻度に翻訳すると，$x\equiv X_t/N$, $x'\equiv X_{t+1}/N$ とおいたとき，頻度変化 $\varDelta x\equiv x'-x$ について

$$\langle \varDelta x\rangle = \frac{\langle X_{t+1}\rangle - i}{N} = 0 \tag{4.1.29}$$

$$\langle(\varDelta x)^2\rangle = \frac{\langle(X_{t+1}-i)^2\rangle}{N^2} = \frac{\mathrm{Var}(X_{t+1})}{N^2} = \frac{i}{N^2}\left(1-\frac{i}{N}\right) = \frac{x(1-x)}{N} \tag{4.1.30}$$

となる．

この結果を1倍体生物の場合のものと比較してみると，著しい類似性に気づく．すなわち，$O(1/N^2)$ を無視すると，(4.1.10)は，(4.1.30)において N の代りに

$$N_{\mathrm{e}} \equiv \frac{wN}{v} \tag{4.1.31}$$

とおいたものになっている．すなわち，1倍体生物集団における $\varDelta x$ の不確定性の度合 $\langle(\varDelta x)^2\rangle$ は，(4.1.31)で与えられる集団サイズをもったライト-フィッシャー・モデルのものに相当する．この意味で，(4.1.31)の N_{e} は1倍体生物集団の**有効集団サイズ**(effective population size)と呼ばれる．

2倍体生物集団の場合についても，(4.1.13)で与えられた頻度変化の程度 $\langle(\varDelta x)^2\rangle$ は，$O(1/N^2)$ を無視すると

$$N_{\mathrm{e}} \equiv 2wN\Bigg/\left\{1-\frac{f_{\mathrm{M}}+f_{\mathrm{F}}}{2}+\frac{\mathrm{Var}(\nu)}{\langle\nu\rangle}\left(1+\frac{f_{\mathrm{M}}+f_{\mathrm{F}}+4f_{\mathrm{MF}}}{2}\right)\right\} \tag{4.1.32}$$

という集団サイズをもつライト-フィッシャー・モデルのもの(4.1.30)に等しい．(4.1.32)は2倍体生物集団の有効サイズと呼ばれる．以下のモデルでは1倍体，2倍体にかかわらず，簡単のため有効サイズは時間によらぬ定数として

話を進める.

§4.2　サイズ効果の累積的影響

前節では，レプリコンの増殖・死亡の確率論的性格が有限集団のレプリコン頻度 x の1世代間の変化 Δx にもたらす確率論的ばらつきの程度を調べ，集団のサイズ N の逆数以上の微小量を無視すると，

$$\langle \Delta x\rangle = 0, \qquad \langle(\Delta x)^2\rangle = \frac{x(1-x)}{N_e} \tag{4.2.1}$$

となることを知った．ここで，x は前世代の頻度，N_e は有効集団サイズである．レプリコン頻度に現れるこのような確率論的ばらつきは，一般にランダム・ドリフト(random drift)と呼ばれている．しかしながら，Δx の確率論的ばらつきは，必ずしも集団のサイズが有限であるためにのみ起るのではない．例えば，第8章で詳しく取り扱われるように，揺動淘汰の下においても，ランダム・ドリフトと呼ばれておかしくないような Δx の確率論的ばらつきが見出される．このような事情を考えると，(4.2.1)のように有効集団サイズで特徴づけられる Δx のランダム・ドリフトは，集団の有限サイズによるランダム・ドリフト，あるいは，もっと簡略に，**サイズ効果**(size effect)と呼ぶのが適当であろう．この節では，長い世代にわたってのサイズ効果の累積的影響の模様を調べてみよう．

(4.2.1)の確率論的ばらつきだけを問題にするのならば，次のような厳密な結果を得ることもできる．すなわち，$\Delta x \equiv x_{t+1} - x_t$ に注意すると，(4.2.1)の第1式から

$$\langle x_{t+1}\rangle = \langle x_t\rangle = \cdots = \langle x_0\rangle \tag{4.2.2}$$

を得る．したがって

$$\langle x_{t+1}(1-x_{t+1})\rangle = \langle x_{t+1}\rangle - \langle(x_t+\Delta x)^2\rangle = \langle x_t\rangle - \langle(\Delta x)^2 + 2x_t\cdot\Delta x + x_t{}^2\rangle \tag{4.2.3}$$

となるから，(4.2.1)の第2式を用いることにより

$$\langle x_{t+1}(1-x_{t+1})\rangle = \langle x_t\rangle - \left\langle \frac{x_t(1-x_t)}{N_e} + x_t{}^2\right\rangle = \left(1-\frac{1}{N_e}\right)\langle x_t(1-x_t)\rangle \tag{4.2.4}$$

を得る．これは，直ちに

$$\langle x_t(1-x_t)\rangle = \left(1-\frac{1}{N_e}\right)^t \langle x_0(1-x_0)\rangle \tag{4.2.5}$$

と解かれる．ここで

$$H \equiv 2x(1-x) \tag{4.2.6}$$

は，集団から2個のレプリコンを無作為抽出したときにそれらが異なる状態に見出される確率であって，**ヘテロ接合度**(heterozygosity)と呼ばれる．(4.2.5)は，サイズ効果の結果，平均ヘテロ接合度 $\langle H_t\rangle$ が毎世代，前世代のものの $1-1/N_e$ 倍となり，$t\to\infty$ では0に収束することを示している．x_t の分布密度関数を $\phi(x,t)$ と表わすと，$0<\varepsilon<1/2$ に対して

$$\langle H_t\rangle = 2\int_0^1 x(1-x)\phi(x,t)\,dx > 2\varepsilon(1-\varepsilon)\int_\varepsilon^{1-\varepsilon}\phi(x,t)\,dx \tag{4.2.7}$$

であるから，$\langle H_t\rangle\to 0$ は $\displaystyle\int_\varepsilon^{1-\varepsilon}\phi(x,t)\,dx\to 0$ を意味する．すなわち，$t\to\infty$ の極限で x_t は0または1のいずれかの値だけを取るようになる．このことは，(4.2.1)から当然期待される挙動でもある．なぜなら，頻度変化の平均は常に0であっても，x が0または1でない限り，その確率論的ばらつきは決して0にならず，ランダム・ドリフトは x が0または1になって始めて終了するからである．このように，突然変異を考えない状況で，$x_t=1$ となりレプリコン頻度の変化が終了することを，$\sigma=1$ レプリコンは集団に固定された(fixed)という．反対に，$x_t=0$ となりレプリコン頻度の変化が終了することを，$\sigma=1$ レプリコンは集団から消滅させられた(extinguished)という．上に述べたことは，言い換えれば，有限集団ではランダム・ドリフトのため最終的に $\sigma=1$ レプリコンの固定(fixation)または消滅(extinction)が確率1で起るということである．

では，最終的に $\sigma=1$ レプリコンが固定する確率はどうなるだろうか．これを求めるには，(4.2.2)を $t\to\infty$ で書き下してやればよい．固定確率を u と表わすと

$$1\cdot u+0\cdot(1-u) = \langle x_0\rangle = x_0 \tag{4.2.8}$$

すなわち

$$u = x_0 \tag{4.2.9}$$

を得る．

固定または消滅が起るためには，平均どれくらい待つ必要があるであろうか．この問題を厳密に解くことは，今まで調べてきた性質の場合と違って，ずっと難しくなる．手持ちの情報，例えば，(4.2.5)から言えることは，平均待ち時間がたぶん N_e に比例するだろうということくらいであろう．

今まで述べてきたサイズ効果によるランダム・ドリフトの累積的効果の解析は，実は，例外的に易しい場合を考えていたために可能となったことに注意しよう．すなわち，以上では集団のサイズが有限であることの効果だけを問題にしたが，現実には，第3章で述べたような淘汰や突然変異など，レプリコン頻度の変化に影響する他の幾つかの要因を同時に取り上げて調べなければならないのがふつうである．例えば，有限集団での淘汰の影響を問題にすると，(4.2.1)の第1式は，(3.2.13)に似た

$$\langle \Delta x \rangle = sx(1-x) \tag{4.2.10}$$

で置き換えられなければならなくなる．すると，とたんに，上で行なったような初等的な取扱いで厳密な結果を得ることは不可能になってしまう．そこで，次節では，このような場合をも含めて相当一般的な場合に，以上の解析よりももっと詳しい性質まで調べることを可能にする近似的方法を述べよう．

§4.3　拡散過程近似

前節までで，有限集団のレプリコン頻度が示すサイズ効果によるランダム・ドリフトについて，ある程度のイメージが与えられたことと思う．このイメージに基づいて，ランダム・ドリフトに類似した現象で，それについての数学的研究がかなり行なわれているものを求めてみると，拡散現象に思い到るであろう．この節では，確率過程としての拡散過程(diffusion process)を取り扱う方法を述べ，サイズ効果によるランダム・ドリフトに対応する拡散過程の構成の仕方を発見法的に与えよう．その妥当性については，§2.3で離散時間モデルと連続時間モデルの対応に関して紹介したような，極限定理風正当化の研究もなされているが，この節ではそうした議論は割愛し，いくつかの事後的有効性だけを調べることにしよう．

さて，t が連続時間変数であるとき，x_t を $[0,1]$ の値を取る確率変数としよ

う．x_t が拡散過程であるとは，x_t がマルコフ過程であり，かつ，確率1で(すなわちほとんどすべての見本 ω に対して)見本関数 $x_t(\omega)$ が t の連続関数であることをいう．マルコフ過程を記述するうえで最も基本的な量は，推移確率(transition probability)である．今，$s<t$ という2時刻 s, t を考えたとき，$x_s=p$ という条件下で $x_t\in[x, x+dx]$ となる確率を $\phi(p, s; x, t)dx$ と表わそう．この ϕ は推移確率密度(transition probability density)と呼ばれる．拡散過程を記述する ϕ は Kolmogorov の方程式と呼ばれる偏微分方程式を満足することを，まず示そう．

マルコフ過程の特徴は，$s<t'<t$ という3時刻を考えたとき，$x_{t'}$ の取る値が与えられると，x_t の分布は完全に決定され，その分布は x_s の取った値に影響されないことである．したがって，推移確率密度は

$$\phi(p, s; x, t)=\int_0^1\phi(p, s; x', t')\phi(x', t'; x, t)dx' \qquad (4.3.1)^*$$

を満足する．これは Chapman-Kolmogorov の等式と呼ばれる．

さて，拡散過程では x_t の t 連続性が確率1で成り立つ．ここでは更に強く，微小時間 δt の間の頻度の変化 δx の確率分布密度関数 $g(\delta x; x, t, \delta t)\equiv\phi(x, t; x+\delta x, t+\delta t)$ が

$$\langle\delta x\rangle=\int\delta x g(\delta x; x, t, \delta t)d(\delta x)=m(x)\delta t+O((\delta t)^2) \qquad (4.3.2)$$

$$\langle(\delta x)^2\rangle=\int(\delta x)^2 g(\delta x; x, t, \delta t)d(\delta x)=v(x)\delta t+O((\delta t)^2) \qquad (4.3.3)$$

$$\langle(\delta x)^n\rangle=\int(\delta x)^n g(\delta x; x, t, \delta t)d(\delta x)=o(\delta t) \qquad (n=3, 4, 5, \cdots)$$

$$(4.3.4)$$

＊　正確には，(4.3.1)の右辺には，さらに境界 $x'=0, 1$ からの寄与を追加しなければならない．これは，後に(4.3.11)，(4.3.12)に現われる境界への推移確率 $\Phi(p, s; 0, t)$, $\Phi(p, s; 1, t)$ を用いると，$\{\Phi(p, s; 0, t')\phi(0, t'; x, t)+\Phi(p, s; 1, t')\phi(1, t'; x, t)\}$ の項を追加することによって達成される．しかしながら，これらの追加は Kolmogorov の方程式を導出する議論では本質的ではない．なぜならば，$t'\to t$ または $t'\to s$ の極限を取ると，連続性の仮定により，これらの追加は無視できることになるからである．したがって，Kolmogorov の方程式の発見法的導出を目的とした以下の本文では，表式が不必要に繁雑になることを避けるため，この種の本質的でない境界からの寄与を，ただ正確さのためにだけ一々表記することはしないことにした．

を満足すると仮定しよう．ここで，$m(x), v(x)$ は，それぞれドリフト係数(drift coefficient)，拡散係数(diffusion coefficient)と呼ばれ，今の場合，簡単のために，x のみの関数で t にはよらないとしている．

これらの性質を用いて，推移確率密度の満足する偏微分方程式を導出しよう．まず，(4. 3. 1)で $t'=t-\delta t,\ x'=x-\delta x$ と置くと

$$\phi(p, s; x, t) = \int_{x-1}^{x} \phi(p, s; x-\delta x, t-\delta t)\, g(\delta x; x-\delta x, t-\delta t, \delta t)\, d(\delta x) \tag{4.3.5}$$

を得る．ここで，右辺の被積分関数を変数 $x-\delta x$ について x の周りにテイラー展開すると

$$\begin{aligned}
&\phi(p, s; x-\delta x, t-\delta t)\, g(\delta x; x-\delta x, t-\delta t, \delta t)\\
&\quad = \phi(p, s; x, t-\delta t)\, g(\delta x; x, t-\delta t, \delta t)\\
&\quad - (\delta x)\frac{\partial}{\partial x}\{\phi(p, s; x, t-\delta t)\, g(\delta x; x, t-\delta t, \delta t)\}\\
&\quad + \frac{1}{2}(\delta x)^2\frac{\partial^2}{\partial x^2}\{\phi(p, s; x, t-\delta t)\, g(\delta x; x, t-\delta t, \delta t)\} + o(\delta x)^2
\end{aligned} \tag{4.3.6}$$

となる．(4. 3. 6)を(4. 3. 5)に代入し，積分と微分の順序を入れ換えると，(4. 3. 2)～(4. 3. 4)を用いて

$$\begin{aligned}
&\frac{\phi(p, s; x, t) - \phi(p, s; x, t-\delta t)}{\delta t}\\
&\quad = -\frac{\partial}{\partial x}\{m(x)\phi(p, s; x, t-\delta t)\} + \frac{1}{2}\frac{\partial^2}{\partial x^2}\{v(x)\phi(p, s; x, t-\delta t)\} + O(\delta t)
\end{aligned} \tag{4.3.7}$$

のようになる．最後に，$\delta t \to 0$ の極限を取ると，偏微分方程式

$$\begin{aligned}
&\frac{\partial}{\partial t}\phi(p, s; x, t)\\
&\quad = \frac{1}{2}\frac{\partial^2}{\partial x^2}\{v(x)\phi(p, s; x, t)\} - \frac{\partial}{\partial x}\{m(x)\phi(p, s; x, t)\}
\end{aligned} \tag{4.3.8}$$

が得られる．これが **Kolmogorov の前進方程式**(Kolmogorov forward equation)と呼ばれるものである．(4. 3. 8)は

$$\frac{\partial}{\partial t}\phi(p, s; x, t)+\frac{\partial}{\partial x}J(p, s; x, t)=0 \tag{4.3.9}$$

$$J(p, s; x, t)\equiv m(x)\phi(p, s; x, t)-\frac{1}{2}\frac{\partial}{\partial x}\{v(x)\phi(p, s; x, t)\} \tag{4.3.10}$$

の形に書き表わすこともできる．このとき，(4.3.10)で定義される $J(p, s; x, t)$ は，頻度空間$(0, 1)$で時刻 t に頻度 x を正の方向に横切って流れる確率流(probability flux)と呼ばれる．(4.3.9)は，微小区間$(x, x+dx)$での確率の保存則を表現しているとも解釈できる．

境界，例えば $x=0$ が内部から接近できる場合，$x_s=p$ から出発して $x_t=0$ となる推移確率を $\Phi(p, s; 0, t)$ と表すと，これは $x=0$ での確率の保存則から

$$\frac{\partial}{\partial t}\Phi(p, s; 0, t)=-J(p, s; +0, t) \tag{4.3.11}$$

を満足する．境界 $x=1$ についても同様に

$$\frac{\partial}{\partial t}\Phi(p, s; 1, t)=J(p, s; 1-0, t) \tag{4.3.12}$$

が成り立つ．

次に，**Kolmogorov の後退方程式**(Kolmogorov backward equation)を導出しよう．このためには，Chapman-Kolmogorov の等式(4.3.1)において $t'=s+\delta s$, $x'=p+\delta p$ と置いて，(4.3.1)から(4.3.8)を導出したときと同様の計算をし，$\delta s\to 0$ の極限を取ればよい．結果は

$$-\frac{\partial}{\partial s}\phi(p, s; x, t)=\frac{1}{2}v(p)\frac{\partial^2}{\partial p^2}\phi(p, s; x, t)+m(p)\frac{\partial}{\partial p}\phi(p, s; x, t) \tag{4.3.13}$$

である．この後退方程式は，初期条件に依存する性質を調べる際に特に有用になる．また，この微分方程式は推移確率 $\Phi(p, s; 0, t)$ や $\Phi(p, s; 1, t)$ に対しても成り立つ．このことを示すには，例えば $\Phi(p, s; 1, t)$ については，Chapman-Kolmogorov の等式

$$\Phi(p, s; 1, t)=\Phi(p, s; 1, t')+\int_0^1\phi(p, s; x', t')\Phi(x', t'; 1, t)dx' \qquad (s<t'<t) \tag{4.3.14}$$

において $t'=s+\delta s, x'=p+\delta p$ と置いて，上と同様の議論をすればよい．$\Phi(p, s; 1, t)$ が満足する偏微分方程式は

$$-\frac{\partial}{\partial s}\Phi(p, s; 1, t) = \frac{1}{2}v(p)\frac{\partial^2}{\partial p^2}\Phi(p, s; 1, t) + m(p)\frac{\partial}{\partial p}\Phi(p, s; 1, t) \tag{4.3.15}$$

となる．$\Phi(p, s; 0, t)$ についても同様の結果が得られる．

Kolmogorov の方程式(4.3.8)と(4.3.13)は，それぞれ

$$\frac{\partial}{\partial t}\phi(p, s; x, t) = \boldsymbol{L}(x)\phi(p, s; x, t) \tag{4.3.16}$$

$$-\frac{\partial}{\partial s}\phi(p, s; x, t) = \tilde{\boldsymbol{L}}(p)\phi(p, s; x, t) \tag{4.3.17}$$

のように偏微分作用素

$$\boldsymbol{L}(x) \equiv \frac{1}{2}\frac{\partial^2}{\partial x^2}v(x) - \frac{\partial}{\partial x}m(x) \tag{4.3.18}$$

$$\tilde{\boldsymbol{L}}(p) \equiv \frac{1}{2}v(p)\frac{\partial^2}{\partial p^2} + m(p)\frac{\partial}{\partial p} \tag{4.3.19}$$

を用いて簡略に表わすこともできる．

特別な場合として，例えば，$x=1$ が吸収端である(すなわち，いったん $x_s=1$ となれば，$t>s$ に対して常に $x_t=1$ となる)場合を考えよう．このとき，$u(p, s; t) \equiv \Phi(p, s; 0, t)$ は，時刻 s に頻度 p から出発した集団が時刻 t までに頻度1となり着目する状態1が集団中に固定している確率であって，状態1の固定確率と呼ばれる．$\Phi(p, s; 1, t)$ は(4.3.15)を満足するから，固定確率 $u(p, s; t)$ も

$$-\frac{\partial}{\partial s}u(p, s; t) = \tilde{\boldsymbol{L}}(p)u(p, s; t) \tag{4.3.20}$$

を満足することが分る．

以上で，拡散過程を記述する Kolmogorov の方程式と，関連する偏微分方程式が導出されたので，次に，これに基づいて拡散過程に関するいくつかの平均量が満足する方程式を導出しておこう．まず，頻度 x と時間 t との関数 $f(x, t)$ が与えられたとき，拡散の経路に沿っての積分

$$\int_s^t f(x_{t'}, t')\,dt' \qquad (4.3.21)$$

によって定義される確率変数の $x_s=p$ という条件の下での期待値 $\left\langle \int_s^t f(x_{t'}, t')\,dt' \right\rangle$ を考えよう．これは頻度 p と時間 s, t との関数である．同じ条件の下での $f(x_t, t)$ の期待値 $\langle f(x_t, t)\rangle$ は推移確率密度 $\phi(p, s; x, t)$ を用いて

$$\langle f(x_t, t)\rangle = \int_0^1 f(x, t)\phi(p, s; x, t)\,dx + f(0, t)\Phi(p, s; 0, t) + f(1, t)\Phi(p, s; 1, t) \qquad (4.3.22)$$

と表わされる．両辺を s について微分し，(4.3.17), (4.3.15) を用いると

$$\frac{\partial}{\partial s}\langle f(x_t, t)\rangle = \int_0^1 f(x, t)\frac{\partial}{\partial s}\phi(p, s; x, t)\,dx + f(0, t)\frac{\partial}{\partial s}\Phi(p, s; 0, t) + f(1, t)\frac{\partial}{\partial s}\Phi(p, s; 1, t) = -\tilde{\boldsymbol{L}}(p)\langle f(x_t, t)\rangle \qquad (4.3.23)$$

という偏微分方程式が得られる．次に，$\int_s^t \langle f(x_{t'}, t')\rangle dt'$ を s について微分すると

$$\frac{\partial}{\partial s}\left\langle \int_s^t f(x_{t'}, t')\,dt' \right\rangle = -\langle f(x_s, s)\rangle + \int_s^t \frac{\partial}{\partial s}\langle f(x_{t'}, t')\rangle dt' \qquad (4.3.24)$$

となるので，(4.3.23) と $\langle f(x_s, s)\rangle = f(p, s)$ に注意すると

$$-\frac{\partial}{\partial s}\left\langle \int_s^t f(x_{t'}, t')\,dt' \right\rangle = f(p, s) + \tilde{\boldsymbol{L}}(p)\left\langle \int_s^t f(x_{t'}, t')\,dt' \right\rangle \qquad (4.3.25)$$

という非斉次偏微分方程式が得られる．

次に，頻度 x だけの関数 $f(x)$ が与えられたとき，確率変数 $f(x_t)$ の期待値 $\langle f(x_t)\rangle$ が時間 t と共にどのように変化するかを調べよう．ここでは初期条件 $x_s=p$ への依存性には興味がないので，$\phi(p, s; x, t)$ などを単に $\phi(x, t)$ のように引数 p, s を省略して表わすことにすると，(4.3.22) と同様に

$$\langle f(x_t)\rangle = \int_0^1 f(x)\phi(x, t)\,dx + f(0)\Phi(0, t) + f(1)\Phi(1, t) \qquad (4.3.26)$$

である．両辺を t について微分し，(4.3.9)～(4.3.12) を用いると

$$\frac{d}{dt}\langle f(x_t)\rangle = -\int_0^1 f(x)\frac{\partial}{\partial x}J(x, t)\,dx - f(0)J(+0, t) + f(1)J(1-0, t)$$

$$= \int_0^1 f'(x) J(x,t)\,dx$$

$$= \int_0^1 f'(x)\left[m(x)\phi(x,t) - \frac{1}{2}\frac{\partial}{\partial x}\{v(x)\phi(x,t)\}\right]dx$$

$$= \int_0^1 \left\{m(x)f'(x) + \frac{1}{2}v(x)f''(x)\right\}\phi(x,t)\,dx$$

$$-\frac{1}{2}[f'(x)v(x)\phi(x,t)]_0^1 \qquad (4.3.27)$$

となる．ただし，途中で部分積分を2回行なった．(4.3.19)と(4.3.26)に注意して右辺第1項を変形すると，(4.3.27)は

$$\frac{d}{dt}\langle f(x_t)\rangle = \langle \tilde{\boldsymbol{L}}(x_t)f(x_t)\rangle$$

$$-[\Phi(0,t)\{\tilde{\boldsymbol{L}}(x)f(x)\}_{x=0} + \Phi(1,t)\{\tilde{\boldsymbol{L}}(x)f(x)\}_{x=1}]$$

$$-\frac{1}{2}[f'(x)v(x)\phi(x,t)]_0^1 \qquad (4.3.28)$$

と表わされる．$v(0)=v(1)=0$ の場合には，(4.3.28)はさらに簡単化され

$$\frac{d}{dt}\langle f(x_t)\rangle = \langle \tilde{\boldsymbol{L}}(x_t)f(x_t)\rangle - \Phi(0,t)m(0)f'(0) - \Phi(1,t)m(1)f'(1) \qquad (4.3.29)$$

となる．したがって，(4.3.28)の右辺第2，第3項や(4.3.29)の右辺第2項などの境界からの寄与が消失する時には，

$$\frac{d}{dt}\langle f(x_t)\rangle = \langle \tilde{\boldsymbol{L}}(x_t)f(x_t)\rangle \qquad (4.3.30)$$

の公式が得られる．

確率過程としての拡散過程を扱う方法は，以上でほぼ了解されたことと思う．以下では，前節までで示されたサイズ効果によるレプリコン頻度のランダム・ドリフトに対応する拡散過程の構成の仕方を示し，その有効性を見てみよう．Kolmogorov の方程式(4.3.16)，(4.3.17)や平均値の満足する方程式(4.3.25)，(4.3.30)に見られるように，拡散過程を特徴づける作用素 $\boldsymbol{L}(x)$, $\tilde{\boldsymbol{L}}(p)$ は，(4.3.18)，(4.3.19)で与えられるように，ドリフト係数 $m(x)$ と拡散係数 $v(x)$ によって決定される．これらの量は，(4.3.2)，(4.3.3)により

$$m(x) = \lim_{\delta t \to 0} \frac{1}{\delta t} \langle \delta x \rangle \tag{4.3.31}$$

$$v(x) = \lim_{\delta t \to 0} \frac{1}{\delta t} \langle (\delta x)^2 \rangle \tag{4.3.32}$$

によって与えられる．そこで，前節までで扱ってきた離散時間モデルに対応する拡散過程としては

$$m(x) = \langle \Delta x \rangle \tag{4.3.33}$$

$$v(x) = \langle (\Delta x)^2 \rangle \tag{4.3.34}$$

で与えられるドリフト係数，拡散係数をもったものを考えることとしよう．ここで，Δx は1世代間のレプリコン頻度の変化であり，時間 t は世代単位で表わされていると考える．

この対応によって構成された拡散過程を離散時間モデルに対する**拡散過程近似**(diffusion process approximation)と呼ぼう．これがどれほど良い近似になっているかを見るために，§4.2で調べた簡単なランダム・ドリフトの場合を調べてみよう．(4.2.1)と処方箋(4.3.33)，(4.3.34)によると，この場合の拡散過程は

$$m(x) = 0, \qquad v(x) = \frac{x(1-x)}{N_e} \tag{4.3.35}$$

によって特徴づけられる．この場合には(4.3.30)の公式を用いることができるのが確められるので，頻度 x_t の平均値に対する方程式を書き下してみると

$$\frac{d}{dt}\langle x_t \rangle = \left\langle \frac{1}{2} \frac{x_t(1-x_t)}{N_e} \cdot \frac{d^2}{dx_t^2} x_t \right\rangle = 0 \tag{4.3.36}$$

となる．同様にして，$x_t(1-x_t)$ の平均値に対しては

$$\frac{d}{dt}\langle x_t(1-x_t) \rangle = \left\langle \frac{1}{2} \frac{x_t(1-x_t)}{N_0} \cdot \frac{d^2}{dx_t^2} \{x_t(1-x_t)\} \right\rangle = -\frac{1}{N_e} \langle x_t(1-x_t) \rangle \tag{4.3.37}$$

となる．これらはそれぞれ(4.2.2)，(4.2.4)に対応する方程式であって，$N_e \gg 1$ である限り，ここでの拡散過程近似は厳密解に対する良い近似を与えることが分る．

§4.4 固定過程

前節の最後では，サイズ効果によるランダム・ドリフトだけによって頻度が変化する場合を拡散過程近似で簡単に調べてみた．この節では，これを少し一般化し，自然淘汰の効果をも考慮してみよう．すなわち，§3.2で見たレプリコン状態の決定論的な固定あるいは消滅の過程が，有限集団のランダム・ドリフトによってどのような影響を受けるかを調べてみよう．

処方箋(4.3.33)，(4.3.34)と，重ね合せの近似によって自然淘汰の効果を考慮した(4.2.10)，(4.2.1)の第2式によると，この場合に対応する拡散過程は

$$m(x) = sx(1-x), \qquad v(x) = \frac{x(1-x)}{N_e} \tag{4.4.1}$$

によって特徴づけられる．この拡散過程の特徴は，$x=0$ または $x=1$ で $m=v=0$ となるため，これらの境界点が吸収端となり，$t=0$ に $x_0=p$ $(0<p<1)$ から出発すると早晩，$x_t=0$ または1に到達し，状態1は固定あるいは消滅することである．この固定の過程を少し詳しく調べよう．

固定過程を記述する量として，前節では固定確率 $u(p,s;t)$ を考え，これがKolmogorov の方程式(4.3.20)を満足することを知った．ところで，今考えているような時間一様な拡散過程では，$u(p,s;t)$ は $t-s$ を通してしか s,t に依存しないので，改めて $u(p,t-s)\equiv u(p,s;t)$ と表わそう．すると，(4.3.20)は

$$\frac{\partial}{\partial t}u(p,t) = \tilde{\boldsymbol{L}}(p)u(p,t) = \frac{p(1-p)}{2N_e}\frac{\partial^2}{\partial p^2}u(p,t) + sp(1-p)\frac{\partial}{\partial p}u(p,t) \tag{4.4.2}$$

となる．ここで，(4.4.1)を用いた．直ちに分るように，時間を N_e 世代単位で測り直し，t/N_e を改めて t とおくと，(4.4.2)は

$$\frac{\partial}{\partial t}u(p,t) = \frac{1}{2}p(1-p)\frac{\partial^2}{\partial p^2}u(p,t) + (N_e s)p(1-p)\frac{\partial}{\partial p}u(p,t) \tag{4.4.3}$$

となる．したがって，上述のような時間のスケーリング(scaling)を行なうと，異なるパラメタの組(N_e, s)によって特徴づけられる幾つかの固定過程が，$N_e s$ が同一である限りすべて同等になるという，一種の対応の法則が成り立つことになる．

$u(p,t+\delta t)-u(p,t)$ は，$x_0=p$ から出発した集団が時刻 $t\sim t+\delta t$ の間には

じめて $x_t=1$ となる確率である．したがって，$\partial u(p,t)/\partial t$ は $x_0=p$ から出発し時刻 t にはじめて $x_t=1$ となる確率密度を与える$(0\leqq t<\infty)$．そこで，母関数

$$g(p,\theta)\equiv\int_0^\infty dte^{-\theta t}\frac{\partial}{\partial t}u(p,t) \qquad (\mathrm{Re}\,\theta>0) \tag{4.4.4}$$

を考えてみよう．これが求められれば，

$$u(p,\infty)=\int_0^\infty dt\frac{\partial}{\partial t}u(p,t)=g(p,0) \tag{4.4.5}$$

$$T(p)\equiv\int_0^\infty dt\cdot t\frac{\partial}{\partial t}u(p,t)\Big/u(p,\infty)=-\frac{\partial}{\partial\theta}\log g(p,\theta)|_{\theta=0} \tag{4.4.6}$$

$$V(p)\equiv\int_0^\infty dt\cdot t^2\frac{\partial}{\partial t}u(p,t)\Big/u(p,\infty)-T(p)^2=\frac{\partial^2}{\partial\theta^2}\log g(p,\theta)|_{\theta=0} \tag{4.4.7}$$

などのように，終局固定確率 $u(p,\infty)$，固定するとの条件下での固定までの待ち時間の平均 $T(p)$，分散 $V(p)$ が求められる．(4.4.4)の母関数は $\partial u(p,t)/\partial t$ のラプラス変換であるから，原理的には，逆変換を行なうと $\partial u(p,t)/\partial t$ 自身まで求められるわけである．

さて，母関数 $g(p,\theta)$ を求めるために，(4.4.4)の両辺に(4.3.19)の微分作用素 $\tilde{\boldsymbol{L}}(p)$ を施してみよう．微分と積分の順序交換などが自由に許されると仮定すると

$$\tilde{\boldsymbol{L}}(p)g(p,\theta)=\int_0^\infty dte^{-\theta t}\frac{\partial}{\partial t}\tilde{\boldsymbol{L}}(p)u(p,t)=\int_0^\infty dte^{-\theta t}\frac{\partial^2}{\partial t^2}u(p,t) \tag{4.4.8}$$

となる．ただし，(4.4.2)を用いた．部分積分を1回行なうと，(4.4.8)は

$$\tilde{\boldsymbol{L}}(p)g(p,\theta)=\left[e^{-\theta t}\frac{\partial}{\partial t}u(p,t)\right]_0^\infty+\theta\int_0^\infty dte^{-\theta t}\frac{\partial}{\partial t}u(p,t)=\theta g(p,\theta) \tag{4.4.9}$$

となる．ただし，途中で

$$\lim_{t\to\infty}e^{-\theta t}\frac{\partial}{\partial t}u(p,t)=0 \tag{4.4.10}$$

$$\frac{\partial}{\partial t}u(p,t)|_{t=0}=0 \tag{4.4.11}$$

を用いた. (4.4.10)は(4.4.4)の積分の存在を仮定していることから, (4.4.11)は(4.4.2)と $u(p,0)=0$ から, それぞれ導かれる. (4.4.9)は, p の関数としての $g(p,\theta)$ に対する2階の常微分方程式と考えられる. これに, 境界条件

$$g(+0,\theta)=0, \qquad g(1-0,\theta)=1 \tag{4.4.12}$$

を課すと, 母関数 $g(p,\theta)$ が決定される. この境界条件は, 固定確率 $u(p,t)$ が

$$u(+0,t)=0, \qquad u(1-0,t)=H(t) \tag{4.4.13}$$

となることに対応している. ここで, $H(t)$ はヘビーサイド関数で, $t\leqq 0$ に対して0, $t>1$ に対して1の値をとる. (4.4.9), (4.4.12)から $g(p,\theta)$ をあらわな形に求めることは, $s=0$ の場合にしか成功していない. この場合の扱いは第7章で紹介することとしよう.

母関数 $g(p,\theta)$ 自身が求められなくても, θ に関する原点の周りの微係数

$$a_n(p)\equiv\frac{\partial^n}{\partial\theta^n}g(p,\theta)|_{\theta=0} \qquad (n=0,1,2,\cdots) \tag{4.4.14}$$

を求めることは, さほど難しくない. そして, $a_0\sim a_2$ が求まれば, (4.4.5)～(4.4.7)により, 終局固定確率や固定までの待ち時間の平均, 分散が求まるわけである.

$a_n(p)$ を求めるためには, (4.4.9)を θ に関して n 回微分し, 次いで $\theta=0$ とおけばよい. すると, a_n は

$$\tilde{L}(p)a_0(p)=0 \tag{4.4.15}$$

$$\tilde{L}(p)a_n(p)=na_{n-1}(p) \qquad (n=1,2,3,\cdots) \tag{4.4.16}$$

を満足することが分る. ただし, (4.4.3)のように時間のスケーリングをしていると

$$\tilde{L}(p)=\frac{1}{2}p(1-p)\frac{\partial^2}{\partial p^2}+N_e sp(1-p)\frac{\partial}{\partial p} \tag{4.4.17}$$

である. それぞれ適当な境界条件を課すことにより, 斉次方程式(4.4.15)から a_0 が, 次いで, 非斉次方程式(4.4.16)から $a_1, a_2, \cdots$ が, 順次求められる.

まず a_0 を求めよう. (4.4.17)を代入すると, (4.4.15)は

$$a_0''(p)+2N_e sa_0'(p)=0 \tag{4.4.18}$$

となる. 境界条件は, (4.4.13)に準じて

$$a_0(+0)=0, \qquad a_0(1-0)=1 \tag{4.4.19}$$

である．(4.4.18)は

$$w_1(p)=e^{-2N_e sp}, \qquad w_2(p)=1 \tag{4.4.20}$$

という2つの独立な解をもつ．これらの線形結合により，境界条件(4.4.19)を満足するようにさせると

$$a_0(p)=(1-e^{-2N_e sp})/(1-e^{-2N_e s}) \tag{4.4.21}$$

となる．

次に，a_1 を求めよう．(4.4.17)を代入すると，(4.4.16)から

$$a_1''(p)+2N_e s a_1'(p)=\frac{2}{p(1-p)}a_0(p) \tag{4.4.22}$$

となる．境界条件は

$$a_1(+0)=a_1(1-0)=0 \tag{4.4.23}$$

である．これは，(4.4.6)から $a_1=-a_0T(p)$ であり，他方 $T(+0)<\infty$，$T(1-0)=0$ と(4.4.19)を顧みれば，納得できる条件であろう．非斉次方程式(4.4.22)を解くには

$$\frac{d^2}{dp^2}G(p,q)+2N_e s\frac{d}{dp}G(p,q)=\delta(p-q) \qquad (0<p,q<1) \tag{4.4.24}$$

$$G(+0,q)=G(1-0,q)=0 \tag{4.4.25}$$

を満足するグリーン関数 $G(p,q)$ を求めればよい．実際，これを用いると(4.4.22)の解は

$$a_1(p)=\int_0^1 dqG(p,q)\frac{2}{q(1-q)}a_0(q) \tag{4.4.26}$$

によって与えられることが，容易に確められる．

(4.4.24)の斉次方程式の解が(4.4.20)であるから，(4.4.21)で与えられる $a_0(p)$ と $1-a_0(p)$ とがそれぞれ左端または右端の境界条件(4.4.25)を満足する独立な解となることに注意すると，グリーン関数 $G(p,q)$ を

$$G(p,q)=\begin{cases} Ca_0(p)\{1-a_0(q)\} & (p<q) \\ Ca_0(q)\{1-a_0(p)\} & (p\geqq q) \end{cases} \tag{4.4.27}$$

の形に求めることができる．定数 C は，(4.4.24)を区間$(q-0,q+0)$で積分して得られる関係式

$$\left[\frac{d}{dp}G(p,q)\right]_{q-0}^{q+0}=1 \tag{4.4.28}$$

を満足するように決める．結局

$$C=-\frac{1-e^{-2N_\mathrm{e}s}}{2N_\mathrm{e}s}e^{2N_\mathrm{e}sq} \tag{4.4.29}$$

となる．

以上，固定過程の数学的取扱いを述べてきたが，話が少し形式的になったので，得られた結果を少し具体的に見てみよう．まず，(4.4.5)により，$a_0(p)$は終局固定確率$u(p,\infty)$を与える．これのパラメタs依存性を論ずる便宜のため，$u(p,\infty)$を改めて$u(p;s)$と表わすことにすると，(4.4.21)から

$$u(p;s)=\frac{1-e^{-2N_\mathrm{e}sp}}{1-e^{-2N_\mathrm{e}s}} \tag{4.4.30}$$

である．$s\to 0$の極限をとると

$$u(p;0)=p \tag{4.4.31}$$

となる．すなわち，中立なレプリコン状態の終局固定確率は初期頻度pに等しい．これと違って，$N_\mathrm{e}s\gg 1$だが$N_\mathrm{e}sp\ll 1$の場合には，(4.4.30)は

$$u(p;s)\cong 2N_\mathrm{e}sp\gg p \tag{4.4.32}$$

となる．すなわち，適応的なレプリコン状態の終局固定確率は中立的な状態のものよりはるかに大きくなる．図4.1は，パラメタ$N_\mathrm{e}s$の典型的な値に対して，終局固定確率の初期頻度依存性を示している．この図からも分るように，

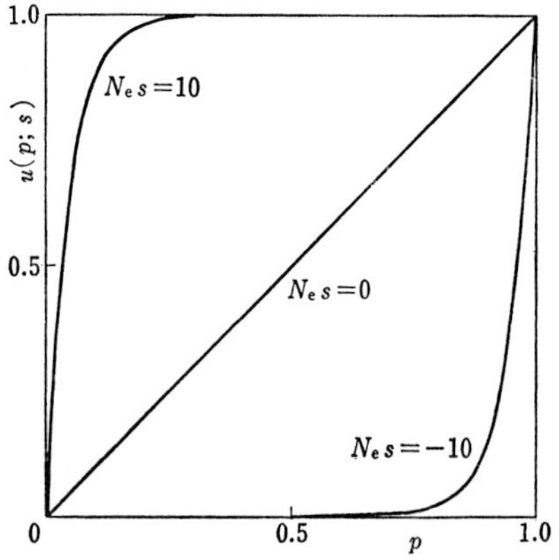

図4.1　固定確率$u(p;s)$の初期頻度p依存性．N_eは集団の有効サイズ．

有限集団の固定過程で一番大切な結論は，着目する適応的状態については，いかに $N_e s$ が大きくても $N_e s$ が有限である限り固定確率は1より小さく，有限の0でない消滅確率が存在するということである．また，同じことの言い換えではあるが，着目する有害的な状態については，いかに $-N_e s$ が大きくてもわずかながら0でない固定確率が存在し，消滅確率は1でないことである．

次に，(4.4.6)によれば，$-a_1(p)/a_0(p)$ は固定が起ったとの条件下での固定までの待ち時間の平均値 $T(p)$ を与える．(4.4.27), (4.4.29)を代入した(4.4.26)を用いると

$$T(p)=\left\{\frac{1}{u(p;s)}-1\right\}\int_0^p dq(1-e^{-2N_e s})\frac{u(q;s)^2 e^{2N_e sq}}{N_e sq(1-q)}+\int_p^1 dq(1-e^{-2N_e s})\frac{u(q;s)\{1-u(q;s)\}}{N_e sq(1-q)}e^{2N_e sq} \tag{4.4.33}$$

である．$T(p)$ を改めて $T(p;s)$ と表わすことにすると，(4.4.33)を少し変形することにより

$$T(p;s)=\left\{\frac{1}{u(p;s)}-1\right\}\int_0^p \frac{e^{2N_e s}u(q;-s)-u(q;s)}{N_e sq(1-q)}dq+\int_p^1 \frac{u(q;s)-u(q;-s)}{N_e sq(1-q)}dq \tag{4.4.34}$$

と表わすことができる．ここで

$$\left\{\frac{1}{u(p;s)}-1\right\}e^{2N_e s}=\frac{1}{u(p;-s)}-1 \tag{4.4.35}$$

に注意すると，(4.4.34)のように表わした $T(p;s)$ と $T(p;-s)$ を比較することにより

$$T(p;s)=T(p;-s) \tag{4.4.36}$$

が分る．すなわち，同じ初期頻度 p から出発した場合，$s(>0)$ の淘汰有利度をもつ適応的レプリコン状態の平均固定待ち時間は，$-s(<0)$ の淘汰有利度をもつ有害レプリコン状態の平均固定待ち時間と等しくなる．これは一見，常識に反する結果であるように思われるかも知れないが，ここでの平均待ち時間が，固定が起ったと仮定したうえでの条件付平均であることに注意すると，さほどおかしな結果でないと得心がゆくであろう．

特に，中立レプリコン状態の場合には，(4.4.34)で $s\to 0$ の極限をとると

$$T(p;0)=\left(\frac{1}{p}-1\right)\int_0^p\left(\frac{1}{1-q}-1\right)2dq+\int_p^1 2dq=-\frac{2(1-p)}{p}\log(1-p) \tag{4.4.37}$$

のように積分結果があらわに求められる．初期頻度 p が非常に小さいときには

$$T(p;0)\sim 2 \qquad (p\to 0) \tag{4.4.38}$$

となる．すなわち，スケーリングをしない時間単位で言えば，平均固定待ち時間は，有効集団サイズ N_e のほぼ2倍となる．

§4.5　レプリコン頻度の平衡分布

前節では，自然淘汰とサイズ効果によるランダム・ドリフトを仮定し，$t\to\infty$ と共に確率1で $x_t\to 0$ または1となる固定過程を調べた．この節では，第3の要因として突然変異を仮定しよう．すなわち，$\sigma=1$ レプリコンから $\sigma=-1$ レプリコンへの突然変異が1世代の間に μ_- の確率で起り，逆に，$\sigma=-1$ レプリコンから $\sigma=1$ レプリコンへの逆突然変異が，突然変異率 μ_+ で起ると仮定しよう．前節のように，$\sigma=1$ 状態のレプリコン頻度を x と表わして，その1世代間の変化 Δx の平均 $E(\Delta x)$ は，決定論的な変化(3.7.8)の右辺で与えられると考えよう．すると，対応する拡散過程のドリフト係数は

$$m(x)=sx(1-x)+\mu_+-(\mu_++\mu_-)x \tag{4.5.1}$$

となる．拡散係数は，前節と同様に，

$$v(x)=\frac{x(1-x)}{N_e} \tag{4.5.2}$$

である．この場合，$m(0)=\mu_+$, $m(1)=-\mu_-$ であって，いずれも0でなく，境界 $x=0$, $x=1$ のいずれも吸収端でない．すなわち，例えば $x_s=0$ となっても $t>s$ で $x_t>0$ となる確率が存在するようになる．したがって，この場合には，時間が十分経って $t\to\infty$ となると x_t は $0<x_t<1$ の間で初期条件に依らない一定の定常分布をするようになる，と期待される．この節では，この平衡分布(equilibrium distribution)を少し詳しく調べよう．

まず，平衡分布密度 $\phi(x)$ を求めよう．このために，Kolmogorov の前進方程式(4.3.9), (4.3.11), (4.3.12)に定常性の条件を付加すると

$$\frac{d}{dx}J(x)=0 \tag{4.5.3}$$

$$J(0)=J(1)=0 \tag{4.5.4}$$

の方程式を得る．したがって

$$J(x)\equiv m(x)\phi(x)-\frac{1}{2}\frac{d}{dx}v(x)\phi(x)=0 \tag{4.5.5}$$

となる．ここで，$J(x)$ の定義(4.3.10)を用いた．(4.5.5)を積分すると

$$\phi(x)=C\frac{1}{v(x)}\exp\left[2\int\frac{m(x)}{v(x)}dx\right] \tag{4.5.6}$$

となる．C は規格化の定数であって

$$\int_0^1\phi(x)dx=1 \tag{4.5.7}$$

を満足するように決められる．

今の場合，(4.5.1)，(4.5.2)を代入して積分を実行すると，(4.5.6)は

$$\phi(x)=Ce^{2N_e sx}x^{2N_e\mu_+-1}(1-x)^{2N_e\mu_--1} \tag{4.5.8}$$

となる．図4.2に，$\mu_\pm=\mu$, $s=-\mu$ という有害レプリコン状態の頻度分布 $\phi(x)$ を与えた．同図(a)は $N_e\mu=0.05$ で集団のサイズが小さい場合，(b)は $N_e\mu=5$ で集団のサイズが大きい場合である．

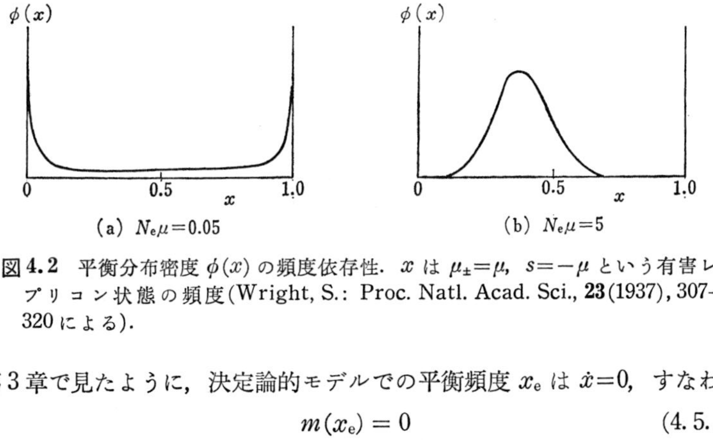

図4.2 平衡分布密度 $\phi(x)$ の頻度依存性．x は $\mu_\pm=\mu$, $s=-\mu$ という有害レプリコン状態の頻度(Wright, S.: Proc. Natl. Acad. Sci., **23**(1937), 307-320による)．

第3章で見たように，決定論的モデルでの平衡頻度 x_e は $\dot{x}=0$，すなわち

$$m(x_e)=0 \tag{4.5.9}$$

から決定される値であった．これに対し，有限集団サイズによるランダム・ドリフトの効果の結果は，図4.2が示すように，決定論での平衡頻度に‘ずれ’と

'ぼけ'の効果を及ぼすと言えよう．実際，図4.2(b)の場合のように$\phi(x)$が最大値をもつとき，最大値を与える頻度x_{m}は，(4.5.5)で$\phi'(x_{\mathrm{m}})=0$とおくことにより

$$m(x_{\mathrm{m}})-\frac{1}{2}v'(x_{\mathrm{m}})=0 \tag{4.5.10}$$

を満足することが分る．(4.5.9)と比較してみれば分るように，(4.5.10)の第2項$-v'(x_{\mathrm{m}})/2$がx_{m}をx_{e}からずれさせる原因となっている．この項を第1項に比して微小な摂動項として扱うと

$$x_{\mathrm{m}}\cong x_{\mathrm{e}}+\frac{v'(x_{\mathrm{e}})}{2m'(x_{\mathrm{e}})} \tag{4.5.11}$$

が得られる．

A4　(4.1.13)の導出

$w_{\sigma}{}^{(i)}$を第i番目の夫婦が次世代に残すレプリコンで状態がσであるものの数を表わす確率変数とし，w_{σ}をその平均値，$w_{\sigma}{}^{(i)}$の平均値からのずれを

$$\varepsilon_{\sigma}{}^{(i)}\equiv w_{\sigma}{}^{(i)}-w_{\sigma} \tag{A 4.1}$$

と定義すると，

$$\langle\varepsilon_{\sigma}{}^{(i)}\rangle=0 \tag{A 4.2}$$

であり，確率変数の独立性から(異なる夫婦が子を生むのは独立事象と考える)

$$\langle\varepsilon_{\sigma}{}^{(i)}\varepsilon_{\sigma'}{}^{(j)}\rangle=\delta_{ij}f(\sigma,\sigma'|\hat{\sigma}) \tag{A 4.3}$$

と書ける．ただし，

$$\hat{\sigma}\equiv(\sigma_1,\sigma_2;\sigma_3,\sigma_4)\qquad(\sigma_i=\pm1;i=1,2,3,4) \tag{A 4.4}$$

は夫婦のタイプを表わすパラメタで，当該夫婦の夫の状態は(σ_1,σ_2)，妻の状態は(σ_3,σ_4)であることを示し，$f(\sigma,\sigma'|\hat{\sigma})$は夫婦の状態$\hat{\sigma}$とそれが次世代に残すレプリコンの状態$\sigma$と$\sigma'$との関数である．(4.1.8)から(4.1.10)を導いたのと同様にして，(A 4.3)を用いると，

$$\langle(\Delta x)^2\rangle=\frac{1}{(wN)^2}\sum_{\hat{\sigma}}n(\hat{\sigma})\{(1-x)^2f(1,1|\hat{\sigma})+x^2f(-1,-1|\hat{\sigma})-2x(1-x)f(1,-1|\hat{\sigma})\} \tag{A 4.5}$$

が得られる．ただし，$n(\hat{\sigma})$は$\hat{\sigma}$のタイプの夫婦の総数，あらゆるタイプの夫婦の総数は$N/4$，したがってそこに含まれるレプリコンの総数はNで，そうしたレプリコン当り次世代に残すレプリコンの平均数がwである．

$f(\sigma,\sigma'|\hat{\sigma})$を求めるために，タイプ$\hat{\sigma}$の夫婦が次世代に残す子供の数を確率変数$\nu$で表わし，そのうち第$k$番目の子供個体に含まれるレプリコンで状態が$\sigma$のものの数を

$e_\sigma{}^{(k)}(\hat{\sigma})$ とすると，$e_\sigma{}^{(k)}(\hat{\sigma}) \in \{0, 1, 2\}$ であり，

$$w_\sigma{}^{(i)} = \sum_{k=1}^{\nu} e_\sigma{}^{(k)}(\hat{\sigma}) \tag{A 4. 6}$$

となる．ただし，i 番目の夫婦のタイプは $\hat{\sigma}$ であるとした．

子供個体に含まれるレプリコン対は，等しい確率1/4で (σ_1, σ_3), (σ_1, σ_4), (σ_2, σ_3) および (σ_2, σ_4) の何れかの状態をとり，異なる子供間ではその確率分布は独立であるから，

$$\langle e_\sigma{}^{(k)}(\hat{\sigma})\rangle = 2\cdot\frac{1}{4}\sum_{\alpha=1}^{4}\delta_{\sigma\sigma_\alpha} = \frac{1}{2}\sum_{\alpha=1}^{4}\delta_{\sigma\sigma_\alpha} \tag{A 4. 7}$$

$$\begin{aligned}\langle e_\sigma{}^{(k)}(\hat{\sigma})\, e_{\sigma'}{}^{(k')}(\hat{\sigma})\rangle &= (1-\delta_{kk'})\langle e_\sigma{}^{(k)}(\hat{\sigma})\rangle\langle e_{\sigma'}{}^{(k')}(\hat{\sigma})\rangle \\ &\quad +\delta_{kk'}\frac{1}{4}\{(\delta_{\sigma\sigma_1}+\delta_{\sigma\sigma_3})(\delta_{\sigma'\sigma_1}+\delta_{\sigma'\sigma_3}) + (\delta_{\sigma\sigma_1}+\delta_{\sigma\sigma_4})(\delta_{\sigma'\sigma_1}+\delta_{\sigma'\sigma_4}) \\ &\quad + (\delta_{\sigma\sigma_2}+\delta_{\sigma\sigma_3})(\delta_{\sigma'\sigma_2}+\delta_{\sigma'\sigma_3}) + (\delta_{\sigma\sigma_2}+\delta_{\sigma\sigma_4})(\delta_{\sigma'\sigma_2}+\delta_{\sigma'\sigma_4})\}\end{aligned} \tag{A 4. 8}$$

となる．$\sigma=\pm 1, \sigma'=\pm 1$ に対し，恒等式

$$\delta_{\sigma\sigma'} = \frac{1}{2}(1+\sigma\sigma') \tag{A 4. 9}$$

が成り立つことに注意すると，(A 4. 7), (A 4. 8) を用いて，

$$\begin{aligned}\mathrm{Cov}(e_\sigma{}^{(k)}(\hat{\sigma}), e_{\sigma'}{}^{(k)}(\hat{\sigma})) &\equiv \langle e_\sigma{}^{(k)}(\hat{\sigma})\, e_{\sigma'}{}^{(k)}(\hat{\sigma})\rangle - \langle e_\sigma{}^{(k)}(\hat{\sigma})\rangle\langle e_{\sigma'}{}^{(k)}(\hat{\sigma})\rangle \\ &= \frac{\sigma\sigma'}{4}\left\{1-\frac{1}{2}(\sigma_1\sigma_2+\sigma_3\sigma_4)\right\}\end{aligned} \tag{A 4. 10}$$

が得られる．かくて，

$$\begin{aligned}f(\sigma, \sigma'|\hat{\sigma}) &= \langle \varepsilon_\sigma{}^{(i)}\varepsilon_{\sigma'}{}^{(i)}\rangle \\ &= \langle w_\sigma{}^{(i)} w_{\sigma'}{}^{(i)}\rangle - \langle w_\sigma{}^{(i)}\rangle\langle w_{\sigma'}{}^{(i)}\rangle \\ &= \left\langle \sum_{k=1}^{\nu}\sum_{k'=1}^{\nu} e_\sigma{}^{(k)}(\hat{\sigma})\, e_{\sigma'}{}^{(k')}(\hat{\sigma})\right\rangle - \left\langle \sum_{k=1}^{\nu} e_\sigma{}^{(k)}(\hat{\sigma})\right\rangle\left\langle \sum_{k'=1}^{\nu} e_{\sigma'}{}^{(k')}(\hat{\sigma})\right\rangle \\ &= \langle\nu\rangle\langle e_\sigma{}^{(k)}(\hat{\sigma}) e_{\sigma'}{}^{(k)}(\hat{\sigma})\rangle + \langle\nu(\nu-1)\rangle\langle e_\sigma{}^{(k)}(\hat{\sigma})\rangle\langle e_{\sigma'}{}^{(k')}(\hat{\sigma})\rangle \\ &\quad - \langle\nu\rangle^2\langle e_\sigma{}^{(k)}(\hat{\sigma})\rangle\langle e_{\sigma'}{}^{(k')}(\hat{\sigma})\rangle \\ &= \langle\nu\rangle\mathrm{Cov}(e_\sigma{}^{(k)}(\hat{\sigma}), e_{\sigma'}{}^{(k)}(\hat{\sigma})) + \mathrm{Var}(\nu)\langle e_\sigma{}^{(k)}(\hat{\sigma})\rangle\langle e_{\sigma'}{}^{(k')}(\hat{\sigma})\rangle \\ &= \langle\nu\rangle\frac{\sigma\sigma'}{4}\left\{1-\frac{1}{2}(\sigma_1\sigma_2+\sigma_3\sigma_4)\right\} + \mathrm{Var}(\nu)(\sigma S+1)(\sigma' S+1)\end{aligned} \tag{A 4. 11}$$

ただし，

$$S \equiv \frac{1}{4}\sum_{\alpha=1}^{4}\sigma_\alpha \tag{A 4. 12}$$

となる．

これを (A 4. 5) に用いると，

$$\langle(\Delta x)^2\rangle = \frac{1}{(wN)^2}\left[\frac{N}{4}\langle\nu\rangle\frac{1}{4}\left\{1-\frac{1}{2}(\overline{\sigma_1\sigma_2}+\overline{\sigma_3\sigma_4})\right\}\{(1-x)^2+x^2+2x(1-x)\}\right.$$

$$+\frac{N}{4}\mathrm{Var}(\nu)\{(1-x)^2\overline{(S+1)^2}+x^2\overline{(-S+1)^2}-2x(1-x)\overline{(1-S^2)}\}\Big]$$

$$=\frac{x(1-x)}{2wN}\left\{1-\frac{1}{2}(f_{12}+f_{34})+\frac{\mathrm{Var}(\nu)}{\langle\nu\rangle}\left(1+\frac{1}{2}\sum_{\langle\alpha,\beta\rangle}{}' f_{\alpha\beta}\right)\right\} \qquad \text{(A 4. 13)}$$

が得られる．ただし$\overline{\cdot}$は・の集団にわたる平均を表わし，$\sum'_{\langle\alpha,\beta\rangle}$は異なる$\alpha, \beta(=1, 2, 3, 4)$の対についての和を表わす．最後の式を導くために，関係式

$$2\langle\nu\rangle\frac{N}{4}=wN \quad \text{すなわち} \quad \langle\nu\rangle=2w \qquad \text{(A 4. 14)}$$

および

$$\bar{\sigma}_\alpha=2x-1 \qquad (\alpha=1, 2, 3, 4) \qquad \text{(A 4. 15)}$$

$$\overline{\sigma_\alpha\sigma_\beta}=f_{\alpha\beta}+(1-f_{\alpha\beta})\bar{\sigma}_\alpha\bar{\sigma}_\beta \qquad \text{(A 4. 16)}$$

を用いた．

(A 4. 15)は夫集団，妻集団いずれにおいてもレプリコン1の頻度は等しくxであるとの仮定に対応する．σ_αとσ_βが異なるレプリコンである場合の頻度を$h_{\alpha\beta}$とすると，

$$\overline{\sigma_\alpha\sigma_\beta}=1\cdot(1-h_{\alpha\beta})+(-1)h_{\alpha\beta}=1-2h_{\alpha\beta} \qquad \text{(A 4. 17)}$$

であるから，(A 4. 15)～(A 4. 17)から

$$f_{\alpha\beta}=1-\frac{h_{\alpha\beta}}{2x(1-x)} \qquad \text{(A 4. 18)}$$

となる．さらに対称性から

$$f_{13}=f_{14}=f_{23}=f_{24} \qquad \text{(A 4. 19)}$$

であることに注意し，$f_{12}=f_{\mathrm{M}}$, $f_{34}=f_{\mathrm{F}}$, $f_{13}=f_{\mathrm{MF}}$とおくと，(A 4. 13)は(4. 1. 13)に他ならない．

第5章　遺伝子座間相関と相互作用*

前章までにおいてレプリコン頻度の時間変化を種々論じてきたが，レプリコンの状態は概ね1つの遺伝子座で特徴づけられる場合，特に $\mathfrak{S}=\{1,-1\}$ の場合を主として取り扱ってきた．したがって，レプリコン頻度といっても，それは概ね1つの遺伝子座の遺伝子頻度と同義であった．しかし，§1.3で述べたように，現実のレプリコンは多くの遺伝子座からなり，このような場合，1つの遺伝子でどのようなアレル状態が個体の生存・生殖に適しているかは，一般には他の遺伝子座のアレル状態に依存する．これは遺伝子座間の相互作用であり，相互作用があれば，異なる遺伝子座の遺伝子頻度に相関を誘起するであろう．しかし，相互作用は直接には測定し難いから，現実にどのような相互作用があるかを解析するには遺伝子頻度の相関の実測を用いるのが有効である．この解析のためには，まず相関や相互作用をどのように定量化し，理論的に相関と相互作用の間にはどのような関連があるかを知らねばならない．

遺伝子座間相互作用は実験的にも理論的にも比較的未開拓の興味ある問題である．本章においては，この問題を研究するための基礎となる概念と性質を簡単なモデルについて述べることを主眼とする．

§5.1　遺伝子頻度の座間相関

簡単な場合として，レプリコンに含まれる2つの定まった遺伝子座を考え，それぞれの座のアレル状態は2つある，あるいは2つに分類されるとする．したがってレプリコンの状態 σ は，±1 の値をとる2つの変数 σ_1, σ_2 で $\sigma=(\sigma_1, \sigma_2)$ とラベルされる．すなわち，$\sigma\in\mathfrak{S}$, $\mathfrak{S}=\{(\sigma_1, \sigma_2)\,|\,\sigma_1=\pm1, \sigma_2=\pm1\}$ であるとする．前章までの記法を踏襲して，時刻 t において(σ)の状態にあるレプリコン数を $N_\sigma(t)$ $(\sigma\in\mathfrak{S})$ とすると，レプリコン(σ)の頻度 $x_\sigma(t)$ は(3.2.1)で定義

* 本章は主として Notohara, M., Ishii, K. and Matsuda, H.: J. Math. Biol., **6**, (1978), 249 の結果にもとづく．

されたとおりである．

一方の遺伝子座 i ($i=1,2$) だけに注目すると，そこの状態が σ_i であるようなレプリコン数は

$$N_{\sigma_i}{}^{(i)}(t)=\sum_{\substack{\sigma_j=\pm1\\(j\neq i)}}N_\sigma(t)\qquad(i=1,2)\tag{5.1.1}$$

で与えられるから，遺伝子座 i におけるアレル(σ_i)の頻度は

$$x_{\sigma_i}{}^{(i)}(t)=\frac{N_{\sigma_i}{}^{(i)}(t)}{N(t)}=\sum_{\substack{\sigma_j=\pm1\\(j\neq i)}}x_\sigma(t)\tag{5.1.2}$$

である．ここに $N(t)$ は(3.2.4)で定義される全レプリコン数である．

さて，$x_{\sigma_i}{}^{(i)}$ は集団中から無作為にレプリコンを取り出してその遺伝子座 i のアレル状態を観測したとき，それが σ_i である確率に等しい．このような観測が2つの遺伝子座について独立に行なわれた場合，例えば最初取り出したレプリコンでは遺伝子座1のみを観測し，このレプリコンを集団に返して再び無作為にレプリコンを取り出し，そこでは遺伝子座2のみを観測したとするとき，それぞれのアレル状態が σ_1, σ_2 である確率は $x_{\sigma_1}{}^{(1)}, x_{\sigma_2}{}^{(2)}$ である．この確率は集団から無作為に1つのレプリコンを取り出したとき，その状態が(σ_1, σ_2)である確率 $x_{\sigma_1\sigma_2}$ とは一般には一致しない．そこでこのずれを

$$c_{\sigma_1\sigma_2}\equiv\frac{x_{\sigma_1\sigma_2}}{x_{\sigma_1}{}^{(1)}x_{\sigma_2}{}^{(2)}}-1\tag{5.1.3}$$

と書くと，遺伝子頻度に座間相関がないとは，

$$c_{\sigma_1\sigma_2}=0\qquad((\sigma_1,\sigma_2)\in\mathfrak{S})\tag{5.1.4}$$

を意味し，$c_{\sigma_1\sigma_2}$ は遺伝子頻度の2つの遺伝子座間の相関を表わす．

ここで，

$$D_{\sigma_1\sigma_2}\equiv x_{\sigma_1\sigma_2}-x_{\sigma_1}{}^{(1)}x_{\sigma_2}{}^{(2)}\tag{5.1.5}$$

とおき，(3.2.2), (5.1.2)に留意して上式の右辺を変形すると，

$$\begin{aligned}D_{\sigma_1\sigma_2}&=x_{\sigma_1\sigma_2}-(x_{\sigma_1\sigma_2}+x_{\sigma_1-\sigma_2})(x_{\sigma_1\sigma_2}+x_{-\sigma_1\sigma_2})\\&=x_{\sigma_1\sigma_2}(1-x_{\sigma_1\sigma_2}-x_{\sigma_1-\sigma_2}-x_{-\sigma_1\sigma_2})-x_{\sigma_1-\sigma_2}x_{-\sigma_1\sigma_2}\\&=x_{\sigma_1\sigma_2}x_{-\sigma_1-\sigma_2}-x_{\sigma_1-\sigma_2}x_{-\sigma_1\sigma_2}\end{aligned}\tag{5.1.6}$$

となる．

これから

$$D_{\sigma_1\sigma_2} = -D_{-\sigma_1\sigma_2} = -D_{\sigma_1-\sigma_2} = D_{-\sigma_1-\sigma_2} \qquad (5.1.7)$$

となるので,

$$D \equiv D_{11} = x_{11} - x_1{}^{(1)} x_1{}^{(2)}$$
$$= x_{11}x_{-1-1} - x_{1-1}x_{-11} \qquad (5.1.8)$$

とおくと,

$$D_{\sigma_1\sigma_2} = \sigma_1\sigma_2 D \qquad (5.1.9)$$

と書くことができる. ただし, $\sigma_1\sigma_2$ は ± 1 の値をとる σ_1 と σ_2 の値の積である. これを用いると, (5.1.3)で定義された頻度相関は

$$c_{\sigma_1\sigma_2} = \frac{\sigma_1\sigma_2 D}{x_{\sigma_1}{}^{(1)} x_{\sigma_2}{}^{(2)}} \qquad (5.1.10)$$

となる.

D は木村資生(1956)によって, **連鎖非平衡**(linkage disequilibrium)と命名された. これは次節で示すように, 同一染色体上にある, すなわち連鎖した遺伝子座間であっても, その間に淘汰上の相互作用がないときは, 組換え(recombination)により十分多くの世代が経過した後では遺伝子頻度の相関は消え, 相関が消えた状態を**連鎖平衡**(linkage equilibrium)と呼ぶので, それからの外れを表わす量という意味で命名されたものである.

§5.2　組換えによるレプリコン頻度の変化

よく知られているように, 組換えは2倍体細胞が減数分裂を起して配偶子を作る際に起る. われわれのモデルにおいて, レプリコン(σ_1, σ_2)とレプリコン(σ_1', σ_2')をもつ2倍体細胞が減数分裂当り確率 $\hat{\gamma}$(組換え率)で組換えを起し, 図5.1に示すように, レプリコン(σ_1, σ_2')と(σ_1', σ_2)を生じるとする. 2つの遺伝子座が連鎖していないときは $\hat{\gamma}=1/2$ と考えてもよいが, この場合は遺伝子

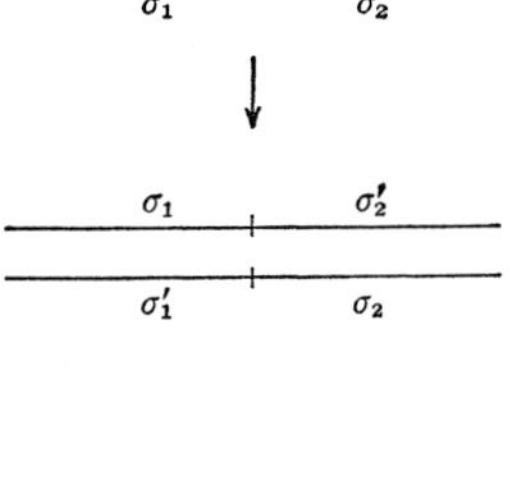

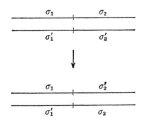

図5.1　遺伝子の組換え.

座間の相関は減数分裂で断ち切られる．以下では連鎖が強く，$\hat{r}$ は1に比して十分小さい正数とみなし得る場合を考える．

さて，組換えによって，集団の要素としてのレプリコン $\sigma=(\sigma_1, \sigma_2)$ の個数が，時点 t から $t+1$ の間に変化するのは，この間に減数分裂を伴って時点 $t+1$ におけるレプリコンが生じ，しかもその際，組換えが起った場合に限られる．前者の平均数を時点 t におけるレプリコン当り b としよう．時間の単位が1世代の長さであるとき，b は1個体当り次の世代に残す子の数に相当する．さて，接合子において，組換え前の遺伝型が $((\sigma_1, -\sigma_2), (-\sigma_1, \sigma_2))$ であったときは，組換えによって $(\sigma)=(\sigma_1, \sigma_2)$ の個数は1つ増し，$((\sigma_1, \sigma_2), (-\sigma_1, -\sigma_2))$ であったときは1つ減じ，その他のときは不変であるから，(3. 4. 2)で導入された遺伝型頻度 $\hat{x}_{\sigma\sigma'}$ を用いると，組換えによるレプリコン (σ) の個数の時間変化は，$\gamma\equiv b\hat{r}$ が1に比して十分小さいとして連続時間近似により，

$$[\dot{N}_\sigma]_{\rm rec}=(\gamma N/2)\{\hat{x}_{(\sigma_1-\sigma_2)(-\sigma_1\sigma_2)}-\hat{x}_{(\sigma_1\sigma_2)(-\sigma_1-\sigma_2)}\} \tag{5. 2. 1}$$

となる．ここで $N/2$ は2倍体個体の総数である．

任意交配を仮定し，交配後，時点 t に到るまでの集団の遺伝型頻度の変化を無視すると，(3. 4. 2)を用いて，

$$[\dot{x}_\sigma]_{\rm rec}=\gamma(x_{\sigma_1-\sigma_2}x_{-\sigma_1\sigma_2}-x_{\sigma_1\sigma_2}x_{-\sigma_1-\sigma_2}) \tag{5. 2. 2}$$

が得られる．近親交配があるときは，(3. 5. 1)に注意すると，

$$\hat{x}_{\sigma\sigma'}=\begin{cases} fx_\sigma+(1-f)x_\sigma{}^2 & (\sigma=\sigma') \\ 2(1-f)x_\sigma x_{\sigma'} & (\sigma\neq\sigma') \end{cases} \tag{5. 2. 3}$$

であって，これを(5. 2. 1)に用いると，$f\neq 0$ の効果は単に(5. 2. 2)の右辺において，γ を $\gamma(1-f)$ で置き換えておきさえすればよいことが判る．

組換えによる D の時間変化を求めるために，(5. 1. 6)に(5. 2. 2)を用いると，直ちに，

$$[\dot{D}]_{\rm rec}=-2\gamma D \tag{5. 2. 4}$$

が得られる．淘汰や突然変異の効果を無視し，レプリコン頻度が組換えのみで変化しているとすると，(5. 2. 4)から

$$D(t)=D(0)e^{-2\gamma t} \tag{5. 2. 5}$$

となる．したがって十分時間を経た後では $D=0$ となり，連鎖平衡の状態に達する．

ここで考察するような，2遺伝子座，2アレルモデルでは，$c_{\sigma_1\sigma_2}$ が一般に (σ_1, σ_2) に依存するのに対し，D はただ1つの量として頻度相関を表すので便利である．しかし，$D(t)\to 0$ になったからといって必ずしも淘汰において座間の相互作用が働いていないとは結論できない．例えば次のような反例が考えられる．すなわち，$(1, 1)$ であるレプリコンが他の状態にあるどのレプリコンよりも子孫を残す上に著しく有利であるとしよう．このときには当然，座間の相互作用が働いていると考え得る．そして淘汰の結果，$t\to\infty$ で $x_{11}(t)\to 1$，したがって $x_1{}^{(1)}(t)\to 1$，$x_1{}^{(2)}(t)\to 1$ となるであろう．しかし，この場合も $D(t)$ の定義(5.1.8)からは，$D(t)\to 0$ となるからである．

また，$D(t)\to 0$ であっても，必ずしも，$c_{\sigma_1\sigma_2}(t)\to 0$ とはならない．実際，例えば

$$\begin{aligned} x_{11} &= 1-3\varepsilon \\ x_{\sigma_1\sigma_2} &= \varepsilon \qquad (\sigma_1 \neq 1 \text{ または } \sigma_2 \neq 1) \end{aligned} \tag{5.2.6}$$

とすると，

$$\begin{aligned} x_1{}^{(i)} &= 1-2\varepsilon \\ x_{-1}{}^{(i)} &= 2\varepsilon \end{aligned} \qquad (i=1, 2) \tag{5.2.7}$$

となる．したがって，$\varepsilon\to 0$ のとき $D(t)\to 0$ ではあるが，

$$c_{-11}(t) = \frac{\varepsilon}{2\varepsilon(1-\varepsilon)} - 1 \to -\frac{1}{2} \tag{5.2.8}$$

となって，必ずしも頻度相関は消えない．そこで，以下では，これらに代って相関を表わす新しい量を導入し，ついでこの量は座間相互作用との間に緊密な因果関係をもつことを示そう．

§5.3　z 空 間

§3.2において，淘汰によるレプリコン頻度の時間変化を論じたとき，(3.2.13)で定義された $z(t)$ を用いると，その時間変化は(3.2.14)のように簡単に記述された．これを本章の場合に拡張して，

$$z_\alpha \equiv \frac{1}{4}\sum_{\sigma\in\mathfrak{S}} \sigma_\alpha(\sigma) \log x_\sigma \qquad (\alpha=0, 1, 2, 3) \tag{5.3.1}$$

とおいてみよう．ただし $\sigma_\alpha(\sigma)$ は $\sigma=(\sigma_1, \sigma_2)$ の関数であって，次の値をとる．

$$\begin{matrix} \sigma_0(\sigma) \equiv 1, & \sigma_1(\sigma) \equiv \sigma_1 \\ \sigma_2(\sigma) \equiv \sigma_2, & \sigma_3(\sigma) \equiv \sigma_1\sigma_2 \end{matrix} \quad \begin{pmatrix} \sigma_i = \pm 1, i=1, 2 \\ \sigma = (\sigma_1, \sigma_2) \in \mathfrak{S} \end{pmatrix} \tag{5.3.2}$$

(5.3.2)から，規格直交関係

$$\frac{1}{4}\sum_{\sigma \in \mathfrak{S}} \sigma_\alpha(\sigma)\sigma_\beta(\sigma) = \delta_{\alpha\beta} \qquad (\alpha=0, 1, 2, 3) \tag{5.3.3}$$

と完全性関係

$$\frac{1}{4}\sum_{\alpha=0}^{3} \sigma_\alpha(\sigma)\sigma_\alpha(\sigma') = \delta_{\sigma\sigma'} \qquad (\sigma, \sigma' \in \mathfrak{S}) \tag{5.3.4}$$

が導かれ，σ の関数系 $\left\{\frac{1}{2}\sigma_\alpha(\sigma) \mid \alpha=0, 1, 2, 3\right\}$ は $\mathfrak{S}$ 上で完全規格直交関数系をなしている．

(5.3.4)を用いると，(5.3.1)から

$$x_\sigma = \exp\left[\sum_{\alpha=0}^{3} \sigma_\alpha(\sigma) z_\alpha\right] \qquad (\sigma \in \mathfrak{S}) \tag{5.3.5}$$

が得られる．(3.2.2)を充す $\{x_\sigma\}_{\sigma\in\mathfrak{S}}$ に対して

$$e^{-z_0} = \sum_{\sigma \in \mathfrak{S}} \exp\left[\sum_{i=1}^{3} \sigma_i(\sigma) z_i\right] \tag{5.3.6}$$

であり，これを $f(z)$ $(z=(z_1, z_2, z_3))$ とおくと，

$$f(z) = 4(\mathrm{ch}\, z_1\, \mathrm{ch}\, z_2\, \mathrm{ch}\, z_3 + \mathrm{sh}\, z_1\, \mathrm{sh}\, z_2\, \mathrm{sh}\, z_3) \tag{5.3.7}$$

となり，

$$x_\sigma = f(z)^{-1} \exp\left[\sum_{i=1}^{3} \sigma_i(\sigma) z_i\right] \tag{5.3.8}$$

であるから，3次元実数空間 $\boldsymbol{R}^3$ の任意の点 z と(3.2.2)を充す $\{x_\sigma\}_{\sigma\in\mathfrak{S}}$ とは1対1対応している．z 空間では，(3.2.2)のような副条件を考慮する必要がなく，レプリコン頻度 $\{x_\sigma\}_{\sigma\in\mathfrak{S}}$ の振舞を論ずるのに便利である．

さて，(5.1.2)に(5.3.8)を代入して，

$$x_{\sigma_1}{}^{(1)} = 2f(z)^{-1} e^{\sigma_1 z_1}\, \mathrm{ch}(z_2 + \sigma_1 z_3) \tag{5.3.9}$$

$$x_{\sigma_2}{}^{(2)} = 2f(z)^{-1} e^{\sigma_2 z_2}\, \mathrm{ch}(z_1 + \sigma_2 z_3) \tag{5.3.9'}$$

となるから，

$$\begin{aligned} c_{\sigma_1\sigma_2} + 1 &= \frac{x_\sigma}{x_{\sigma_1}{}^{(1)} x_{\sigma_2}{}^{(2)}} \\ &= f(z) \frac{e^{\sigma_3 z_3}}{4\, \mathrm{ch}(z_2 + \sigma_1 z_3)\, \mathrm{ch}(z_1 + \sigma_2 z_3)} \end{aligned}$$

$$= e^{\sigma_3 z_3} \frac{\prod_{i=1}^{3} \mathrm{ch}\, z_i + \prod_{i=1}^{3} \mathrm{sh}\, z_i}{\mathrm{ch}\,(z_1+\sigma_2 z_3)\,\mathrm{ch}\,(z_2+\sigma_2 z_3)} \tag{5.3.10}$$

となり，これから，$z_3 \to 0$ ならば $c_{\sigma_1\sigma_2} \to 0$ $(\sigma \in \mathfrak{S})$ となることが判る．また(5.3.10)に(5.3.3)を用いると，

$$z_3 = \frac{1}{4} \sum_{\sigma \in \mathfrak{S}} \sigma_3(\sigma) \log(1+c_\sigma) \tag{5.3.11}$$

となるから，$c_\sigma \to 0$ $(\sigma \in \mathfrak{S})$ ならば $z_3 \to 0$ である．したがって座間の頻度相関が消えるか否かは z_3 が 0 に収束するかどうかを見ればよい．

定義(5.3.6)からみて $f(z)$ は統計力学における状態和に当る量である．これを用いると $\sigma_i(\sigma)$ の集団平均は

$$\bar{\sigma}_i \equiv \sum_{\sigma \in \mathfrak{S}} \sigma_i(\sigma)\, x_\sigma = \frac{\partial \log f(z)}{\partial z_i}$$

$$= \frac{\mathrm{th}\, z_i + \prod_{j \neq i} \mathrm{th}\, z_j}{1+\mathrm{th}\, z_1\, \mathrm{th}\, z_2\, \mathrm{th}\, z_3} \qquad (i=1,2) \tag{5.3.12}$$

と書かれる．したがって相関が 0 に近く，$z_3 \cong 0$ ならば

$$\bar{\sigma}_i \cong \mathrm{th}\, z_i \qquad (i=1,2) \tag{5.3.13}$$

となっている．

§5.4　z 空間の運動方程式

第3章において，決定論的取扱いの場合，淘汰によるレプリコン頻度の時間変化は一般に(3.2.6)で与えられることを見た．これを(5.3.1)に用いると，淘汰による z_α の時間変化は

$$[\dot{z}_\alpha]_{\mathrm{sel}} = \tilde{m}_\alpha(t) \qquad (\alpha=0,1,2,3) \tag{5.4.1}$$

で与えられることになる．ただし，

$$\tilde{m}_\alpha(t) = \frac{1}{2} \sum_{\sigma \in \mathfrak{S}} \sigma_\alpha(\sigma) \{m_\sigma(t) - \bar{m}(t)\} \tag{5.4.2}$$

であって，$\bar{m}(t)$ は σ によらないから，$\alpha=0$ を除くと，

$$\tilde{m}_i(t) = \frac{1}{2} \sum_{\sigma \in \mathfrak{S}} \sigma_i(\sigma)\, m_\sigma(t) \qquad (i=1,2,3) \tag{5.4.3}$$

と簡単になる．(5.4.1)から見て，$\tilde{m}_i(t)$ はマルサス径数の z 変換の i 成分と

呼ぶことができる.

$\left\{\frac{1}{2}\sigma_\alpha(\sigma)\mid\alpha=0,1,2,3\right\}$ は $\mathfrak{S}$ 上で完全規格直交関数系であるから，m_σ をこれで展開して(5.4.2)を用いると，

$$m_\sigma=\bar{m}+\frac{1}{2}\sum_{\alpha=0}^{3}\tilde{m}_\alpha\sigma_\alpha(\sigma) \tag{5.4.4}$$

と書ける．したがって，レプリコン (σ) の個数の複製・死滅による時間変化率 m_σ において，$\bar{m}+\tilde{m}_0$ はレプリコンの状態によらぬ成分，$\tilde{m}_1, \tilde{m}_2$ は遺伝子座1, 2それぞれ単独の状態のみによる相加的成分，$\tilde{m}_3$ は2つの遺伝子座間の相互作用に対応する．(5.4.1)において，頻度の座間相関を与える $z_3(t)$ の淘汰による時間変化は，相互作用 $\tilde{m}_3$ によって与えられている．

淘汰以外にレプリコン頻度を変える要因として，突然変異と組換えがあるが，まず突然変異の効果を考えよう．(3.7.6)において，状態 σ' から状態 σ への突然変異率を $\mu_{\sigma,\sigma'}$ としてレプリコン頻度の時間変化を与えた．突然変異は遺伝子座ごとに独立に起ると考えてよいので，今の場合，$\sigma=(\sigma_1,\sigma_2)$, $\sigma'=(\sigma_1',\sigma_2')$ として，

$$\mu_{\sigma,\sigma'}=\mu_{\sigma1,\sigma1'}{}^{(1)}\delta_{\sigma2\sigma2'}+\mu_{\sigma2,\sigma2'}{}^{(2)}\delta_{\sigma1\sigma1'} \tag{5.4.5}$$

と書ける．(3.7.2)に対応して，今のモデルでは

$$\mu_{\sigma i,\sigma i}{}^{(i)}=-\mu_{-\sigma i,\sigma i}{}^{(i)} \qquad (i=1,2) \tag{5.4.6}$$

となり，$\mu_{\sigma i}{}^{(i)}\equiv\mu_{-\sigma i,\sigma i}{}^{(i)}$ は遺伝子座 i における状態 σ_i から $-\sigma_i$ への突然変異率であって，

$$\mu_{\sigma i}{}^{(i)}\geqq 0 \qquad (\sigma_i=\pm1,\ \ i=1,2) \tag{5.4.7}$$

である．

かくて，突然変異による $x_\sigma(t)$ の時間変化は

$$\begin{aligned}[\dot{x}_\sigma]_{\mathrm{mut}}&=\sum_{\sigma'\in\mathfrak{S}}\mu_{\sigma,\sigma'}x_{\sigma'}\\&=\mu_{-\sigma1}{}^{(1)}x_{-\sigma1\sigma2}+\mu_{-\sigma2}{}^{(2)}x_{\sigma1-\sigma2}-(\mu_{\sigma1}{}^{(1)}+\mu_{\sigma2}{}^{(2)})x_{\sigma1\sigma2}\end{aligned} \tag{5.4.8}$$

で与えられる．

遺伝子頻度 $x_{\sigma i}{}^{(i)}(t)$ $(i=1,2)$ の突然変異による時間変化は(5.4.8)を(5.1.2)に用いて，

$$\begin{aligned}[\dot{x}_{\sigma i}{}^{(i)}]_{\mathrm{mut}}&=\mu_{-\sigma i}{}^{(i)}x_{-\sigma i}{}^{(i)}-\mu_{\sigma i}{}^{(i)}x_{\sigma i}{}^{(i)}\\&=\mu_{-\sigma i}{}^{(i)}-(\mu_{\sigma i}{}^{(i)}+\mu_{-\sigma i}{}^{(i)})x_{\sigma i}{}^{(i)} \qquad (i=1,2)\end{aligned} \tag{5.4.9}$$

という当然の結果が得られる．因みに組換えによって遺伝子頻度が変らないことも当然であるが，実際，(5. 2. 2)に(5. 1. 2)を用いると，

$$[\dot{x}_{\sigma i}{}^{(i)}]_{\mathrm{rec}} = \left[\sum_{\sigma j(j\neq i)} \dot{x}_{\sigma_1\sigma_2}\right]_{\mathrm{rec}} = 0 \qquad (i=1, 2) \tag{5. 4. 10}$$

が出る．

突然変異と組換えによるレプリコン頻度の時間変化は既に(5. 4. 8), (5. 2. 2)で与えられたから，z 空間における代表点 $z=(z_1, z_2, z_3)$ の運動方程式を求めることは，z_α の定義(5. 3. 1)にこれら時間変化の規則を用いれば特別の技巧を必要としない計算の問題となる．諸要因による世代当りのレプリコン頻度の変化がそれぞれ小さいとすると，おのおのを単純に重ね合わせて，

$$\dot{z}_1 = \tilde{m}_1(t) - \mu_-{}^{(1)} - \{\mu_1{}^{(1)}e^{z_1} - \mu_{\bar{1}}{}^{(1)}e^{-z_1}\}\,\mathrm{ch}\, z_3 - \frac{\gamma}{2}[\bar{\sigma}_1\{\mathrm{ch}(2z_3)-1\} - \bar{\sigma}_2\,\mathrm{sh}(2z_3)] \tag{5. 4. 11}$$

$$\dot{z}_2 = \tilde{m}_2(t) - \mu_-{}^{(2)} - \{\mu_1{}^{(2)}e^{z_2} - \mu_{\bar{1}}{}^{(2)}e^{-z_2}\}\,\mathrm{ch}\, z_3 - \frac{\gamma}{2}[\bar{\sigma}_2\{\mathrm{ch}(2z_3)-1\} - \bar{\sigma}_1\,\mathrm{sh}(2z_3)] \tag{5. 4. 11'}$$

$$\dot{z}_3 = \tilde{m}_3(t) - \sum_{i=1}^{2}\{\mu_1{}^{(i)}e^{z_i} + \mu_{\bar{1}}{}^{(i)}e^{-z_i}\}\,\mathrm{sh}\, z_3 - \frac{\gamma}{2}[\mathrm{sh}(2z_3) - \bar{\sigma}_3\{\mathrm{ch}(2z_3)-1\}] \tag{5. 4. 11''}$$

が導かれる．ただし，

$$\mu_-{}^{(i)} \equiv \mu_1{}^{(i)} - \mu_{\bar{1}}{}^{(i)} \qquad (i=1, 2) \tag{5. 4. 12}$$

であり，$\bar{\sigma}_i$ $(i=1, 2, 3)$ は(5. 3. 12)で与えられ，(5. 4. 11)～(5. 4. 11″)は z_1, z_2, z_3 について閉じた式としてそれらの時間変化を与えている．

特に $|z_3|\ll 1$ のときは，(5. 4. 11″)から直ちに

$$\dot{z}_3 = \tilde{m}_3(t) - \hat{\gamma}(z_1, z_2)\,z_3 + O(z_3{}^3) \tag{5. 4. 13}$$

ただし，

$$\hat{\gamma}(z_1, z_2) \equiv \sum_{i=1}^{2}\{\mu_1{}^{(i)}e^{z_i} + \mu_{\bar{1}}{}^{(i)}e^{-z_i}\} + \gamma \tag{5. 4. 14}$$

となり，いま $\tilde{m}_3(t)=0$，すなわち遺伝子座間相互作用が存在しないとすると，

$$z_3(t)=z_3(0)\exp\left[-\int_0^t dt'\hat{\gamma}(z_1(t'),z_2(t'))\right] \qquad (5.4.15)$$

となる．一般に，$\hat{\gamma}(z_1(t'),z_2(t'))\geqq\gamma>0$ であるから，このことは，$t=0$ で $|z_3|\ll1$ であれば，座間相互作用がないときは $t\to\infty$ で $z_3\to0$，すなわち座間頻度相関は消えること，言いかえれば，相関 0 の状態は漸近的に安定であることを示している．このことは，座間頻度相関は座間相互作用によってのみ安定に誘起されていることを示唆しているが，上のような性質は $t=0$ で $|z_3|\ll1$ でない場合にも成り立つであろうか．これを次節で調べてみよう．

§5.5　遺伝子座間相互作用と相関の漸近的関係

まずマルサス径数の定義から考えて $m_\sigma(t)$ は有界であると考えてよいから，(5.4.3)で定義される $m_\sigma(t)$ の z 変換 $\tilde{m}_i(t)$ について，

$$-\tilde{m}_i^-\leqq\tilde{m}_i(t)\leqq\tilde{m}_i^+ \qquad (t\geqq0,\ \ i=1,2,3) \qquad (5.5.1)$$

が成り立つような正定数 $\tilde{m}_i^\pm$ が存在すると仮定しよう．さらに，$\bar{\sigma}_i$ の定義(5.3.12)から

$$-1\leqq\bar{\sigma}_i\leqq1 \qquad (i=1,2,3) \qquad (5.5.2)$$

であるので，(5.4.11″)から

$$\dot{z}_3\leqq\tilde{m}_3^+-g(z_3) \qquad (z_3>0) \qquad (5.5.3)$$

$$\dot{z}_3\geqq-\tilde{m}_3^-+g(|z_3|) \qquad (z_3<0) \qquad (5.5.3')$$

となる．ただし，

$$g(z)\equiv\mu\,\mathrm{sh}\,z+\frac{\gamma}{2}(1-e^{-2z}) \qquad (5.5.4)$$

$$\mu\equiv2(\mu_{\min}{}^{(1)}+\mu_{\min}{}^{(2)}) \qquad (5.5.5)$$

$$\mu_{\min}{}^{(i)}\equiv\mathrm{Min}[\mu_1{}^{(i)},\mu_{\bar{1}}{}^{(i)}] \qquad (5.5.6)$$

とする．

さて，(5.5.4)から

$$g(0)=0, \qquad \frac{dg(z)}{dz}>0 \qquad (z>0)$$

$$g(\infty)=\begin{cases}\infty & (\mu>0)\\ \gamma/2 & (\mu=0)\end{cases} \qquad (5.5.7)$$

であるから，2つの方程式

$$g(z_3{}^{\pm}) = \tilde{m}_3{}^{\pm} \tag{5.5.8}$$

は $\mu>0$ ならば任意の $\tilde{m}_3{}^{\pm}\geqq 0$ に対しただ1組の解 $z_3{}^{+}\geqq 0$ および $z_3{}^{-}\geqq 0$ をもち，$\mu=0$ のときは $0\leqq\mu^{\pm}<\gamma/2$ である $\tilde{m}_3{}^{\pm}$ に対し，ただ1組の解 $z_3{}^{+}\geqq 0$ および $z_3{}^{-}\geqq 0$ をもつ．

すると，(5.5.3), (5.5.3′)および(5.5.7)から

$$\dot{z}_3 < 0 \qquad (z_3 > z_3{}^{+}) \tag{5.5.9}$$

$$\dot{z}_3 > 0 \qquad (z_3 < -z_3{}^{-}) \tag{5.5.9′}$$

が得られる．十分小さい $\tilde{m}_3{}^{\pm}$ に対しては，(5.5.4), (5.5.8)から

$$z_3{}^{\pm} = \frac{\tilde{m}_3{}^{\pm}}{\mu+\gamma} + o(\tilde{m}_3{}^{\pm}) \tag{5.5.10}$$

である．

一方，(5.5.1)から一般に時刻 T の関数 $\tilde{m}_3{}^{\pm}(T)\,(\geqq 0)$ が存在して，

$$-\tilde{m}_3{}^{-}(T) \leqq \tilde{m}_3(t) \leqq \tilde{m}_3{}^{+}(T) \qquad (t\geqq T) \tag{5.5.11}$$

となし得るが，T を固定して十分小さい $\tilde{m}_3{}^{\pm}(T)$ に対して，十分大きい t をとると，(5.5.9), (5.5.9′)から $z_3(t)$ は領域 $[-z_3{}^{-}, z_3{}^{+}]$，すなわち，領域 $\left[-\dfrac{\tilde{m}_3{}^{-}(T)}{\mu+\gamma}+o(\tilde{m}_3{}^{-}(T)),\ \dfrac{\tilde{m}_3{}^{+}(T)}{\mu+\gamma}+o(\tilde{m}_3{}^{+}(T))\right]$ に閉じ込められることになる．

したがって，もし座間相互作用が漸近的に0となる，すなわち，

$$\lim_{t\to\infty} \tilde{m}_3(t) = 0 \tag{5.5.12}$$

であれば，$|\tilde{m}_3{}^{\pm}(T)|$ は十分大きい T に対してはいくらでも小さく選べるから

$$\lim_{t\to\infty} z_3(t) = 0 \tag{5.5.13}$$

でなければならない．

逆に(5.5.13)が成り立つとすると，十分大きい t に対して，(5.4.11), (5.4.11′)から，$\mu_1{}^{(i)}>0$ ならば $z_i(t)$ は上限を，$\mu_{\bar{1}}{}^{(i)}>0$ ならば $z_i(t)$ は下限をもたねばならない．したがって，十分大きい t に対して(5.4.11″)の右辺第2項 $\mathrm{sh}\, z_3$ の係数 $\sum_{i=1}^{2}\{\mu_1{}^{(i)}e^{z_i}+\mu_{\bar{1}}{}^{(i)}e^{-z_i}\}$ は有界である．ゆえに(5.5.13)が成り立てば(5.5.12)が成り立つ．

以上の考察と§5.3における z_3 と座間頻度相関 c_σ との関係を組み合わせて，

次の定理に到達する.

[定理]　突然変異と組換えに関する3つの量 $\mu_1{}^{(1)}\mu_{\bar{1}}{}^{(1)}$, $\mu_1{}^{(2)}\mu_{\bar{1}}{}^{(2)}$ および γ のうち少なくとも1つは0でないとすると, 任意の初期頻度 $\{x_\sigma(0)>0\,;\ \sigma\in\mathfrak{S}\}$ に対して $\lim_{t\to\infty} c_\sigma(t)=0$ となるための必要十分条件は $\lim_{t\to\infty}\tilde{m}_3(t)=0$ であることである.

この定理は, 2座位, 2アレルモデルにおけるものではあるが, 3つ以上のアレルがある場合もこれらのアレル状態を2種類に分類して表現したものであると考えると, 十分一般的な主張を含んでいる. したがって現実の集団のサイズが十分大きくて, 決定論的取扱いが許されるような場合には, もし $c_\sigma\cong 0$ したがって $z_3\cong 0$ という平衡状態が観測されれば, それから座間相互作用 $\tilde{m}_3$ はほとんど0と推論してよい.

ただし, $\tilde{m}_3(t)$ の定義のもとになった $m_\sigma(t)$ は, 2倍体モデルの場合はより基本的な量 $m_\sigma{}^{(\sigma')}(t)$ から(3.5.4)により与えられている. これを

$$m_\sigma{}^{(\sigma')}(t)=\sum_{\alpha,\beta=0}^{3} m_{\alpha\beta}(t)\sigma_\alpha(\sigma)\sigma_\beta(\sigma') \tag{5.5.14}$$

と展開したとき, $m_{3\alpha}, m_{\alpha 3}\ (\alpha=0,1,2,3)$ の何れかが0と異なる場合は, マルサス径数で表わした適応度において異なる座位間に相加的でない項が生じ, そのような場合エピスタシス(epistasis)があると呼びならわしている. (5.5.14)を(3.5.4), (5.4.3)に用いると,

$$\tilde{m}_i(t)=2\sum_{\alpha=0}^{3} m_{i\alpha}(t)\bar{\sigma}_\alpha(t) \tag{5.5.15}$$

となる. したがって, エピスタシスがない場合は当然 $\tilde{m}_3(t)=0$ となるけれども, 逆は必ずしも成り立たないことに注意すべきである.

通常2倍体における2遺伝子座問題においては, $m_\sigma{}^{(\sigma')}(t)$ は σ と σ' の対称関数で, t には依存しないとされている. したがって, (5.5.14)から対称性 $m_{\alpha\beta}=m_{\beta\alpha}$ が得られ, さらに淘汰によるレプリコン頻度の時間変化には $\dot{z}_i\ (i=1,2,3)$ が知れればよいから頻度変化を規定するパラメタとしては $m_{0\alpha}\ (\alpha=0,1,2,3)$ は不要となる. このようにしてもなお独立なパラメタは6個あり, 一般的な取扱いは複雑であるので, 具体的にはさらに簡単な場合について平衡点やその安定性などが種々理論的に研究されている. 本章ではこのようなモデルの

細部に依存することのない座間の相互作用と頻度相関の一般的な関係を解明することを主眼とした．種々の具体的なパラメタの場合の理論結果については巻末に挙げた参考書を参照されたい．また，淘汰が全く働かぬ場合，したがって $\tilde{m}_3=0$ であっても，集団のサイズが小さくて確率論的取扱いが必要な場合には $\lim_{t\to\infty} z_3(t)=0$ とはならない．これについては第7章において触れることにする．

第6章　レプリコン相互作用——生態学的問題

前章までにおいて，主に遺伝子またはゲノムのモデルとしてのレプリコンの振舞を論じてきた．そこでは，注目するレプリコンの増殖率は，接合体において同一個体中に共存するレプリコンの影響は受け得るが，他の個体の存在が注目する個体中のレプリコンの増殖率に及ぼす影響は無視した．しかし，現実には集団における個体密度が過密になれば個体の増殖率は減少することになるであろうし，過密の影響の受け方はゲノムによって一般に異なるであろう．しかし，このような個体間の相互作用が増殖率に及ぼす影響が端的に現れるのはゲノムよりも個体のレベルであることが多い．本章では専らレプリコンは生物個体であるとして，主に2種類の生物個体が集団中に存在するとき，その個体数の漸近的振舞がマルサス径数を通じて表わされる個体間相互作用の特徴とどのように関連するかを論じ，合わせて多種の生物個体が存在するときの結果を簡単に紹介する．むろん，ここでの議論は一般的にレプリコン間の相互作用とレプリコン集団の振舞との関連性を論じたものと読みかえることができる．

§6.1　マルサス径数に及ぼす個体間相互作用

集団中に，種Aと種Bの生物個体が共存しているとしよう．前章までの記法に従えば，$\mathfrak{S}=\{A, B\}$ である．連続時間モデルで決定論的取扱いによれば，状態 $\sigma(\in\mathfrak{S})$ にある個体の時刻 t における個数 $N_\sigma(t)$ の時間変化は(3.1.2)，すなわち

$$\dot{N}_\sigma(t) = m_\sigma(t)N_\sigma(t) \qquad (\sigma\in\mathfrak{S}) \tag{6.1.1}$$

によって与えられる．ここにマルサス径数 $m_\sigma(t)$ は，あらわには

$$m_\sigma(t) = m_\sigma(N_A(t), N_B(t), t) \tag{6.1.2}$$

と書き得るとしよう．$N_A(t), N_B(t)$ だけでは表わせない環境の影響は t をパラメタとして代表させてあるが，以下の議論ではこの t はあらわには書かず，単にマルサス径数は $m_\sigma(N_A, N_B)$ と書くことにする．

さて，1つのA個体が他個体の増殖率に及ぼす効果の特徴は $\partial m_\sigma(N_A, N_B)/\partial N_A$ の符号で表わすことができる．すなわち $\partial m_\sigma/\partial N_A>0$ であれば，与えられた N_A, N_B および環境の下でA個体の σ 個体に対する作用は**寄与的**(contributive)であり，$\partial m_\sigma/\partial N_A<0$ であれば，**抑制的**(suppressive)，$\partial m_\sigma/\partial N_A=0$ ならば，**中立的**(neutral)と呼ぶことができよう．B個体の作用についても同様に定義できる．N_A, N_B がある有限の地域に棲む個体の数を表わすとき，このような作用は一種の密度効果である．

第2章において，ただ1種の生物個体の集団を取り扱ったとき，§2.3において密度効果を考察した．すなわち，(2.3.19)から，

$$\partial m(N)/\partial N = -r/K < 0 \qquad (6.1.3)$$

となり，これは個体の同種個体への作用は常に抑制的であるとするモデルである．同種個体は共通の棲息場所や食物など広い意味で共通の生活空間に依存するので，個体密度の増加は同種1個体当りの生活空間を奪うことになるから，現実においても十分個体密度が高いときは同種個体への個体の作用は抑制的になるのは当然である．しかし，社会組織をもつ生物種はもちろん，そうでなくても，Allee(1938)が指摘したように，一般に正の最適個体密度が存在し，それ以下の密度では寄与的，それを超す密度では抑制的作用になる(アリー効果)のが通例のようである．

次に上に述べたような個体の他種個体への作用にもとづいて，種間関係を分類しよう．すなわち，A個体，B個体が相互に抑制的または寄与的な場合，どちらか一方例えばA個体はB個体に対して寄与的であるが，B個体はA個体に対して抑制的である3通りの場合に分類される．ただし，中立的な場合は特殊な場合として除外した．

第1の場合，すなわち，種Aと種Bが相互抑制的な場合は通常**競合的**(competitive)関係にあると呼ばれ，たとえば同じ食物を餌として生活している2種の動物とか，同じ場所に繁茂していて，互いに太陽光線を遮断したり，根などを張り合ったりする2種の植物などの場合に相当する．第2の場合，すなわち種Aと種Bが相互に寄与的な場合は，通常**共生的**(symbiotic)の関係にあると呼ばれ，たとえば，昆虫と虫媒花植物，あるいはアリとアリマキの関係などに見られる場合である．最後の場合は，A個体はB個体の餌であると

考えると成り立つ場合で，このような種間関係は通常**餌**(prey)と**捕食者**(predator)的関係と呼ばれている．このような関係は宿主と寄生者の間にも見られるし，共生を広く，‘異種の生物が一緒に生活している現象’と解すれば，片利共生の場合もここに含ませられるであろう．

われわれの定義に従えば，種間関係は以上の3つに大別されるが，定義からも明らかなように，この関係は各種の個体数やその他の環境に応じて変化し得るものであることはいうまでもない．しかし，このような変化はむしろ2次的効果であり，種間関係が個体数の漸近的振舞に及ぼす効果を理解するための第一歩としてこのような変化は無視することにする．さらなる簡単化は $\partial m_\sigma(N_A, N_B)/\partial N_A$，$\partial m_\sigma(N_A, N_B)/\partial N_B$ は定数であるとする仮定である．この仮定の下では一般に

$$\begin{aligned} m_1(N_1, N_2) &= \varepsilon_1 - \lambda_1 N_1 + k_1 N_2 \\ m_2(N_1, N_2) &= \varepsilon_2 + k_2 N_1 - \lambda_2 N_2 \end{aligned} \tag{6.1.4}$$

となり，$\varepsilon_i, \lambda_i, k_i$ $(i=1, 2)$ を定数パラメタとする線形マルサス径数モデルとなる．ただし種の記号として A, B の代りに 1, 2 を用いた．

このモデルにおいて，種間関係は (i) $k_1<0, k_2<0$ ならば競合的，(ii) $k_1>0$, $k_2>0$ ならば共生的，(iii) $k_1<0, k_2>0$(または $k_1>0, k_2<0$) ならば餌と捕食者の関係である．以下では Allee 効果を無視し，$\lambda_1>0, \lambda_2>0$ という仮定の下で，典型的な種間関係を逐一考察しよう．

§6.2 競合的関係($k_1<0$, $k_2<0$)

マルサス径数が0となる N_1 と N_2 の関係，すなわち

$$m_1(N_1, N_2) = 0 \tag{6.2.1}$$

$$m_2(N_1, N_2) = 0 \tag{6.2.1$'$}$$

を充たす関係はそれぞれ(6.1.4)から

$$N_2 = \frac{1}{k_1}(-\varepsilon_1 + \lambda_1 N_1) \tag{6.2.2}$$

および

$$N_2 = \frac{1}{\lambda_2}(\varepsilon_2 + k_2 N_1) \tag{6.2.2$'$}$$

であり，N_1, N_2 を直交座標軸とする平面上で直線となる．

一般に(6.2.1)または(6.2.1′)を充たす(N_1, N_2)の軌跡上においてはそれぞれ $\dot{N}_1=0, \dot{N}_2=0$ となるので，それぞれの軌跡は N_1 ゼロクライン(zero-cline)，N_2 ゼロクラインと呼ばれる．今の場合，パラメタに対する仮定から，(6.2.2)および(6.2.2′)で表わされるゼロクラインは図6.1のように共に右下りの直線である．これら2つのゼロクラインと N_1 軸との交点は ε_1/λ_1 および $-\varepsilon_2/k_2$，N_2 軸との交点は $-\varepsilon_1/k_1$ および ε_2/λ_2 であり，2つのゼロクラインが異なる直線の場合は，これら交点の大小関係により，図6.1(a)～(d)の4つの場合が生ずる．ただし両種の個体数 N_1, N_2 が十分低いときは，両種とも個体数は増加に向うとして $\varepsilon_1>0$, $\varepsilon_2>0$ と仮定する．以下 $N_1(0)>0$, $N_2(0)>0$ として，$N_1(t)$, $N_2(t)$ の振舞をそれぞれの場合について考えよう．

図6.1において(1)，(2)はそれぞれ N_1 ゼロクライン，N_2 ゼロクラインを示し，矢印はゼロクラインと座標軸上およびそれらによって囲まれた領域におけるベクトル$(\dot{N}_1, \dot{N}_2)$の向きを表わしたものである．図の(a)，(b)においては，領域Ⅰまたは Ⅲ にある代表点(N_1, N_2)は遅かれ早かれ領域Ⅱに移り，点$(\varepsilon_1/\lambda_1, 0)$または点$(0, \varepsilon_2/\lambda_2)$に限りなく近づくことが判る．図の(c)，(d)の場合，ゼロクラインの交点 $\mathrm{P}(q_1, q_2)$，

$$q_1=\frac{\varepsilon_1\lambda_2+\varepsilon_2k_1}{\lambda_1\lambda_2-k_1k_2}, \qquad q_2=\frac{\varepsilon_1k_2+\varepsilon_2\lambda_1}{\lambda_1\lambda_2-k_1k_2} \tag{6.2.3}$$

を除くと，領域Ⅰ，Ⅳにある代表点はいずれもやがて領域Ⅱまたは Ⅲ に移るが，図6.1(c)の場合，Ⅱにある代表点は$(\varepsilon_1/\lambda_1, 0)$に，Ⅲ にある代表点は$(0, -\varepsilon_1/k_1)$に限りなく近づく．一方，図6.1(d)の場合には，Ⅱにある代表点も Ⅲ にある代表点も共に点Pに限りなく近づくことが判る．点Pにある代表点はむろんPに留るが，(c)の場合，Pは不安定な平衡点であって，代表点が領域Ⅱまたは Ⅲ にあるとPにどれだけ近くても，$t\to\infty$ ではPの任意の近傍には留まり得ない．

結局，競合的関係にある2種個体の**共存が安定である**——任意の $N_1(0)>0$, $N_2(0)>0$ という初期条件に対し

$$N_- < N_i(t) < N_+ \qquad (t\geqq 0,\ i=1,2) \tag{6.2.4}$$

という正定数 $N_\pm$ が存在する——のは，2つのゼロクラインが異なる直線の場

合は，図6.1(d)のとき，すなわち，

$$|k_1|/\lambda_2 < \varepsilon_1/\varepsilon_2 < \lambda_1/|k_2| \tag{6.2.5}$$

の場合のみで，その他の場合には，一般に一方の種は絶滅に向う．

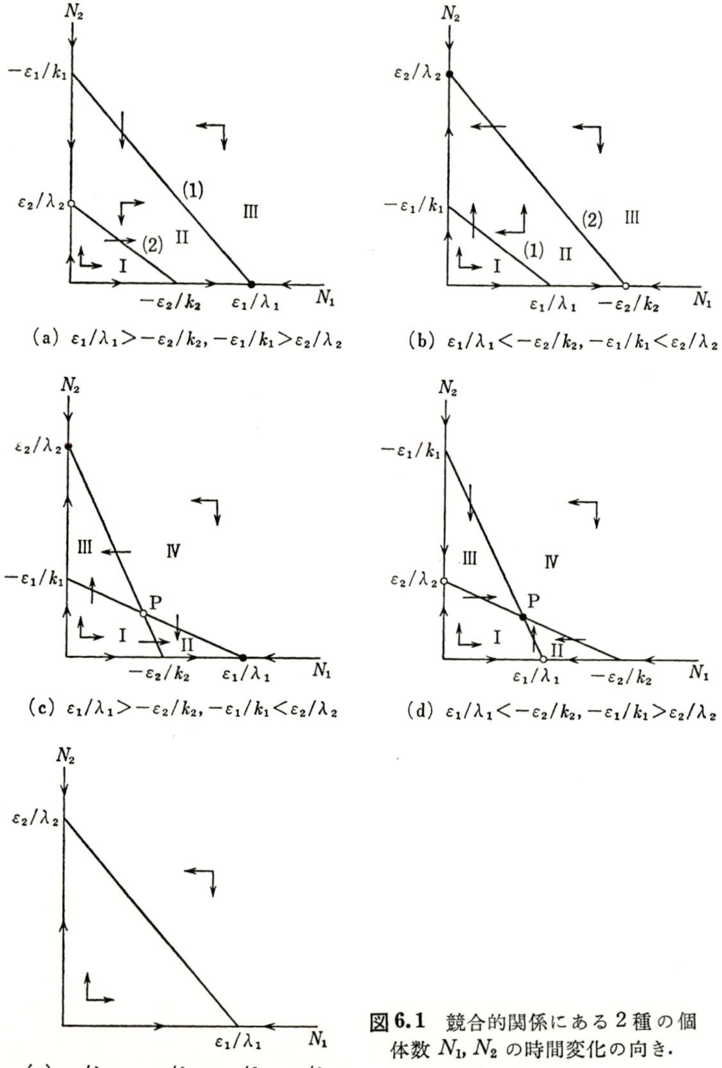

(a) $\varepsilon_1/\lambda_1 > -\varepsilon_2/k_2, -\varepsilon_1/k_1 > \varepsilon_2/\lambda_2$

(b) $\varepsilon_1/\lambda_1 < -\varepsilon_2/k_2, -\varepsilon_1/k_1 < \varepsilon_2/\lambda_2$

(c) $\varepsilon_1/\lambda_1 > -\varepsilon_2/k_2, -\varepsilon_1/k_1 < \varepsilon_2/\lambda_2$

(d) $\varepsilon_1/\lambda_1 < -\varepsilon_2/k_2, -\varepsilon_1/k_1 > \varepsilon_2/\lambda_2$

(e) $\varepsilon_1/\lambda_1 = -\varepsilon_2/k_2, -\varepsilon_1/k_1 = \varepsilon_2/\lambda_2$

図6.1　競合的関係にある2種の個体数 N_1, N_2 の時間変化の向き．

一方，2つのゼロクラインが一致するのは

$$\varepsilon_1/\lambda_1 = -\varepsilon_2/k_2, \qquad -\varepsilon_1/k_1 = \varepsilon_2/\lambda_2$$

すなわち，

$$|k_1|/\lambda_2 = \varepsilon_1/\varepsilon_2 = \lambda_1/|k_2| \tag{6.2.6}$$

の場合であって，図6.1(e)から判るように，このときはゼロクライン上の任意の点は安定な平衡点である．

以上の考察から，両種の共存が安定であるための必要十分条件は(6.2.5)または(6.2.6)が成り立つことであることが判った．したがって共存が安定であるためには，

$$\lambda_1\lambda_2 \geqq |k_1||k_2| \tag{6.2.7}$$

であること，すなわち自種に対する抑制が他種に対する抑制に対して小さ過ぎないことが必要で，さらに比 $\varepsilon_1/\varepsilon_2$ が大き過ぎず小さ過ぎず(6.2.5)または(6.2.6)で規定される範囲内にあることが要請されるのである．

このように，競合的関係にある2種の生物個体も適当な条件の下では安定に共存し得るのであるが，(6.1.4)の特別な場合として，

$$m_i(N_1, N_2) = \varepsilon_i - \gamma_i F(N_1, N_2) \qquad (i=1, 2) \tag{6.2.8}$$

の場合を考えよう．ただし，γ_1, γ_2 は正定数で，

$$F(N_1, N_2) = h_1N_1 + h_2N_2 \qquad (h_1>0,\ h_2>0) \tag{6.2.8$'$}$$

とする．これを(6.1.4)と比較すると，

$$\lambda_1 = \gamma_1h_1,\ \ \lambda_2 = \gamma_2h_2,\ \ k_1 = -\gamma_1h_2,\ \ k_2 = -\gamma_2h_1 \tag{6.2.9}$$

であるから，$\lambda_1\lambda_2 = |k_1||k_2|$ であって，共存が安定であるための必要条件(6.2.7)をみたすが，今の場合は(6.2.6)が要請され，したがって

$$\varepsilon_1/\varepsilon_2 = |k_1|/\lambda_2 = \gamma_1/\gamma_2 \tag{6.2.10}$$

という特別の場合を除いては2種の共存は安定でない．

さて，$F(N_1, N_2)$ の関数形(6.2.8′)を拡張して，一般に $F(N_1, N_2)$ は N_i が十分大きいときは $m_i(N_1, N_2)<0$ とするような関数，すなわち，

$$F(N_1, N_2) > \varepsilon_i/\gamma_i + c \qquad (N_i>N_i^+,\ i=1, 2) \tag{6.2.11}$$

という N_1, N_2 の関数としよう．ただし N_i^+ $(i=1, 2)$ および c は正定数である．かくて，(6.2.8)のモデルは，2種の生物は同一の関数 $F(N_1, N_2)$ を通じて環境の劣化を受ける——いいかえれば，2種の生物が同一の生態的地位(ecological niche)を占めていることの定量的表現ともみなされよう．

さて，(6.2.8)を(6.1.1)に用いて $F(N_1, N_2)$ を消去すると，

$$\frac{1}{\gamma_1}\frac{d\log N_1}{dt}-\frac{1}{\gamma_2}\frac{d\log N_2}{dt}=\frac{\varepsilon_1}{\gamma_1}-\frac{\varepsilon_2}{\gamma_2} \tag{6.2.12}$$

となり，これを積分すると，c を正定数として

$$N_1^{1/\gamma_1}/N_2^{1/\gamma_2}=c\exp(\varepsilon_1/\gamma_1-\varepsilon_2/\gamma_2)t \tag{6.2.13}$$

となる．したがって，$\varepsilon_1/\gamma_1=\varepsilon_2/\gamma_2$ となる特別の場合を除いて，(6.2.13)の右辺は $t\to\infty$ と共に0または ∞ に近づく．関数 $F(N_1, N_2)$ に対する仮定(6.2.11)から，$t\to\infty$ では N_1, N_2 は N_1^+, N_2^+ より小さく，このことは少なくも $N_1(t)$ または $N_2(t)$ の一方は $t\to\infty$ で0に近づくこと，いいかえれば(6.2.4)の意味で同一の生態的地位を占める2種の生物個体は一般に安定に共存し得ないことを示している．

この考察を一般に n 種の場合に拡張することは容易である．すなわち，

$$\frac{dN_i}{dt}=\{\varepsilon_i-\gamma_i F(N_1, N_2, \cdots, N_n)\}N_i \qquad (i=1, 2, \cdots, n) \tag{6.2.14}$$

とし，正数 $N_i^+(i=1, 2, \cdots, n)$ および c が存在して，

$$N_i>N_i^+ \quad \text{ならば} \quad F(N_1, N_2, \cdots, N_n)>\varepsilon_i/\gamma_i+c \tag{6.2.15}$$

としよう．一般性を失うことなく種の番号付けの順序を

$$\varepsilon_1/\gamma_1>\varepsilon_2/\gamma_2>\cdots>\varepsilon_n/\gamma_n \tag{6.2.16}$$

とし，等号が成り立つのは特別の場合として無視すると，任意の $r<s$ に対して(6.2.13)を導いたときと同様にして，

$$N_r^{1/\gamma_r}/N_s^{1/\gamma_s}=c\exp(\varepsilon_r/\gamma_r-\varepsilon_s/\gamma_s)t \tag{6.2.17}$$

が成り立ち，仮定(6.2.15)から N_r は有界であるから，

$$\lim_{t\to\infty}N_s(t)=0 \tag{6.2.18}$$

となる．したがって第1種を除いてすべての種は消滅に向うことになる．このような意味で，Volterra(1927)は，‘もし n 種の生物個体が同一の生態的地位を競合するときは，やがて1種を除いてすべては死滅に向う’，すなわち競争的排除則が成り立つとした．

それでは n 種の生物個体がいくつかの異なる生態的地位を共有する場合はどうなるであろうか．むろん，ここで，生態的地位とは何かが問題になるし，

これに対して生態学的に一定した定量的定義が与えられているわけでもないが，Rescigno と Richardson* (1965) は (6.2.14) の自然な拡張として次のモデルを考察した．

$$\frac{dN_i}{dt}=\left(\varepsilon_i-\sum_{j=1}^{m}\alpha_{ij}F_j\right)N_i \qquad (i=1,2,\cdots,n) \tag{6.2.19}$$

ただし，$F_j(j=1,2,\cdots,m;m<n)$ は変数 $N_1,N_2,\cdots,N_n$ の関数で，$\{\varepsilon_i\}$，$\{\alpha_{ij}\}$ は定数である．また (6.2.15) に対応して，

$$N_i>N_i^+ \quad \text{ならば} \quad \sum_{j=1}^{m}\alpha_{ij}F_j>\varepsilon_i+c \qquad (i=1,2,\cdots,n) \tag{6.2.20}$$

が成り立つとしよう．上式で F_j は j 番目の生態的地位の利用度を表すものと考えられ，上のモデルでは m 個の生態的地位があるということができる．

彼らの得た結果は，‘特別の場合を除いて一般にはたかだか生態的地位の数と等しい数の種しか安定に共存できない’というものであって，以下に多少補正を加えて彼らの証明を紹介して本節を閉じることにする．

式の簡単化のため，

$$N_i=x_i^{\varepsilon_i}, \qquad \alpha_{ij}=\varepsilon_i a_{ij} \tag{6.2.21}$$

と書くと，(6.2.19) は

$$\frac{\dot{x}_i}{x_i}=1-\sum_{j=1}^{m}a_{ij}F_j \qquad (i=1,2,\cdots,n;n>m) \tag{6.2.22}$$

となる．この連立方程式のうち，$i=1,2,\cdots,m,m+1$ に対して，Cramer の公式により，F_j を消去すると，

$$\begin{vmatrix} 1 & a_{11} & a_{12} & \cdots & a_{1m} \\ 1 & a_{21} & a_{22} & \cdots & a_{2m} \\ \cdots & \cdots & \cdots & \cdots & \cdots \\ 1 & a_{m+1,1} & a_{m+1,2} & \cdots & a_{m+1,m} \end{vmatrix} = \begin{vmatrix} \dot{x}_1/x_1 & a_{11} & \cdots & a_{1m} \\ \dot{x}_2/x_2 & a_{21} & \cdots & a_{2m} \\ \cdots & \cdots & \cdots & \cdots \\ \dot{x}_{m+1}/x_{m+1} & a_{m+1,1} & \cdots & a_{m+1,m} \end{vmatrix} \tag{6.2.23}$$

が得られる．

この式の左辺の行列式を $\varDelta$ とし，δ_i を $\varDelta$ の第 i 行第1列の余因子とすると，(6.2.23) は

---

* Rescigno, A. and Richardson, I. W.: Bull. Math. Biophys., **27** (1965), 85-89.

$$\sum_{i=1}^{m+1} \delta_i \dot{x}_i / x_i = \varDelta \tag{6.2.24}$$

と書かれる．$t=0$ における x_i の値を x_{i0} とすると，(6.2.24)を積分して，

$$\prod_{i=1}^{m+1} (x_i/x_{i0})^{\delta_i} = e^{\varDelta t} \tag{6.2.25}$$

が得られる．

ここで，(6.2.20)の仮定により，$x_i\ (i=1, 2, \cdots, m+1)$ には上限があることに注意すると，$\varDelta>0$ ならば，$t\to\infty$ で(6.2.25)の右辺が発散することから，少なくもある1つの i に対して，

$$\delta_i < 0 \quad \text{かつ} \quad \lim_{t\to\infty} x_i(t) = 0 \tag{6.2.26}$$

であることが必要となる．もし $\varDelta<0$ ならば，少なくも1つの i に対して，

$$\delta_i > 0 \quad \text{かつ} \quad \lim_{t\to\infty} x_i(t) = 0 \tag{6.2.26'}$$

であることが必要となる．

一方，$\varDelta=0$ の場合には，上のような議論はできないが，このときには $\varDelta$ の任意の行ベクトル，例えば $(1, a_{m+1,1}, a_{m+1,2}, \cdots, a_{m+1,m})$ は他の m 個の行ベクトル $(1, a_{i1}, a_{i2}, \cdots, a_{im})\ (i=1, 2, \cdots, m)$ の1次結合として表わされ，このような $m+1$ 個の種は互いに完全には異なる種と呼べないと考えることもできる．とにかく，このような場合は特別な場合として除外して考えることにする．

かくて，行列 $\varDelta$ において(6.2.26)または(6.2.26′)が成り立つような x_i を含む行を消し，その代りに $i=m+2$ である行を代入して同様の議論をくり返すと，結局，少なくも $n-m$ 個の x_i について，$\lim_{t\to\infty} x_i=0$ となり，一般には安定に共存し得る種の数は高々 m 個であることが判る．

§6.3　共生的関係($k_1>0,\ k_2>0$)

前節では，$\varepsilon_1>0,\ \varepsilon_2>0$ の仮定の下に，競合的関係にある2種の生物も適当な条件の下では安定に共存し得ることを見たが，共生的関係は一見2種の共存には都合がよいように見える．例えば種1は種2の存在なしには増殖し得ない，すなわち $\varepsilon_1<0$ であっても，適当な共生的関係の下では2種の共存が可能であることもあろう．そこで本節では共存の条件に重点をおき，上記仮定を外して検討してみよう．ただし，ここでも λ_1, λ_2 は共に正と仮定する．すると，(6.2.

2), (6.2.2′)から，2つのゼロクラインは共に右上りの直線である．2つのゼロクラインの勾配 λ_1/k_1 と k_2/λ_2 との大小関係から，次の3つの場合に分けて考えることができる．

(i) $\boldsymbol{\lambda_1\lambda_2>k_1k_2}$ の場合　図6.2(a)から，ゼロクラインの交点 $P(q_1, q_2)$ が N_1, N_2 を座標軸とする空間の第1象限にあるときには，代表点 (N_1, N_2) は t と共に限りなく点Pに近づき，2種は安定に共存するが，その他の場合には少なくもどちらかの種は死滅に向うことが判る．点Pが第1象限にあるための必要十分条件は $q_1>0$, $q_2>0$, すなわち(6.2.3)から

$$\varepsilon_1\lambda_2+\varepsilon_2k_1>0 \quad \text{および} \quad \varepsilon_1k_2+\varepsilon_2\lambda_1>0 \tag{6.3.1}$$

なることである．

(ii) $\boldsymbol{\lambda_1\lambda_2<k_1k_2}$ の場合　図6.2(b)から判るように，領域Iにある代表点は

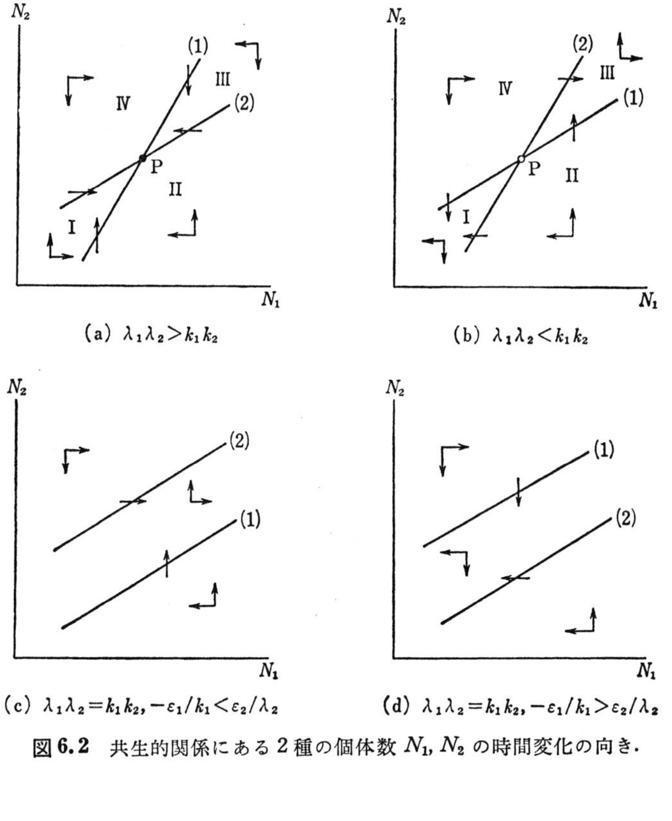

(a) $\lambda_1\lambda_2>k_1k_2$　(b) $\lambda_1\lambda_2<k_1k_2$

(c) $\lambda_1\lambda_2=k_1k_2, -\varepsilon_1/k_1<\varepsilon_2/\lambda_2$　(d) $\lambda_1\lambda_2=k_1k_2, -\varepsilon_1/k_1>\varepsilon_2/\lambda_2$

図6.2　共生的関係にある2種の個体数 N_1, N_2 の時間変化の向き．

t と共に左下に進み，領域 III にある代表点は t と共に限りなく右上に進む．交点 $P(q_1, q_2)$ がどの象限にあっても，$(N_1(0), N_2(0))$ を領域 III に選ぶことができ，そのとき $\lim_{t\to\infty} N_i(t)=\infty\ (i=1,2)$ となるから，P の位置にかかわらず，前節で定義したような意味で，2種は安定に共存し得ない．一方，領域 II または IV にある代表点は点 P に限りなく近づくか，やがて領域 I または III に入るかであるが，そのどちらになるかはこの図だけでは明らかではない．これについては後で論ずる．

(iii) $\boldsymbol{\lambda_1\lambda_2=k_1k_2}$ の場合　2つのゼロクラインは平行となり，図6.2(c), (d) から判るようにそれらが一致する

$$-\varepsilon_1/k_1 = \varepsilon_2/\lambda_2 \tag{6.3.2}$$

のときを除いて，2種は安定に共存し得ない．

さて $\varepsilon_1<0, \varepsilon_2<0$ とすると，(6.3.1), (6.3.2) を充たさない．したがって，共存の安定性のためには少なくも一方の ε_i は正または0であることが必要である．いま，一般性を失うことなく，$\varepsilon_1 \geqq \varepsilon_2$ と仮定すると，上の考察をまとめて，共生的関係にある2種の生物の共存が安定であるための必要十分条件は，まず $\varepsilon_1 \geqq 0$ であって，次の(I), (II)の何れかが成り立つことである．

$$\text{(I)}\qquad \lambda_1\lambda_2 > k_1k_2 \quad \text{かつ} \quad \varepsilon_2 > \mathrm{Max}\left[-\frac{\lambda_2}{k_1}\varepsilon_1,\ -\frac{k_2}{\lambda_1}\varepsilon_1\right] \tag{6.3.3}$$

$$\text{(II)}\qquad \lambda_1\lambda_2 = k_1k_2 \quad \text{かつ} \quad \varepsilon_2 = -\frac{\lambda_2}{k_1}\varepsilon_1 \tag{6.3.3$'$}$$

因みに，この場合も前節同様，安定共存のためには，自種に対する抑制が他種に対する作用に比して小さ過ぎないことが(6.2.7)と同型の条件で必要であるのは興味深い．

以上の議論はマルサス径数が N_1, N_2 の1次関数である場合についてであったが，

$$\left.\begin{aligned} m_1(q_1, q_2) &= 0 \\ m_2(q_1, q_2) &= 0 \end{aligned}\right\} \quad (q_1>0,\ q_2>0) \tag{6.3.4}$$

を充たす平衡点 (q_1, q_2) の近傍の解の性質はもっと一般に論ずることができる．すなわち，

$$n_1 \equiv N_1 - q_1, \qquad n_2 \equiv N_2 - q_2, \qquad \boldsymbol{n} \equiv \begin{pmatrix} n_1 \\ n_2 \end{pmatrix} \tag{6.3.5}$$

とおいて，運動方程式(6.1.1)を $\boldsymbol{n}$ について展開すると，一般に

$$\frac{d\boldsymbol{n}}{dt} = \boldsymbol{A}\boldsymbol{n} + \boldsymbol{f}(\boldsymbol{n}) \tag{6.3.6}$$

となる．ただし，

$$\boldsymbol{A} \equiv \begin{pmatrix} -\lambda_1 q_1 & k_1 q_2 \\ k_2 q_1 & -\lambda_2 q_2 \end{pmatrix} \equiv \begin{pmatrix} \dfrac{\partial m_1}{\partial q_1} q_1 & \dfrac{\partial m_1}{\partial q_2} q_2 \\ \dfrac{\partial m_2}{\partial q_1} q_1 & \dfrac{\partial m_2}{\partial q_2} q_2 \end{pmatrix} \tag{6.3.7}$$

で，$\boldsymbol{f}(\boldsymbol{n})$ は一般にベクトル $\boldsymbol{a}$ の大きさを $|\boldsymbol{a}|$ と書くとき，

$$\lim_{\boldsymbol{n} \to \infty} \frac{|\boldsymbol{f}(\boldsymbol{n})|}{|\boldsymbol{n}|} = 0 \tag{6.3.8}$$

をみたす $\boldsymbol{n}$ の関数である．線形マルサス径数モデルの場合，(6.3.7)の $\lambda_1, \lambda_2, k_1, k_2$ は(6.1.4)で与えたパラメタと一致する．

$|\boldsymbol{n}|$ が小さい場合，$\boldsymbol{f}(\boldsymbol{n})$ を無視して，

$$\frac{d\boldsymbol{n}}{dt} = \boldsymbol{A}\boldsymbol{n} \tag{6.3.9}$$

と線形化すると，$t=0$ で $\boldsymbol{n}(t) = \boldsymbol{n}_0$ である初期値問題の解は

$$\boldsymbol{n}(t) = e^{\boldsymbol{A}t} \boldsymbol{n}_0 \tag{6.3.10}$$

であるが，

$$e^{\boldsymbol{A}t} = \boldsymbol{1} + \boldsymbol{A}t + \frac{(\boldsymbol{A}t)^2}{2!} + \cdots + \frac{(\boldsymbol{A}t)^n}{n!} + \cdots \tag{6.3.11}$$

を閉じた形に求めるために，$\boldsymbol{A}$ の固有値，固有ベクトルを求めよう．固有値方程式 $|\boldsymbol{A} - x\boldsymbol{1}| = 0$ から，固有値 x は方程式

$$(x + \lambda_1 q_1)(x + \lambda_2 q_2) - k_1 k_2 q_1 q_2 = 0 \tag{6.3.12}$$

を充たす．今の場合，$k_1 k_2 q_1 q_2 > 0$ であるから，2つの固有値

$$x_{\pm} = \frac{-(\lambda_1 q_1 + \lambda_2 q_2) \pm \sqrt{(\lambda_1 q_1 - \lambda_2 q_2)^2 + 4 k_1 k_2 q_1 q_2}}{2} \tag{6.3.13}$$

は互いに異なる実数である．それぞれの固有値に属する固有ベクトルは，

$$\boldsymbol{n}_{\pm} = \begin{pmatrix} k_1 \\ \lambda_1 - x_{\pm} \end{pmatrix} \tag{6.3.14}$$

で，$\boldsymbol{s}\equiv(\boldsymbol{n}_+\boldsymbol{n}_-)$ とすると，

$$\boldsymbol{A}\boldsymbol{s}=\boldsymbol{s}\boldsymbol{\Lambda},\qquad \boldsymbol{\Lambda}\equiv\begin{pmatrix}x_+ & 0\\ 0 & x_-\end{pmatrix}\tag{6.3.15}$$

となり，$\boldsymbol{A}=\boldsymbol{s}\boldsymbol{\Lambda}\boldsymbol{s}^{-1}$，したがって

$$e^{\boldsymbol{A}t}=\boldsymbol{s}\begin{pmatrix}e^{x_+t} & 0\\ 0 & e^{x_-t}\end{pmatrix}\boldsymbol{s}^{-1}\tag{6.3.16}$$

(6.3.10) から

$$\boldsymbol{n}(t)=\boldsymbol{s}\begin{pmatrix}e^{x_+t} & 0\\ 0 & e^{x_-t}\end{pmatrix}\boldsymbol{s}^{-1}\boldsymbol{n}_0\tag{6.3.17}$$

となる．

さて，(6.3.12) から

$$\begin{aligned}x_++x_-&=-(\lambda_1q_1+\lambda_2q_2)<0\\ x_+x_-&=(\lambda_1\lambda_2-k_1k_2)q_1q_2\end{aligned}\tag{6.3.18}$$

となるので，

(i) $\boldsymbol{\lambda}_1\boldsymbol{\lambda}_2>\boldsymbol{k}_1\boldsymbol{k}_2$ の場合は，$x_+<0$, $x_-<0$，したがって，(6.3.17) から，任意の $\boldsymbol{n}_0$ に対し

$$\lim_{t\to\infty}\boldsymbol{n}(t)=0\tag{6.3.19}$$

となり，$\boldsymbol{n}(t)=0$ は (6.3.9) の漸近安定な定常解である*.

$|\boldsymbol{n}_0|$ を十分小さく選べば，性質 (6.3.19) は原式 (6.3.6) についても成り立つと考えられるが，実際，一般に $\boldsymbol{x}(t)$ を n 次元ベクトル，$\boldsymbol{A}$ を n 次元定数行列とし，微分方程式

$$\frac{d\boldsymbol{x}}{dt}=\boldsymbol{A}\boldsymbol{x}+\boldsymbol{f}(\boldsymbol{x},t)\tag{6.3.20}$$

において，(1) $\boldsymbol{f}(\boldsymbol{x},t)$ は $|\boldsymbol{x}|<K$ $(K>0)$ において連続かつ $\boldsymbol{x}$ について連続微分可能，(2) $\boldsymbol{f}(0,t)=0$ すなわち $\boldsymbol{x}=0$ のとき $d\boldsymbol{x}/dt=0$ である．(3) $\boldsymbol{x}\to0$ のとき t に対して一様に $\lim\limits_{\boldsymbol{x}\to\infty}|\boldsymbol{f}(\boldsymbol{x},t)|/|\boldsymbol{x}|=0$ であるとき，もし $\boldsymbol{A}$ の固有値がすべ

---

*　一般に，微分方程式 $dx/dt=F(x,t)$ の解 $x=\psi(t)$ が安定であるとは，$t=\tau$ において $x(\tau)=\xi$ となるような解を $x=\varphi(\xi,\tau;t)$ で表わし，τ および $\varepsilon>0$ を任意に与えたとき，$\delta>0$ がそれに応じて定まり，$|\xi-\psi(\tau)|<\delta$ ならば，$t\geqq\tau$ において $|\varphi(\xi,\tau;t)-\psi(t)|<\varepsilon$ が成り立つことである．$x=\psi(t)$ が安定であって，さらに τ を任意に与えたとき，それに応じて適当に $\zeta>0$ を選べば，$|\xi-\psi(\tau)|<\zeta$ である ξ に対し $\lim\limits_{t\to\infty}|\varphi(\xi,\tau;t)-\psi(t)|=0$ となるとき，解 $x=\psi(t)$ は漸近安定であるという．

て負であれば，(6.3.20)の零解，すなわち $\boldsymbol{x}(t)=0$ は漸近安定であることが証明されており，今の場合にこの定理を用いると，定常解 $\boldsymbol{n}(t)=\begin{pmatrix} q_1 \\ q_2 \end{pmatrix}$ は非線形微分方程式(6.3.6)の線形近似(6.3.9)の漸近安定な定常解であるのみならず，(6.3.6)自体の漸近安定な定常解であることが保証される．

次に，(ii) $\boldsymbol{\lambda}_1\boldsymbol{\lambda}_2<\boldsymbol{k}_1\boldsymbol{k}_2$ の場合は，$x_+>0$, $x_-<0$ となるので，a を任意の実数として

$$\boldsymbol{s}^{-1}\boldsymbol{n}_0=\begin{pmatrix} 0 \\ a \end{pmatrix} \quad \text{すなわち} \quad \boldsymbol{n}_0=\boldsymbol{s}\begin{pmatrix} 0 \\ a \end{pmatrix}=a\boldsymbol{n}_-$$

となるとき，いいかえれば，$\boldsymbol{n}_0$ が x_- に属する固有ベクトルであるとき以外は，(6.3.17)から $\lim_{t\to\infty}|\boldsymbol{n}(t)|=\infty$ となり，定常解 $\boldsymbol{n}(t)=\begin{pmatrix} q_1 \\ q_2 \end{pmatrix}$ は不安定である*．

(iii) $\boldsymbol{\lambda}_1\boldsymbol{\lambda}_2=\boldsymbol{k}_1\boldsymbol{k}_2$ の場合，安定性は一般には $\boldsymbol{f}(\boldsymbol{x},t)$ に依存する．線形マルサス径数モデルでは，(6.3.2)のときを除いて安定な平衡点は存在しない．

(i), (ii)の場合の平衡点 $\mathrm{P}(q_1, q_2)$ はそれぞれ結節点(nodal point)，鞍状点(saddle point)と呼ばれている(図6.3)．

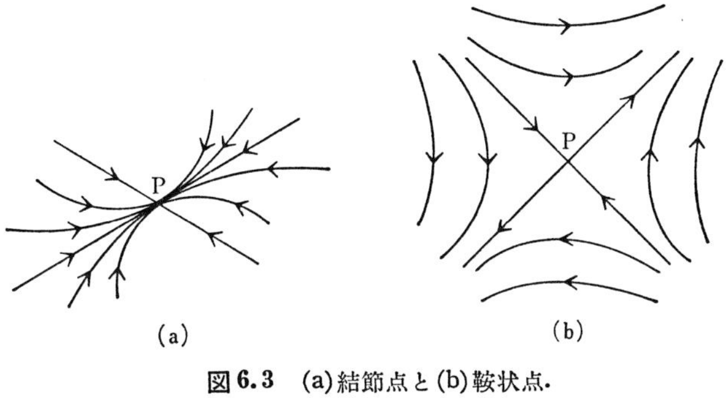

図6.3 (a)結節点と(b)鞍状点．

§6.4 餌と捕食者的関係($k_1<0$, $k_2>0$)

§6.2で行なった種間相互関係の分類の最後のタイプとして，

---

* (6.3.17)は(6.3.20)において $\boldsymbol{f}(\boldsymbol{x},t)=0$ としたときの解であり，平衡解の不安定性は線形近似に基づいて述べられている．しかし，一般に $\boldsymbol{x}$ が n 次元実数ベクトルで，$\boldsymbol{x}\to 0$ のとき t について一様に $|\partial\boldsymbol{f}/\partial x_i|\to 0$ $(i=1,2,\cdots,n)$ が成り立ち，$\boldsymbol{A}$ の固有値の中に正の実部をもつものがあれば，$\boldsymbol{x}=0$ は(6.3.20)の定常解としても不安定であることが証明される．

$$
\begin{aligned}
dN_1/dt &= (\varepsilon_1-\lambda_1 N_1+k_1 N_2)N_1 \\
dN_2/dt &= (\varepsilon_2+k_2 N_1-\lambda_2 N_2)N_2
\end{aligned} \tag{6. 4. 1}
$$

において，$k_1<0$, $k_2>0$ の場合を考えよう．種1は餌，種2は捕食者に相当する．前同様 $\lambda_1>0$, $\lambda_2>0$ とすると，種1が絶滅しないためには $\varepsilon_1>0$ が必要であることが判る．したがって，種1に対するゼロクラインは ε_1/λ_1 (>0), $-\varepsilon_1/k_1$ (>0) を截片とする右下りの直線で，種2に対するゼロクラインによって，図6.4(a), (b), (c) の3通りの場合に分れる．この中，図6.4(a) は $\varepsilon_2<-(k_2/\lambda_1)\varepsilon_1$ の場合で，$(\varepsilon_1/\lambda_1, 0)$ が唯一の安定な平衡点で，種2は究極的に絶滅する．図6.4(c) は $\varepsilon_2>-(\lambda_2/k_1)\varepsilon_1$ の場合で，$(0, \varepsilon_2/\lambda_2)$ が唯一の安定な平衡点で，種1は究極的に絶滅することが図より判る．これに対して，$-(k_2/\lambda_1)\varepsilon_1<\varepsilon_2<-(\lambda_2/k_1)\varepsilon_1$ の図6.4(b) では各領域における代表点の運動の向きだけでは，

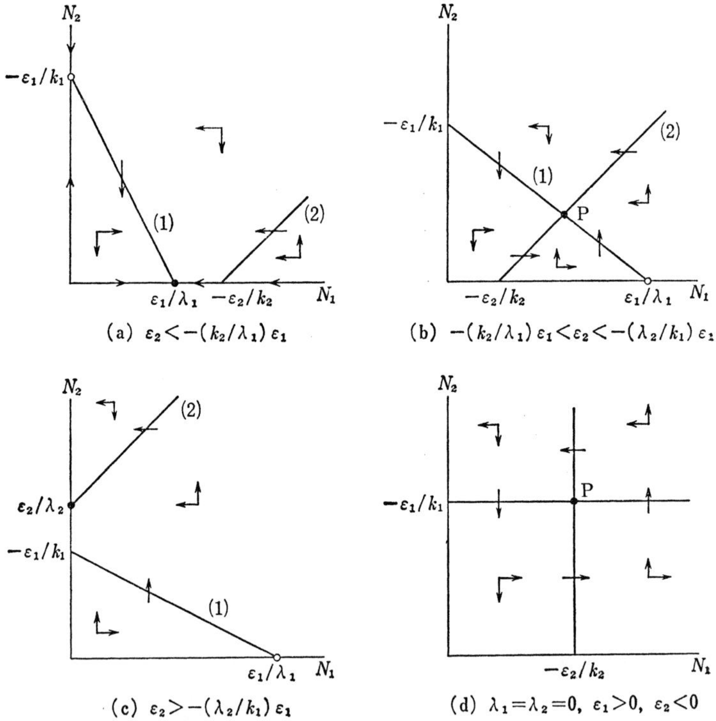

(a) $\varepsilon_2<-(k_2/\lambda_1)\varepsilon_1$　(b) $-(k_2/\lambda_1)\varepsilon_1<\varepsilon_2<-(\lambda_2/k_1)\varepsilon_1$

(c) $\varepsilon_2>-(\lambda_2/k_1)\varepsilon_1$　(d) $\lambda_1=\lambda_2=0$, $\varepsilon_1>0$, $\varepsilon_2<0$

図6.4　餌と捕食者的関係にある2種の個体数 N_1, N_2 の時間変化の向き．

その漸近的振舞は明らかでない．

そこでまず簡単のため，$\lambda_1=\lambda_2=0$ として考えよう．このとき(b)の場合に対応するゼロクラインは図6.4(d)のようになり，平衡点Pの座標は(6.2.3)の特別の場合として，

$$q_1=-\varepsilon_2/k_2, \qquad q_2=-\varepsilon_1/k_1 \tag{6.4.2}$$

となる．これを用いて(6.4.1)を書き直すと，

$$\frac{1}{k_1}\frac{d}{dt}\log N_1=-q_2+N_2, \qquad \frac{1}{k_2}\frac{d}{dt}\log N_2=-q_1+N_1 \tag{6.4.3}$$

となり，これから

$$\frac{N_1-q_1}{k_1}\frac{d}{dt}\log N_1-\frac{N_2-q_2}{k_2}\frac{d}{dt}\log N_2=0 \tag{6.4.4}$$

したがって

$$\frac{d}{dt}\left\{\frac{1}{k_1}(N_1-q_1\log N_1)-\frac{1}{k_2}(N_2-q_2\log N_2)\right\}=0 \tag{6.4.5}$$

という関係が導かれる．かくて，この左辺の｛ ｝の中の量は運動の恒量，したがって下に定義する $G(N_1, N_2)$ もやはり運動の恒量である．

$$G(N_1, N_2)\equiv-\frac{q_1}{k_1}\left(\frac{N_1}{q_1}-1-\log\frac{N_1}{q_1}\right)+\frac{q_2}{k_2}\left(\frac{N_2}{q_2}-1-\log\frac{N_2}{q_2}\right) \tag{6.4.6}$$

定常点 $N_1=q_1$, $N_2=q_2$ において，

$$G(q_1, q_2)=0 \tag{6.4.7}$$

一般に正数 x に対して

$$x-1-\log x>0 \qquad (x\neq1) \tag{6.4.8}$$

であることと，$q_1/k_1<0$, $q_2/k_2>0$ であることに注意すると，$G(N_1, N_2)$ は定常点以外では正の値をもつことが判る．

次に，N_1, N_2 に対する $G(N_1, N_2)$ の値の等高線を求めるために，図6.5に示すように，(q_1, q_2) を原点とする極座標を考え，変数変換

$$N_1=q_1+r\cos\theta, \qquad N_2=q_2+r\sin\theta \tag{6.4.9}$$

を行なうと，任意の θ に対して，

$$r\frac{\partial G}{\partial r}=r\frac{\partial G}{\partial N_1}\frac{\partial N_1}{\partial r}+r\frac{\partial G}{\partial N_2}\frac{\partial N_2}{\partial r}$$

$$= -r\frac{q_1}{k_1}\left(\frac{1}{q_1}-\frac{1}{N_1}\right)\cos\theta + r\frac{q_2}{k_2}\left(\frac{1}{q_2}-\frac{1}{N_2}\right)\sin\theta$$

$$= -\frac{1}{k_1N_1}(N_1-q_1)^2 + \frac{1}{k_2N_2}(N_2-q_2)^2 \geqq 0 \qquad (6.4.10)$$

という関係が成り立つことが判る．したがって G は定常点 (q_1, q_2) を最小点として，動径方向に単調に増加する関数であり，運動の恒量 $G(N_1, N_2)$ を一定に保つような個体数 N_1, N_2 の変化をあらわす軌道は (N_1, N_2) 平面の第1象限内で定常点 (q_1, q_2) を囲む閉曲線となり，$(N_1(t), N_2(t))$ は周期的変化を行なう．この軌道は図6.6に示すようなものである．

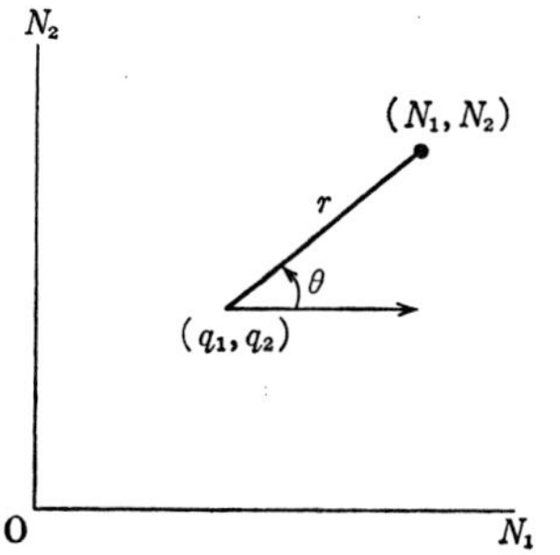

図6.5　極座標 (r, θ).

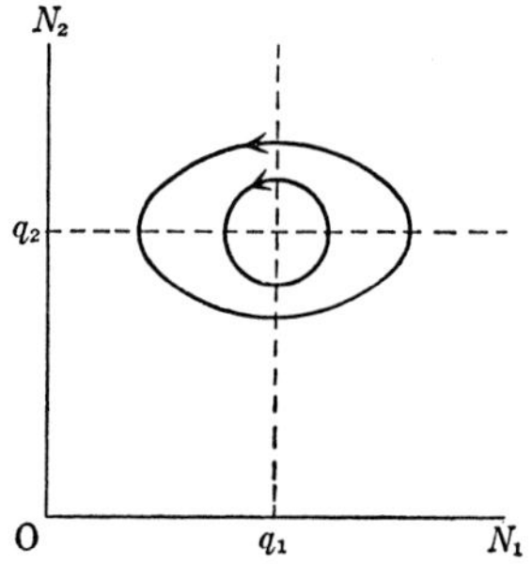

図6.6　$(N_1(t), N_2(t))$ の軌道.

特に，定常点 (q_1, q_2) の近傍での振舞を考えよう．$\lambda_1=\lambda_2=0$ の場合，前節で線形化した式(6.3.9)は $k_1<0$, $k_2>0$ に注意して，

$$\frac{dn_1}{dt} = -|k_1|q_1n_2, \qquad \frac{dn_2}{dt} = k_2q_2n_1 \qquad (6.4.11)$$

したがって，

$$\frac{d^2n_1}{dt^2} = -|k_1|k_2q_1q_2n_1 = -\varepsilon_1|\varepsilon_2|n_1$$
$$\frac{d^2n_2}{dt^2} = -\varepsilon_1|\varepsilon_2|n_2 \qquad (6.4.12)$$

となり，周期 $2\pi/\sqrt{\varepsilon_1|\varepsilon_2|}$ の調和振動の方程式に帰着される．$G=$(一定) の軌道は(6.4.11)から，

$$\frac{dn_1}{dn_2} = -\frac{|k_1|q_1}{|k_2|q_2}\frac{n_2}{n_1} \qquad (6.4.13)$$

したがって，$(N_1(t),\ N_2(t))$ の軌道は

$$\frac{{n_1}^2}{|k_1|q_1}+\frac{{n_2}^2}{k_2q_2}=(\text{一定}) \tag{6.4.14}$$

という楕円軌道で近似される．図6.6のような平衡点は渦心点(center)と呼ばれる．

次に，一般に $\lambda_1 \geqq 0,\ \lambda_2 \geqq 0$ の場合，(6.4.6)で定義された $G(N_1, N_2)$ において (q_1, q_2) を(6.2.3)で与えられる平衡点の座標とすると，

$$\begin{aligned}\frac{dG}{dt} &= -\frac{q_1}{k_1}\left(\frac{1}{q_1}-\frac{1}{N_1}\right)\frac{dN_1}{dt}+\left(\frac{1}{q_2}-\frac{1}{N_2}\right)\frac{dN_2}{dt}\\ &= -\frac{1}{k_1}(N_1-q_1)\{-\lambda_1(N_1-q_1)+k_1(N_2-q_2)\}\\ &\quad +\frac{1}{k_2}(N_2-q_2)\{k_2(N_1-q_1)-\lambda_2(N_2-q_2)\}\\ &= -\frac{\lambda_1}{|k_1|}(N_1-q_1)^2-\frac{\lambda_2}{k_2}(N_2-q_2)^2 \leqq 0 \end{aligned} \tag{6.4.15}$$

となる．

今の場合も，前に述べたように

$$G(N_1, N_2) \geqq 0 \tag{6.4.16}$$

であって，等号は平衡点 (q_1, q_2) のみで成立する．ここで $\lambda_1>0,\ \lambda_2>0$ とすると，(q_1, q_2) 以外の点では，$dG/dt<0$ であるから，個体数 N_1, N_2 の時間変化は常に関数 G の値が減少するような方向に起り，その代表点は G が最小値をとる平衡点 (q_1, q_2) に時間と共に限りなく近づいて行くことが判る．このとき，代表点の軌道は図6.7のようなもので，平衡点 (q_1, q_2) は渦状点(focus)と呼

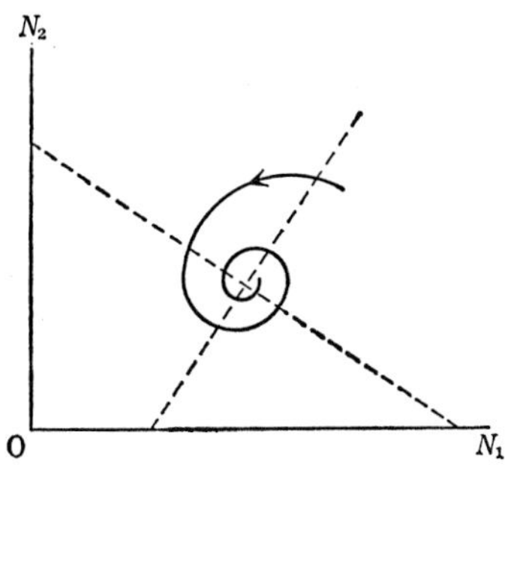

図6.7

ばれる．

一般に，n 次元実数ベクトル $\boldsymbol{x}$ が1階の連立微分方程式

$$d\boldsymbol{x}/dt = \boldsymbol{F}(\boldsymbol{x}, t), \qquad \boldsymbol{F}(\boldsymbol{0}, t) = 0 \tag{6.4.17}$$

の解であるとき，連続微分可能な $\boldsymbol{x}$ の関数 $V(\boldsymbol{x})$ があって，

$$V(\boldsymbol{0}) = 0, \qquad V(\boldsymbol{x}) > 0 \qquad (\boldsymbol{x} \neq 0) \tag{6.4.18}$$

$$\frac{dV(\boldsymbol{x})}{dt} < 0 \qquad (\boldsymbol{x} \neq 0) \tag{6.4.19}$$

であれば，$t\to\infty$ で $\lim_{t\to\infty} \boldsymbol{x}(t) = 0$ であることが証明され(Ljapunov の定理)，このような関数 $V(\boldsymbol{x})$ は Ljapunov の関数と呼ばれている．上の $G(N_1, N_2)$ は正に Ljapunov の関数に他ならない．

以上により，餌と捕食者的な関係にある2種の生物は

$$-\frac{k_2}{\lambda_1}\varepsilon_1 < \varepsilon_2 < \frac{\lambda_2}{|k_1|}\varepsilon_1 \tag{6.4.20}$$

の条件の下で，安定に共存することが判った．この条件は $m_1(q_1, q_2) = 0$, $m_2(q_1, q_2) = 0$ をみたす平衡点 (q_1, q_2) が第1象限にあること，すなわち $q_1 > 0$, $q_2 > 0$ であることと同等であるが，$\lambda_1 = \lambda_2 = 0$ の場合に見たように，必ずしも (q_1, q_2) は $(N_1(t), N_2(t))$ の $t\to\infty$ の極限とはならない場合もある．

そこで，このような平衡点 (q_1, q_2) の一般的意味を考えるために，個体数 $N_1(t)$, $N_2(t)$ の長時間平均

$$\langle N_i \rangle \equiv \lim_{t\to\infty} \frac{1}{t}\int_0^t N_i(t')\,dt' \qquad (i=1, 2) \tag{6.4.21}$$

を求めてみよう．(6.4.1)を

$$\begin{aligned} \frac{1}{N_1}\frac{dN_1}{dt} &= \varepsilon_1 - \lambda_1 N_1 + k_1 N_2 \\ \frac{1}{N_2}\frac{dN_2}{dt} &= \varepsilon_2 + k_2 N_1 - \lambda_2 N_2 \end{aligned} \tag{6.4.22}$$

と書き改めて積分すると，

$$\begin{aligned} \log\frac{N_1(t)}{N_1(0)} &= \int_0^t (\varepsilon_1 - \lambda_1 N_1(t') + k_1 N_2(t'))\,dt' \\ \log\frac{N_2(t)}{N_2(0)} &= \int_0^t (\varepsilon_2 + k_2 N_1(t') - \lambda_2 N_2(t'))\,dt' \end{aligned} \tag{6.4.23}$$

となり，2種が安定に共存するときには，(6.2.4)から，

$$\left|\log\frac{N_i(t)}{N_i(0)}\right| < \mathrm{Max}\left[\left|\log\frac{N_+}{N_i(0)}\right|, \left|\log\frac{N_-}{N_i(0)}\right|\right] \qquad (6.4.24)$$

となるので，(6.4.23)の両辺を t で割り，$t\to\infty$ とすると，

$$\begin{aligned}\varepsilon_1-\lambda_1\langle N_1\rangle+k_1\langle N_2\rangle &= 0\\ \varepsilon_2+k_2\langle N_1\rangle-\lambda_2\langle N_2\rangle &= 0\end{aligned} \qquad (6.4.25)$$

が得られる．今の場合，$\langle N_1\rangle=q_1$, $\langle N_2\rangle=q_2$ は(6.4.25)の唯一の解であるから，線形マルサス径数モデルで2種が安定に共存するときは，一般に q_1, q_2 は2種の個体数の長時間平均であることが判った．

このような考察は直ちに n 種の生物の線形マルサス径数モデルに拡張される．すなわち，第 i 種 $(i=1, 2, \cdots, n)$ の個体数 N_i の時間変化が ε_i, a_{ij} を定数として，

$$\frac{dN_i}{dt}=\left(\varepsilon_i+\sum_{j=1}^{n} a_{ij}N_j\right)N_i \qquad (i=1, 2, \cdots, n) \qquad (6.4.26)$$

で与えられるとしよう．もし，これらの n 種が(6.2.4)が成り立つ意味ですべて安定に共存するとすると，N_i の長時間平均 $\langle N_i\rangle$ は

$$\varepsilon_i+\sum_{j=1}^{n} a_{ij}\langle N_j\rangle = 0 \qquad (i=1, 2, \cdots, n) \qquad (6.4.27)$$

の解であり，(6.2.4)から

$$N_- < \langle N_j\rangle < N_+ \qquad (6.4.28)$$

でなければならない．したがって，線形マルサス径数モデルにおいて n 種が安定に共存し得るための必要条件は連立1次方程式(6.4.27)が正数解をもつことであるといえる．

しかし，これが必ずしも十分条件でないことは，図6.1(c)や図6.2(b)の場合があることからも明らかである．一般に与えられた $\{\varepsilon_i, a_{ij}\}$ に対して安定共存のための必要十分条件は簡単な形に得られていないが，すべての種は自己抑制的であり，任意の種対 i, j $(i\neq j)$ は互いに中立であるか，または餌と捕食者的関係にあり $(a_{ij}a_{ji}\leqq 0)$，しかも，$a_{ij}=-a_{ji}$ であるとすると，上記必要条件は十分条件でもあることが証明される．

すなわち，上の仮定から，

$$a_{ij}=\begin{cases}-\lambda_i & (i=j,\ \lambda_i>0)\\ -a_{ji} & (i\neq j)\end{cases} \tag{6.4.29}$$

と書けるが，(6.4.6)を拡張して，

$$G(N_1, N_2, \cdots, N_n)\equiv\sum_{i=1}^{n}q_i\left(\frac{N_i}{q_i}-1-\log\frac{N_i}{q_i}\right) \tag{6.4.30}$$

という関数を考える．ただし，q_i は $\langle N_i\rangle=q_i$ とおいて(6.4.27)を充たし，仮定から正数とする．定義から

$$G(N_1, N_2, \cdots, N_n)\geqq 0 \tag{6.4.31}$$

であって，等号は $N_i=q_i\,(i=1, 2, \cdots, n)$ でのみ成り立つ．G の時間変化は(6.4.26)と(6.4.29)を用いて，

$$\begin{aligned}\frac{dG}{dt}&=\sum_{i=1}^{n}q_i\left(\frac{1}{q_i}-\frac{1}{N_i}\right)\frac{dN_i}{dt}\\ &=\sum_{i=1}^{n}(N_i-q_i)\left\{-\lambda_i(N_i-q_i)+\sum_{j\neq i}^{n}a_{ij}(N_j-q_j)\right\}\\ &=-\sum_{i=1}^{n}\lambda_i(N_i-q_i)^2\leqq 0\end{aligned} \tag{6.4.32}$$

となり，等号は $N_i=q_i\,(i=1, 2, \cdots, n)$ でのみ成り立つ．すなわち，G は **Ljapunov の関数**であって，**Ljapunov の定理**から，n 種は安定に共存するのみでなく，十分時間がたてば，$\{N_i(t)\}$ は平衡点 $\{q_i\}$ に近づくことが判る．

このような多種問題は Volterra 以来多くの研究者によって研究されてきた．それらについて興味をもつ読者は巻末にあげた参考書について学ばれることをすすめる．

第7章　中立アレル・モデル

生物の進化と不可分な生物集団の遺伝的構造の変化は，第3章〜第5章で見たように幾つかの要因によって引き起される．自然淘汰，突然変異，サイズ効果，移住などがレプリコン頻度の変化をもたらす要因の例である．いわゆる新ダーウィニズムにおいて，進化をランダムに起る突然変異の産物に自然淘汰が働く結果として理解しようとする試みが広く行なわれてきた．有害な突然変異を集団から除去し有益な突然変異を集団に固定させる要因として，自然淘汰が重視されてきたのである．

しかし，進化の途上で保持され，新しく固定されてくる突然変異は，本当にすべて適応的 $(N_e s \gg 1)$ なものばかりであろうか．自然淘汰上の差異がない $(|N_e s| \ll 1)$ 突然変異も，進化に伴う集団の遺伝的構造の変化にかなりの寄与をするのではないであろうか．正統説へのこのような挑戦は，進化の集団遺伝学的研究とともに古く，最近は，第9章で詳しく論じられるように，分子進化に関連して白熱した論争を惹起している．端的に自然淘汰がない $(s=0)$ とする仮定のもとでは，レプリコン頻度を変える他の要因，中でも集団サイズの有限性に基づくランダム・ドリフトの効果が問題になってくる．ランダム・ドリフトの効果を拡散方程式近似で解析する方法については第4章で述べたが，そこでも既に見られたように，$s=0$ という中立の場合には数学的解析がひじょうに易しくなった．このため，中立突然変異の仮定は，他の要因とのさまざまな組合せのもとで，その示すべき挙動が詳しく数学的に解析され，定量的にその妥当性を検証することが可能な仮説として，進化の集団遺伝学的研究において独自の役割を果してきた．この章では，中立アレル・モデルの幾つかを取り上げて紹介しよう．

§7.1　固定過程

簡単のため，$\mathfrak{S}=\{1, -1\}$ という2状態をとるレプリコンの集団を考えよう．

中立アレル・モデルでは，レプリコンの増殖・死亡はその状態に依らないと仮定される．言い換えれば，$\sigma=1$ アレルの淘汰有利度 s は0であると仮定される．§4.4では自然淘汰とサイズ効果の両方が働いている場合に，レプリコン状態の固定過程を調べる一般的な方法を与えておいた．ここでは，中立アレルの仮定 $s=0$ をおいて，そこでの解析をさらに押し進めよう．

$t=0$ に頻度 p であった $\sigma=1$ アレルが時刻 t までに集団に固定する確率を $u(p,t)$ としたとき，(4.4.4)で定義した母関数

$$g(p,\theta)\equiv\int_0^\infty dte^{-\theta t}\frac{\partial u(p,t)}{\partial t}\qquad(\mathrm{Re}\,\theta>0)\tag{7.1.1}$$

は(4.4.9)を満足した．今の場合，$s=0$ であることに注意して(4.4.17)を代入すると，(4.4.9)は

$$\frac{1}{2}p(1-p)\frac{\partial^2}{\partial p^2}g(p,\theta)-\theta g(p,\theta)=0\qquad(0<p<1)\tag{7.1.2}$$

となる．ただし，時間 t は N_e 世代を単位にして測ることと約束してある．(7.1.2)を p に関する微分方程式と考えると，$p=+0,\ 1-0$ での境界条件は(4.4.12)すなわち

$$g(+0,\theta)=0,\qquad g(1-0,\theta)=1\tag{7.1.3}$$

であった．さて，常微分方程式(7.1.2)はGaussの超幾何微分方程式

$$z(1-z)\frac{d^2w}{dz^2}+\{\gamma-(\alpha+\beta+1)z\}\frac{dw}{dz}-\alpha\beta w=0\tag{7.1.4}$$

の特別な場合，すなわちパラメタ α,β,γ が

$$\alpha+\beta=-1,\qquad\alpha\beta=2\theta\tag{7.1.5}$$

$$\gamma=0\tag{7.1.6}$$

を満足する場合である．(7.1.4)は

$$w_1(z)\equiv F(\alpha,\beta,\gamma;z),\qquad w_2(z)\equiv z^{1-\gamma}F(\alpha-\gamma+1,\beta-\gamma+1,2-\gamma;z)\tag{7.1.7}$$

という，2つの独立な解をもつ．ただし，$F(\alpha,\beta,\gamma;z)$ はGaussの超幾何関数

$$F(\alpha,\beta,\gamma;z)\equiv\sum_{k=0}^\infty\frac{(\alpha)_k(\beta)_k}{k!\,(\gamma)_k}z^k\tag{7.1.8}$$

$$(\alpha)_k\equiv\alpha(\alpha+1)\cdots(\alpha+k-1)\quad(k=1,2,3,\cdots),\qquad(\alpha)_0\equiv1\tag{7.1.9}$$

である．今の場合，(7.1.6)のように $\gamma=0$ であるから，$z\to0$ のとき

$$w_1(+0)=1, \qquad w_2(+0)=0 \tag{7.1.10}$$

である．したがって，境界条件(7.1.3)の第1の条件を満足する(7.1.2)の解を，$w_1(z)$ と $w_2(z)$ の線形結合によって作る場合に，$w_1(z)$ が成分として含まれることはなく

$$g(p,\theta)=Cw_2(p)=CpF(\alpha+1,\beta+1,2;p) \tag{7.1.11}$$

となる．ここで，定数 C は，(7.1.11)で与えられる $g(p,\theta)$ が境界条件(7.1.3)の第2の条件を満足するように定められ，

$$C=1/F(\alpha+1,\beta+1,2;1) \tag{7.1.12}$$

となる．超幾何関数(7.1.8)の $z=1$ での値に関しては，Gauss の公式を用いると

$$\begin{aligned}F(\alpha+1,\beta+1,2;1)&=\frac{\Gamma(2)\Gamma(-\alpha-\beta)}{\Gamma(1-\alpha)\Gamma(1-\beta)}=\frac{\Gamma(1)}{\alpha\beta\Gamma(-\alpha)\Gamma(-\beta)}\\&=\frac{1}{2\theta\Gamma(-\alpha)\Gamma(1+\alpha)}=-\frac{\sin\pi\alpha}{2\pi\theta}\end{aligned} \tag{7.1.13}$$

となる．ただし，途中でガンマ関数に関する公式

$$\Gamma(z+1)=z\Gamma(z), \qquad \Gamma(z)\Gamma(1-z)=\pi/\sin\pi z \tag{7.1.14}$$

と(7.1.5)を用いた．(7.1.12), (7.1.13)を代入すると，(7.1.11)は

$$g(p,\theta)=-2\pi\theta pF(\alpha+1,\beta+1,2;p)/\sin\pi\alpha \tag{7.1.15}$$

となる．

これで母関数 $g(p,\theta)$ が求まったわけであるが，(7.1.15)では，α,β を通じての θ 依存性や，超幾何関数を通じての p 依存性が，そのまま残されている．そこで，話を進める前に，まずこれらの依存性をあらわな形にしておこう．(7.1.9)と(7.1.5)から

$$\begin{aligned}(\alpha+1)_k(\beta+1)_k&=\prod_{l=1}^{k}\{(\alpha+l)(\beta+l)\}=\prod_{l=1}^{k}\{\alpha\beta+(\alpha+\beta)l+l^2\}\\&=\prod_{l=1}^{k}\{2\theta+l(l-1)\}\end{aligned} \tag{7.1.16}$$

であることに注意すると，超幾何関数の定義(7.1.8)から

$$F(\alpha+1,\beta+1,2;p)=1+\sum_{k=1}^{\infty}\frac{\prod_{l=1}^{k}\{2\theta+l(l-1)\}}{k!\,(k+1)!}p^k \tag{7.1.17}$$

となる．これから，$F(\alpha+1, \beta+1, 2; p)$ は，p についての正則関数であるばかりでなく，θ の関数としても正則であることが分る．次に，(7.1.15)で与えられる $g(p, \theta)$ は $\sin \pi\alpha$ を通じても θ に依存するので，α の θ 依存性をはっきりさせよう．(7.1.5)からは2通りの α の値が決定されるが，いずれを採用しても結果は変らない．ここでは，話を確定的にするために，

$$\alpha \equiv \frac{1}{2}(-1+\sqrt{1-8\theta}) \tag{7.1.18}$$

と置こう．2価関数 $\sqrt{1-8\theta}$ については，複素 θ 平面上で，$\theta>1/8$ の実軸に切断を入れ，$\theta<1/8$ の実軸上で正の値を取るリーマン面上で考えることにする．すると，

$$\sin \pi\alpha = -\cos \frac{\pi}{2}\sqrt{1-8\theta} \tag{7.1.19}$$

であるので，$\sqrt{1-8\theta}$ の2価性は $\sin \pi\alpha$ においては消失し，$\sin \pi\alpha$ は θ の1価関数である．したがって，(7.1.15)によれば，θ の関数としての $g(p, \theta)$ が特異的である可能性があるのは，θ の関数としての $\sin \pi\alpha$ の零点に限られる．この零点は，(7.1.19)によると

$$\sqrt{1-8\theta} = 2n+1 \qquad (n=0, 1, 2, \cdots) \tag{7.1.20}$$

の根，すなわち

$$\theta = \theta_n \equiv -\frac{n(n+1)}{2} \qquad (n=0, 1, 2, \cdots) \tag{7.1.21}$$

である．$\theta=\theta_n$ が $g(p, \theta)$ の特異点である場合，それは単純極である．その留数 R_n を計算すると

$$R_n \equiv \lim_{\theta\to\theta_n}(\theta-\theta_n)g(p, \theta) = (-1)^n(2n+1)pF(n+1, -n, 2; p)\theta_n \tag{7.1.22}$$

となる．これから分るように，$R_0=0$ であるから，(7.1.21)の零点のうち少なくとも $\theta_0=0$ は $g(p, \theta)$ の特異点になり得ない．

さて，以上の結果から固定過程の性質を幾つか計算してみよう．まず，時刻 t に $\sigma=1$ アレルが固定する確率密度 $u_t(p, t)\equiv\partial u(p, t)/\partial t$ を求めよう．(7.1.1)によれば，$g(p, \theta)$ は $u_t(p, t)$ のラプラス変換に他ならない．したがって，$u_t(p, t)$ は $g(p, \theta)$ の逆ラプラス変換によって

$$u_t(p,t)=\frac{1}{2\pi i}\int_{-i\infty}^{i\infty}d\theta e^{\theta t}g(p,\theta) \tag{7.1.23}$$

のように与えられる．θ の関数としての $g(p,\theta)$ の解析性について既に調べた結果を用いると，(7.1.23)の右辺に現れる θ 平面の虚軸に沿っての積分は，$\theta=\theta_n\ (n=1,2,3,\cdots)$ での留数計算によって求められ，

$$u_t(p,t)=\sum_{n=1}^{\infty}R_n e^{\theta_n t}=p\sum_{n=1}^{\infty}(-1)^n(2n+1)F(n+1,-n,2;p)\theta_n e^{\theta_n t} \tag{7.1.24}$$

となる．固定が起る時刻を問わず，ともかく $t=\infty$ までに $\sigma=1$ アレルが固定する終局固定確率 $u(p)\equiv u(p,\infty)$ は，(4.4.5)，(7.1.15)によって

$$u(p)=g(p,0)=p \tag{7.1.25}$$

である．固定が起るまでの待ち時間の分布を考えると，これは，ともかく固定が起るとの条件下での分布であるから，初期頻度 p から出発した場合に，固定が起るまでの待ち時間 t の分布密度関数 $f(p,t)$ は

$$f(p,t)=\frac{u_t(p,t)}{u(p)}=\sum_{n=1}^{\infty}(-1)^n(2n+1)F(n+1,-n,2;p)\theta_n e^{\theta_n t} \tag{7.1.26}$$

である．(7.1.26)では $f(p,t)$ が無限級数として与えられているが，各項は $e^{\theta_n t}=\exp[-n(n+1)t/2]$ という因子を含んでいるので，実際の値を計算するには最初の適当な個数の有限個の項の和を計算すれば十分である．特に，t が十分大きいときには

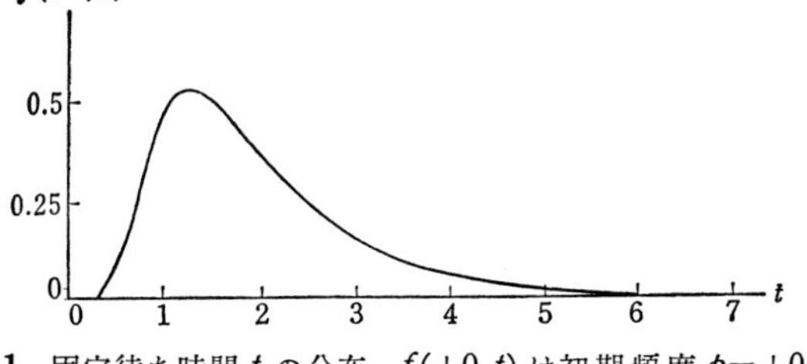

図 7.1　固定待ち時間 t の分布．$f(+0,t)$ は初期頻度 $p=+0$ から出発したときの，t の分布密度関数(Kimura, M. (巻末文献[19])による)．

$$f(p,t) \sim -3F(2,-1,2;p)\theta_1 e^{\theta_1 t} = 3e^{-t} \qquad (t\to\infty) \tag{7.1.27}$$

である．図7.1は $f(+0,t)$ を(7.1.26)によって計算した結果である．図から分るように，固定待ち時間 t の分布は，かなり幅広い値域にわたっている．

次に，固定待ち時間の平均 $T(p)$，分散 $V(p)$ を求めよう．これらの値は，(4.4.6)，(4.4.7)によれば，それぞれ，$g(p,\theta)$ の $\theta=0$ における1階ならびに2階の微係数から求められる．(7.1.17)，(7.1.19)を θ についてテイラー展開すると

$$\begin{aligned} F(\alpha+1,\beta+1,2;p) &= 1+2\theta\sum_{k=1}^{\infty}\frac{p^k}{k(k+1)}+4\theta^2\sum_{k=1}^{\infty}\frac{k-1}{k^2(k+1)}p^k+\cdots \\ &= 1+2\theta\left\{1+\frac{1-p}{p}\log(1-p)\right\}+4\theta^2\left[2\left\{1+\frac{1-p}{p}\log(1-p)\right\}-\sum_{k=1}^{\infty}\frac{p^k}{k^2}\right]+\cdots \end{aligned} \tag{7.1.28}$$

$$-\frac{\sin\pi\alpha}{2\pi\theta} = 1+2\theta+4\theta^2\left(2-\frac{\pi^2}{6}\right)+\cdots \tag{7.1.29}$$

となるので，(7.1.15)から，テイラー展開

$$\begin{aligned} \log g(p,\theta) &= \log p+\log F(\alpha+1,\beta+1,2;p)-\log\left(-\frac{\sin\pi\alpha}{2\pi\theta}\right) \\ &= \log p+2\theta\frac{1-p}{p}\log(1-p) \\ &\quad +4\theta^2\left[\frac{1}{2}+\frac{\pi^2}{6}-\frac{1}{2}\left\{1-\frac{1-p}{p}\log(1-p)\right\}^2-\sum_{k=1}^{\infty}\frac{p^k}{k^2}\right]+\cdots \end{aligned} \tag{7.1.30}$$

が得られる．したがって，(4.4.6)，(4.4.7)から

$$T(p) = -\frac{\partial}{\partial\theta}\log g(p,\theta)\Big|_{\theta=0} = -2\frac{1-p}{p}\log(1-p) \tag{7.1.31}$$

$$\begin{aligned} V(p) &= \frac{\partial^2}{\partial\theta^2}\log g(p,\theta)\Big|_{\theta=0} \\ &= 4\left[1+\frac{\pi^2}{3}-\left\{1-\frac{1-p}{p}\log(1-p)\right\}^2-2\sum_{k=1}^{\infty}\frac{p^k}{k^2}\right] \end{aligned} \tag{7.1.32}$$

となる．特に，$p\ll 1$ の場合には

$$T(p)\sim 2, \qquad V(p)\sim 4\left(\frac{\pi^2}{3}-3\right)\cong 1.08^2 \qquad (p\to 0) \tag{7.1.33}$$

である．すなわち，十分小さな初期頻度から出発した場合，固定までの待ち時間の平均は $2N_e$ 世代，平均からの標準偏差は約 $1.08N_e$ 世代である．

以上では $\sigma=1$ アレルの固定過程を調べたが，これは初期頻度 $1-p$ から出発した $\sigma=-1$ アレルの消滅過程を調べたことにもなっている．中立アレル・モデルではどのアレルも互いに同等であるから，初期頻度 p から出発した $\sigma=1$ アレルの消滅過程の性質については，以上で得られた結果で p を $1-p$ と置き換えれば，対応する消滅過程の結果が得られることになる．

最後に，初期頻度 p から出発した場合に，固定または消滅が実現する以前での $\sigma=1$ アレルの頻度 x_t の分布を調べてみよう．いま考えているような時間一様な拡散過程では，推移確率密度 $\phi(p, s; x, t)$ は $t-s$ を通してしか s, t に依存しないので，改めて，$\phi(p, x, t-s) \equiv \phi(p, s; x, t)$ と表わそう．すると，(4.3.17)は

$$\frac{\partial}{\partial t}\phi(p, x, t) = \tilde{\boldsymbol{L}}(p)\phi(p, x, t) = \frac{1}{2}p(1-p)\frac{\partial^2}{\partial p^2}\phi(p, x, t) \tag{7.1.34}$$

となる．ここで，$s=0$ と置いた(4.4.17)を用いた．$\phi(p, x, t)$ の母関数として，そのラプラス変換

$$g(p, x, \theta) \equiv \int_0^\infty dt e^{-\theta t}\phi(p, x, t) \qquad (\mathrm{Re}\,\theta>0) \tag{7.1.35}$$

を導入しよう．(7.1.35)の両辺に $\tilde{\boldsymbol{L}}(p)$ を作用させ，(7.1.34)を用いると

$$\begin{aligned}\tilde{\boldsymbol{L}}(p)g(p, x, \theta) &= \int_0^\infty dt e^{-\theta t}\tilde{\boldsymbol{L}}(p)\phi(p, x, t) = \int_0^\infty dt e^{-\theta t}\frac{\partial}{\partial t}\phi(p, x, t) \\ &= \theta g(p, x, \theta) - \delta(p-x)\end{aligned} \tag{7.1.36}$$

となる．$\tilde{\boldsymbol{L}}(p)$ をあらわに書くと，(7.1.36)は

$$\frac{1}{2}p(1-p)\frac{\partial^2}{\partial p^2}g(p, x, \theta) - \theta g(p, x, \theta) = -\delta(p-x) \qquad (0<p<1) \tag{7.1.37}$$

となる．境界条件は，$\phi(0, x, t) = \phi(1, x, t) = 0$ に注意すると，

$$g(+0, x, \theta) = g(1-0, x, \theta) = 0 \tag{7.1.38}$$

と置くのが適当であろう．(7.1.37)，(7.1.38)によれば，θ をパラメタと考えたとき，$-g(p, x, \theta)$ は(7.1.2)に現れたのと形式的に同じ超幾何微分方程式の

グリーン関数に他ならない．ただし，境界条件(7. 1. 38)は(7. 1. 2)の境界条件(7. 1. 3)と異なっている．(4. 4. 27)～(4. 4. 29)で行なったのと同様の方法でグリーン関数を求めると，

$$g(p, x, \theta) = -4\pi\theta p F(\alpha+1, \beta+1, 2; p) F(\alpha+1, \beta+1, 2; 1-x)/x \sin \pi\alpha \quad (p<x) \qquad (7.1.39)$$

となる(A 7 参照)．θ の関数として，$g(p, x, \theta)$ の特異点は上で調べた $g(p, \theta)$ の場合と全く同じである．逆ラプラス変換を留数計算によって行ない $\phi(p, x, t)$ を求めると

$$\phi(p, x, t) = 2p\sum_{n=1}^{\infty}(-1)^n(2n+1)F(n+1, -n, 2; p)F(n+1, -n, 2; 1-x)\frac{\theta_n e^{\theta_n t}}{x} \qquad (7.1.40)$$

である．ここで，

$$F(n+1, -n, 2; p) = (1-p)F(1-n, n+2, 2; p) \qquad (7.1.41)$$

$$F(1-n, n+2, 2; p) = \frac{1}{n!p(1-p)}\frac{d^{n-1}}{dp^{n-1}}\{p(1-p)\}^n = (-1)^{n-1}F(1-n, n+2, 2; 1-p) \quad (n=1, 2, 3, \cdots) \qquad (7.1.42)$$

に注意すると，(7. 1. 40)は

$$\phi(p, x, t) = -2p(1-p)\sum_{n=1}^{\infty}(2n+1)F(1-n, n+2, 2; p)F(1-n, n+2, 2; x)\theta_n e^{\theta_n t} \qquad (7.1.43)$$

と表わすこともできる．t が十分大きいときには

$$\phi(p, x, t) \sim 6p(1-p)e^{-t} \quad (t\to\infty) \qquad (7.1.44)$$

である．これは，十分時間が経過したときなお分離中である頻度 x_t $(0<x_t<1)$ が近似的に一様分布をすることを示している．また，集団が分離中である確率は毎世代 $1/2N_e$ の減衰率で減少することを示している．

§7.2　アレル頻度の平衡分布

前節ではサイズ効果によるランダム・ドリフトだけを考えて，中立アレルの

固定過程を調べた．この節ではさらに突然変異の効果をも考慮し，サイズ効果と突然変異の効果の釣合いが取れた状況として実現される，集団におけるアレル頻度の平衡分布について調べよう．

2アレル・モデル

まず最初に，$\mathfrak{S}=\{1,-1\}$ という2個の中立アレル状態が存在する場合を調べよう．突然変異は毎世代，$\sigma=1$ アレルから $\sigma=-1$ アレルへは確率 μ_- で起り，逆方向すなわち $\sigma=-1$ アレルから $\sigma=1$ アレルへは確率 μ_+ で起ると仮定する．これは，§4.5で調べたモデルで，自然淘汰が働いていない$(s=0)$と仮定した特別の場合である．$\sigma=1$ アレルの頻度 x の平衡分布密度関数 $\phi(x)$ は既に(4.5.8)で求めてある．$s=0$ を代入すると，今の場合は

$$\phi(x) = Cx^{2N_e\mu_+-1}(1-x)^{2N_e\mu_--1} \tag{7.2.1}$$

である．規格化の定数 C は，(4.5.7)から

$$C = 1\bigg/\int_0^1 x^{2N_e\mu_+-1}(1-x)^{2N_e\mu_--1}dx = 1/B(2N_e\mu_+, 2N_e\mu_-) \tag{7.2.2}$$

となる．ここで，$B(p,q)$ はベータ関数である．(7.2.2)を代入すると，(7.2.1)は結局

$$\phi(x) = x^{2N_e\mu_+-1}(1-x)^{2N_e\mu_--1}/B(2N_e\mu_+, 2N_e\mu_-) \tag{7.2.3}$$

となる．

次に，平衡分布(7.2.3)に関する幾つかの平均量を計算してみよう．頻度 x の平均は

$$\begin{aligned}\langle x\rangle &= \int_0^1 x\phi(x)dx = \int_0^1 x^{2N_e\mu_+}(1-x)^{2N_e\mu_--1}dx/B(2N_e\mu_+, 2N_e\mu_-)\\ &= \frac{B(2N_e\mu_++1, 2N_e\mu_-)}{B(2N_e\mu_+, 2N_e\mu_-)} = \frac{\Gamma(2N_e\mu_++1)\Gamma(2N_e(\mu_++\mu_-))}{\Gamma(2N_e\mu_+)\Gamma(2N_e(\mu_++\mu_-)+1)}\\ &= \frac{\mu_+}{\mu_++\mu_-}\end{aligned} \tag{7.2.4}$$

である．ただし，途中で公式

$$B(p,q) = \frac{\Gamma(p)\Gamma(q)}{\Gamma(p+q)}, \qquad \Gamma(z+1) = z\Gamma(z) \tag{7.2.5}$$

を用いた．

同様にして，頻度 x の2次のモーメントは

$$\langle x^2 \rangle = \frac{B(2N_e\mu_+ + 2, 2N_e\mu_-)}{B(2N_e\mu_+, 2N_e\mu_-)} = \frac{\mu_+}{\mu_+ + \mu_-} \frac{2N_e\mu_+ + 1}{2N_e(\mu_+ + \mu_-) + 1} \qquad (7.2.6)$$

である．したがって，頻度 x の分散は(7.2.4), (7.2.6)から

$$\mathrm{Var}(x) = \langle x^2 \rangle - \langle x \rangle^2 = \frac{\mu_+\mu_-}{(\mu_+ + \mu_-)^2\{2N_e(\mu_+ + \mu_-) + 1\}} \qquad (7.2.7)$$

となる．§4.5では，サイズ効果によるランダム・ドリフトが決定論的取扱いによる平衡頻度に対し‘ずれ’と‘ぼけ’をもたらすことを述べた．今の場合，決定論的取扱い(3.7.8)によれば，平衡頻度は $x^* = \mu_+/(\mu_+ + \mu_-)$ である．したがって，(7.2.4)は $\langle x \rangle$ で見た場合‘ずれ’がないことを示しており，(7.2.7)は‘ぼけ’の程度を与えている．

集団の遺伝的構造に見られる多様さを表わす指数の1つに，ヘテロ接合度 H があった．これは，いま考えているような2アレル・モデルでは，(4.2.6)のように頻度 x を用いて表わされる．したがって，その平均は

$$\langle H \rangle = 2\langle x(1-x) \rangle = 2(\langle x \rangle - \langle x^2 \rangle) = \frac{2N_e\mu_+\mu_-}{(\mu_+ + \mu_-)\{2N_e(\mu_+ + \mu_-) + 1\}} \qquad (7.2.8)$$

である．決定論的取扱いによる平衡状態 $x = x^*$ では，ヘテロ接合度は

$$H^* \equiv 2x^*(1-x^*) = \frac{2\mu_+\mu_-}{(\mu_+ + \mu_-)^2} \qquad (7.2.9)$$

であるので，(7.2.8)と比較すると

$$\frac{\langle H \rangle}{H^*} = \frac{2N_e(\mu_+ + \mu_-)}{2N_e(\mu_+ + \mu_-) + 1} < 1 \qquad (7.2.10)$$

となる．すなわち，今の場合サイズ効果はヘテロ接合度 H を平均的に減少させることが分る．もちろん，$N_e \to \infty$ のときには $\langle H \rangle \to H^*$ である．

K アレル・モデル

K 個の中立アレルが存在し，レプリコンはそのいずれかの状態に見出されるような集団で，平衡分布を考えよう．$\mathfrak{S} = \{1, 2, \cdots, K\}$ と表わすことにし，突然変異については，任意の $\sigma, \sigma'(\neq \sigma) \in \mathfrak{S}$ に対し，σ アレルから σ' アレルへの突然変異が毎世代 $\mu/(K-1)$ の確率で起ると仮定しよう．すなわち，このモデルでは，K 個のアレルが淘汰に関しても突然変異に関しても互いに完全に同等であると仮定する．

σ アレルの頻度を x_σ とすると

$$\sum_{\sigma=1}^{K} x_\sigma = 1, \qquad x_\sigma \geqq 0 \qquad (\sigma \in \mathfrak{S}) \tag{7.2.11}$$

であるから，集団の遺伝的構造を表わす独立な変数としては，例えば，$x \equiv \{x_\sigma; \sigma \in \mathfrak{S}'\}$ を取ることができる．ただし，$\mathfrak{S}' \equiv \mathfrak{S} - K = \{1, 2, \cdots, K-1\}$ である．x は $K-1$ 次元空間の点であって，

$$\sum_{\sigma=1}^{K-1} x_\sigma \leqq 1, \qquad x_\sigma \geqq 0 \qquad (\sigma \in \mathfrak{S}') \tag{7.2.12}$$

を満足する $K-1$ 次元の三角領域の値を取る．

時刻 t における頻度変数 x を $x(t)$ と表わし，三角領域(7.2.12)の内部での $x(t)$ の確率分布密度を $\phi(x, t)$ と表わそう．すなわち，dx で $K-1$ 次元空間の微小体積を表わすことにすれば，$\phi(x, t)dx$ は $x(t)$ が x の周りの微小体積 dx の微領域内に見出される確率である．いま，$x(t)$ が $K-1$ 次元の三角領域内の拡散過程であるとすれば，$\phi(x, t)$ は(4.3.16)と同様に Kolmogorov の前進方程式

$$\frac{\partial}{\partial t}\phi(x, t) = \boldsymbol{L}(x)\phi(x, t) \tag{7.2.13}$$

を満足する．ただし，$\boldsymbol{L}(x)$ は $K-1$ 個の変数 x に関する偏微分作用素

$$\boldsymbol{L}(x) \equiv \frac{1}{2}\sum_{\sigma=1}^{K-1}\sum_{\sigma'=1}^{K-1}\frac{\partial^2}{\partial x_\sigma \partial x_{\sigma'}} v_{\sigma\sigma'}(x) - \sum_{\sigma=1}^{K-1}\frac{\partial}{\partial x_\sigma} m_\sigma(x) \tag{7.2.14}$$

であって，ドリフト係数 $m_\sigma(x)$，拡散係数 $v_{\sigma\sigma'}(x)$ は(4.3.31)，(4.3.32)と同様に

$$m_\sigma(x) = \lim_{\delta t \to 0}\frac{1}{\delta t}\langle \delta x_\sigma \rangle \tag{7.2.15}$$

$$v_{\sigma\sigma'}(x) = \lim_{\delta t \to 0}\frac{1}{\delta t}\langle (\delta x_\sigma)\cdot(\delta x_{\sigma'}) \rangle \tag{7.2.16}$$

によって与えられる．ここで，δx_σ は $x(t) = x$ の条件下で δt 時間内に起こる $x_\sigma(t)$ の変化量，すなわち $\delta x_\sigma \equiv x_\sigma(t+\delta t) - x_\sigma(t)$ である．このように，§4.3 で1次元拡散過程について述べたことの多くは，多次元の拡散過程の場合へ自然な形で拡張される．ついでながら，(7.2.14)の $\boldsymbol{L}(x)$ に対応する $\tilde{\boldsymbol{L}}(p)$ は，当然のことながら

$$\tilde{L}(p) \equiv \frac{1}{2}\sum_{\sigma=1}^{K-1}\sum_{\sigma'=1}^{K-1} v_{\sigma\sigma'}(p)\frac{\partial^2}{\partial p_\sigma \partial p_{\sigma'}} + \sum_{\sigma=1}^{K-1} m_\sigma(p)\frac{\partial}{\partial p_\sigma} \tag{7.2.17}$$

である．

さて，サイズ効果と突然変異の下で変化する $x(t)$ に対する拡散過程近似を(4.3.33), (4.3.34) と同様にして構成しよう．すなわち，1世代間の頻度変化 $\Delta x_\sigma \equiv x_\sigma(t+1) - x_\sigma(t)$ を用いて

$$m_\sigma(x) = \langle \Delta x_\sigma \rangle \tag{7.2.18}$$

$$v_{\sigma\sigma'}(x) = \langle \Delta x_\sigma \cdot \Delta x_{\sigma'} \rangle \tag{7.2.19}$$

で与えられるドリフト係数，拡散係数をもった拡散過程を考えよう．頻度の変化が幾つかの要因によるときには，重ね合せの近似を援用することにしよう．

まず，サイズ効果による頻度変化 Δx_σ を調べよう．§4.1 の取扱いを自然に拡張すると，$1/N_{\mathrm{e}}$ の2次の項を無視する範囲の正確さで

$$\langle \Delta x_\sigma \rangle = 0 \tag{7.2.20}$$

$$\langle \Delta x_\sigma \cdot \Delta x_{\sigma'} \rangle = \frac{x_\sigma(\delta_{\sigma\sigma'} - x_{\sigma'})}{N_{\mathrm{e}}} \tag{7.2.21}$$

と表わされることが分る．ここで，N_{e} は集団の有効サイズである．次に，突然変異による変化は

$$\Delta x_\sigma = -\mu x_\sigma + \frac{\mu}{K-1}(1-x_\sigma) = \frac{\mu}{K-1}(1-Kx_\sigma) \tag{7.2.22}$$

である．そこで，重ね合せの近似を援用すると，K アレル・モデルの拡散過程近似は

$$m_\sigma(x) = \frac{\mu}{K-1}(1-Kx_\sigma), \qquad v_{\sigma\sigma'}(x) = \frac{x_\sigma(\delta_{\sigma\sigma'} - x_{\sigma'})}{N_{\mathrm{e}}} \tag{7.2.23}$$

というドリフト係数，拡散係数によって特徴づけられることになる．

これで準備は整ったので，いよいよ平衡分布を調べることに取りかかろう．まず，Kolmogorov の方程式(7.2.13)は，確率の保存則

$$\frac{\partial}{\partial t}\phi(x,t) + \operatorname{div} J(x,t) = \frac{\partial}{\partial t}\phi(x,t) + \sum_{\sigma=1}^{K-1}\frac{\partial}{\partial x_\sigma}J_\sigma(x,t) = 0 \tag{7.2.24}$$

の形に表わされることに注意しよう．ただし，$J(x,t)$ は確率流の強さと呼ばれる $K-1$ 次元のベクトルで，その第 σ 成分 $J_\sigma(x,t)$ は

$$J_\sigma(x,t) \equiv m_\sigma(x)\phi(x,t) - \frac{1}{2}\sum_{\sigma'=1}^{K-1}\frac{\partial}{\partial x_{\sigma'}}v_{\sigma\sigma'}(x)\phi(x,t) \qquad (\sigma \in \mathfrak{S}') \tag{7.2.25}$$

によって与えられる．したがって，x の平衡分布密度 $\phi(x)$ は

$$\mathrm{div}\, J(x) = \sum_{\sigma=1}^{K-1}\frac{\partial}{\partial x_\sigma}J_\sigma(x) = 0 \tag{7.2.26}$$

を満足する．ここで，$J_\sigma(x)$ は(7.2.25)で変数 t を省略した関係式によって $\phi(x)$ から決定されている．

さて，(7.2.26)の解として $J(x)=0$ が許されるかどうか調べてみよう．$J(x)=0$ は，(7.2.23)を(7.2.25)に代入して計算すると

$$(\beta-1)(1-Kx_\sigma) - x_\sigma\frac{\partial}{\partial x_\sigma}\log\phi(x) + x_\sigma\sum_{\sigma'=1}^{K-1}x_{\sigma'}\frac{\partial}{\partial x_{\sigma'}}\log\phi(x) = 0 \qquad (\sigma \in \mathfrak{S}') \tag{7.2.27}$$

という連立方程式を与える．ただし，

$$\beta \equiv 2N_{\mathrm{e}}\mu/(K-1) \tag{7.2.28}$$

と置いた．(7.2.27)から $\partial \log\phi(x)/\partial x_\sigma$ を求めると

$$\frac{\partial}{\partial x_\sigma}\log\phi(x) = (\beta-1)\left(\frac{1}{x_\sigma} - \frac{1}{1-x_1-x_2-\cdots-x_{K-1}}\right) \qquad (\sigma \in \mathfrak{S}') \tag{7.2.29}$$

となる．$\log\phi(x)$ に関するこの1階の偏微分方程式系は簡単に積分でき

$$\phi(x) = C\{x_1x_2\cdots x_{K-1}(1-x_1-x_2-\cdots-x_{K-1})\}^{\beta-1} \tag{7.2.30}$$

となる．定数 C は規格化の条件

$$C\int_0^1 dx_1\int_0^{1-x_1}dx_2\cdots\int_0^{1-x_1-x_2-\cdots-x_{K-2}}dx_{K-1} \cdot \{x_1x_2\cdots x_{K-1}(1-x_1-x_2-\cdots-x_{K-1})\}^{\beta-1} = 1 \tag{7.2.31}$$

から決定される．左辺に現れる多重積分は，Dirichlet の積分として知られており，$\Gamma(\beta)^K/\Gamma(K\beta)$ の値を与える．結局，求める平衡分布は

$$\phi(x) = \frac{\Gamma(K\beta)}{\Gamma(\beta)^K}\{x_1x_2\cdots x_{K-1}(1-x_1-x_2-\cdots-x_{K-1})\}^{\beta-1} \tag{7.2.32}$$

である．これは，ディリクレ分布(Dirichlet distribution)の1種である．したがって，周辺分布(marginal distribution)もまたディリクレ分布になる．

すなわち，$\sigma=1, 2, \cdots, n$ の合計 n 個のアレル頻度の分布だけに興味があるときには，その n 次元三角領域での分布密度 $\phi_n(x_1, \cdots, x_n)$ は

$$\phi_n(x_1, \cdots, x_n) \equiv \int_{\substack{x_1+x_2+\cdots+x_{K-1}\leqq 1 \\ x_{n+1}\geqq 0, \cdots, x_{K-1}\geqq 0}} dx_{n+1}\cdots\int dx_{K-1}\phi(x)$$

$$= \frac{\Gamma(K\beta)}{\Gamma(\beta)^n\Gamma((K-n)\beta)}(x_1x_2\cdots x_n)^{\beta-1}(1-x_1-\cdots-x_n)^{(K-n)\beta-1}$$

$$(n=1, 2, \cdots, K-1) \qquad (7.2.33)$$

である．特に，$n=1$ のときには

$$\phi_1(x) = \frac{\Gamma(K\beta)}{\Gamma(\beta)\Gamma((K-1)\beta)}x^{\beta-1}(1-x)^{(K-1)\beta-1} \qquad (7.2.34)$$

となる．これは，先に調べた2アレル・モデルの平衡分布(7.2.3)で，$\mu_+=\mu/(K-1)$，$\mu_-=\mu$ と置いたものに等しい．このことは当り前のことである．なぜならば，K アレル・モデルで，$\sigma=1$ アレル以外の $K-1$ 個のアレルをまとめて $\sigma=-1$ アレルと名づければ，上述の突然変異率をもつ2アレル・モデルになるからである．

次に，上で求められた平衡分布を用いて，集団のヘテロ接合度 H の性質を調べてみよう．このモデルでは，H はアレル頻度 $\{x_\sigma; \sigma\in\mathfrak{S}\}$ を用いて

$$H = 1-\sum_{\sigma=1}^{K} {x_\sigma}^2 \qquad (7.2.35)$$

と表わされる．したがって

$$\langle H\rangle = 1-\sum_{\sigma=1}^{K}\langle {x_\sigma}^2\rangle = 1-K\langle {x_1}^2\rangle \qquad (7.2.36)$$

$$\langle H^2\rangle = 1-2\sum_{\sigma=1}^{K}\langle {x_\sigma}^2\rangle+\left(\sum_{\sigma=1}^{K}\langle {x_\sigma}^4\rangle+\sum_{\sigma=1}^{K}\sum_{\substack{\sigma'=1\\ \sigma'\neq\sigma}}^{K}\langle {x_\sigma}^2{x_{\sigma'}}^2\rangle\right)$$

$$= 1-2K\langle {x_1}^2\rangle+K\langle {x_1}^4\rangle+K(K-1)\langle {x_1}^2{x_2}^2\rangle \qquad (7.2.37)$$

である．ただし，途中でアレルの同等性を使った．$\langle {x_1}^2\rangle, \langle {x_1}^4\rangle$ は $\phi_1(x)$，$\langle {x_1}^2{x_2}^2\rangle$ は $\phi_2(x_1, x_2)$ を用いて計算することができる．結果は

$$\langle {x_1}^2\rangle = \frac{\beta+1}{K(K\beta+1)}, \qquad \langle {x_1}^4\rangle = \frac{(\beta+1)(\beta+2)(\beta+3)}{K(K\beta+1)(K\beta+2)(K\beta+3)} \qquad (7.2.38)$$

$$\langle {x_1}^2{x_2}^2\rangle = \frac{\beta(\beta+1)^2}{K(K\beta+1)(K\beta+2)(K\beta+3)} \qquad (7.2.39)$$

である．これらを代入すると，(7.2.36), (7.2.37)は

$$\langle H\rangle=\frac{(K-1)\beta}{K\beta+1} \tag{7.2.40}$$

$$\langle H^2\rangle=\frac{(K-1)\beta\{K(K-1)\beta^2+4(K-1)\beta+2\}}{(K\beta+1)(K\beta+2)(K\beta+3)} \tag{7.2.41}$$

となる．したがって，H の分散は

$$\mathrm{Var}(H)=\langle H^2\rangle-\langle H\rangle^2=\frac{2(K-1)\beta(\beta+1)}{(K\beta+1)^2(K\beta+2)(K\beta+3)} \tag{7.2.42}$$

である．

また，q を与えられた小さな正数(ふつう $q=0.01$ がよく用いられる)とするとき，K 個のアレルのいずれも頻度 $1-q$ 以上で存在しない場合，着目する遺伝子座は(水準 q で)多型的(polymorphic)であるといわれる．$q<0.5$ であれば，2個以上のアレルの頻度がともに $1-q$ 以上になることはありえないので，座位が多型的である確率(probability of polymorphism) P_q は

$$P_q=1-\sum_{\sigma=1}^{K}\mathrm{Prob}(x_\sigma>1-q)=1-K\int_{1-q}^{1}\phi_1(x)\,dx \tag{7.2.43}$$

によって与えられる．(7.2.34)を用い，さらに $q\ll1$ の仮定の下で $x^{\beta-1}\cong1$ と近似して右辺の積分を計算すると，

$$P_q\sim1-\frac{\Gamma(K\beta)}{\Gamma(\beta)\Gamma(K\beta-\beta)}\,\frac{Kq^{(K-1)\beta}}{(K-1)\beta}\qquad(q\to0) \tag{7.2.44}$$

を得る．

これまで，K は2以上の任意の自然数として解析を進めてきた．得られた結果は K と $N_e\mu$ とを独立なパラメタとして含んでいる．ここで，$K\to\infty$ の極限を取った場合これらの結果がどうなるか調べてみよう．分布密度 $\phi_n(x_1, x_2, \cdots, x_n)$ 自身の極限は，$1/\Gamma(+0)=0$ に注意すると，(7.2.33)から0となる．しかしながら，まず $K(K-1)\cdots(K-n+1)$ 倍しておいてから $K\to\infty$ の極限を取ると

$$\begin{aligned}\psi_n(x_1, x_2, \cdots, x_n)&\equiv\lim_{K\to\infty}K(K-1)\cdots(K-n+1)\phi_n(x_1, \cdots, x_n)\\&=(2N_e\mu)^n\frac{(1-x_1-x_2-\cdots-x_n)^{2N_e\mu-1}}{x_1x_2\cdots x_n}\end{aligned} \tag{7.2.45}$$

となる．ただし，途中で(7.2.28)に注意し

$$\lim_{K\to\infty}\frac{1}{K}\Gamma(\beta)=\frac{1}{2N_e\mu}\lim_{\beta\to\infty}\beta\Gamma(\beta)=\frac{1}{2N_e\mu} \tag{7.2.46}$$

を用いた．次に，$\langle H\rangle$, $\mathrm{Var}(H)$, P_q の $K\to\infty$ の極限は

$$\langle H\rangle=\frac{2N_e\mu}{1+2N_e\mu} \tag{7.2.47}$$

$$\mathrm{Var}(H)=\frac{2N_e\mu}{(1+2N_e\mu)^2(1+N_e\mu)(3+2N_e\mu)} \tag{7.2.48}$$

$$P_q\sim 1-q^{2N_e\mu}\qquad (q\to 0) \tag{7.2.49}$$

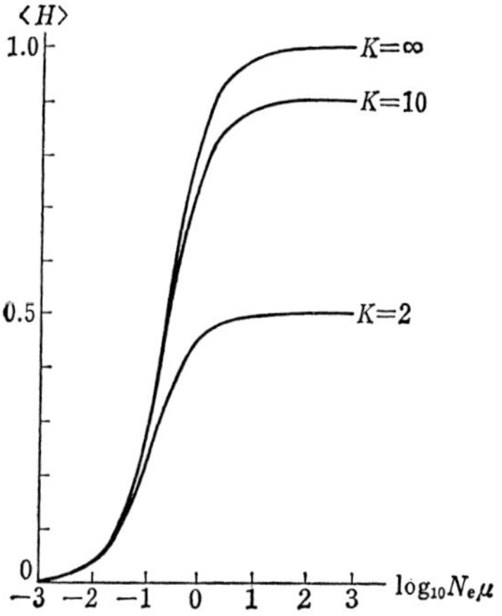

図 7.2　平均ヘテロ接合度の $N_e\mu$ 依存性.

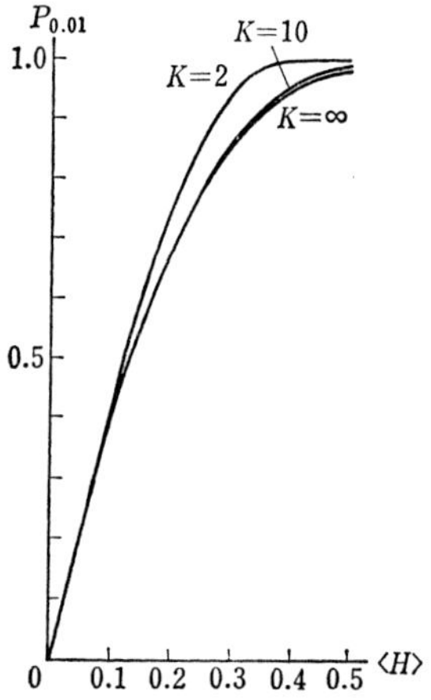

図 7.3　平均ヘテロ接合度と多型確率 $P_{0.01}$ の関係.

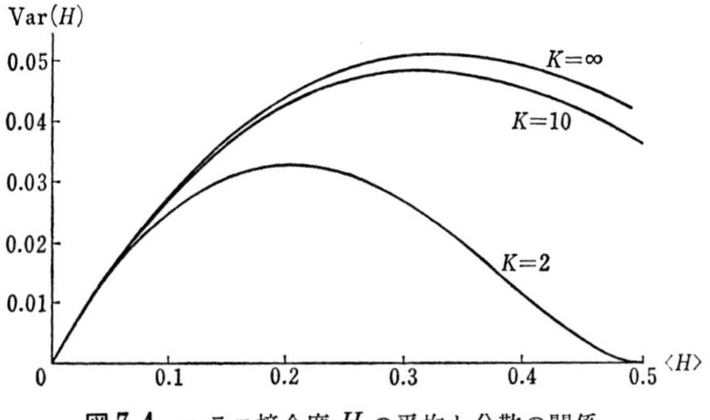

図 7.4　ヘテロ接合度 H の平均と分散の関係.

である．これらの結果は，‘無限アレル・モデル’(infinite allele model)の性質であるといわれることがある．(7.2.45)の $\psi_n(x_1, x_2, \cdots, x_n)$ は，頻度がそれぞれ $x_1, x_2, \cdots, x_n$ であるような n 個のアレルの組の平均個数密度であると解釈することができる．実際，例えば，

$$\langle H\rangle = 1-\int_0^1 x^2\psi_1(x)\,dx, \qquad P_q = 1-\int_{1-q}^1 \psi_1(x)\,dx \qquad (7.2.50)$$

などの関係が成り立つ．

最後に，以上で得られた結果を図示してみよう．図7.2は，$K=2, 10, \infty$ の場合に，$\langle H\rangle$ の $N_e\mu$ 依存性を示したものである．図7.3は，やはり $K=2, 10, \infty$ のそれぞれの場合に，同一の $N_e\mu$ について計算した $\langle H\rangle$ と $P_{0.01}$ とが，$N_e\mu$ を0から ∞ まで変化させたときに示す軌跡である．図7.4は，$\langle H\rangle$ と $\mathrm{Var}(H)$ との関係を図7.3と同様に与えたものである．

§7.3 遺伝子座間相関

この節では，第5章で考察した遺伝子座間相関に対するサイズ効果について調べてみよう．第5章ではサイズ効果を無視して，座間相関と組換え，突然変異，自然淘汰の関係をかなり一般的に調べた．特に淘汰が全く働かないときには，例外的な場合(すなわち，いずれの座位でも突然変異が非可逆的であって，しかも，両座位間に組換えがない場合)を除いて，定常状態では座間相関がなくなることが§5.5の定理から分っている．そこで，ここでは中立アレル・モデルの場合について，サイズ効果を取り入れて座間相関を調べ，決定論的取扱いによる結果がいかに修正されるかを見てみよう．

第5章と同様に，レプリコンに含まれる2つの定まった遺伝子座を考え，それぞれの座のアレル状態は2つあるとする．したがって，レプリコンの状態 σ は $\sigma \in \mathfrak{S} \equiv \{(\sigma_1, \sigma_2)\,|\,\sigma_1, \sigma_2 = \pm 1\}$ であるとする．ここでは，サイズ効果を拡散過程近似によって取り扱うことにする便宜上，レプリコン頻度の記法を第5章のものから少し変更しよう．すなわち，

$$y_1 \equiv x(1,1),\ \ y_2 \equiv x(1,-1),\ \ y_3 \equiv x(-1,1),\ \ y_4 \equiv x(-1,-1) \qquad (7.3.1)$$

と置こう．頻度の規格化の条件により，もちろん

$$y_1+y_2+y_3+y_4=1 \tag{7.3.2}$$

が成り立っている．したがって，集団の状態構成を表わす独立変数としては，例えば，y_1, y_2, y_3 の3変数を採用することにしよう．組換えによる頻度の変化は，(5.2.2)と同様に

$$[\varDelta y_1]_{\text{rec}}=\gamma(y_2y_3-y_1y_4)=-\gamma D, \qquad [\varDelta y_2]=[\varDelta y_3]=-[\varDelta y_4]=\gamma D \tag{7.3.3}$$

である．ただし，γ は1世代間に組換えの起る確率である．また，

$$D\equiv y_1y_4-y_2y_3 \tag{7.3.4}$$

と置いたが，これは(5.1.8)の連鎖非平衡である．次に，突然変異による頻度の変化は，(5.4.8)と同様に

$$\begin{aligned}
[\varDelta y_1]_{\text{mut}}&=\mu^{(1)}(-1)y_3+\mu^{(2)}(-1)y_2-\{\mu^{(1)}(+1)+\mu^{(2)}(+1)\}y_1\\
[\varDelta y_2]_{\text{mut}}&=\mu^{(1)}(-1)y_4+\mu^{(2)}(+1)y_1-\{\mu^{(1)}(+1)+\mu^{(2)}(-1)\}y_2\\
[\varDelta y_3]_{\text{mut}}&=\mu^{(1)}(1)y_1+\mu^{(2)}(-1)y_4-\{\mu^{(1)}(-1)+\mu^{(2)}(+1)\}y_3\\
[\varDelta y_4]_{\text{mut}}&=\mu^{(1)}(1)y_2+\mu^{(2)}(1)y_3-\{\mu^{(1)}(-1)+\mu^{(2)}(-1)\}y_4
\end{aligned} \tag{7.3.5}$$

である．最後に，サイズ効果による頻度の変化は，(7.2.20), (7.2.21)と同様に

$$\langle \varDelta y_i\rangle=0 \tag{7.3.6}$$

$$\langle \varDelta y_i\cdot \varDelta y_j\rangle=\frac{y_i(\delta_{ij}-y_j)}{N_e} \qquad (i,j=1,2,3,4) \tag{7.3.7}$$

によって与えられる．以上で，各要因による頻度変化がすべて与えられたので，後はこれらを重ね合せの近似で一緒にすることにより，組換え，突然変異，サイズ効果の下にある中立2座位モデルの拡散過程近似が得られる．例えば，頻度の関数 $f(y_1, y_2, y_3)$ の期待値 $\langle f(y)\rangle$ の時間変化は，(4.3.30)の拡張

$$\frac{d}{dt}\langle f(y)\rangle=\langle \tilde{\boldsymbol{L}}(y)f(y)\rangle \tag{7.3.8}$$

によって記述される．ここで，$\tilde{\boldsymbol{L}}(y)$ は(7.2.17)と同様に定義される y_1, y_2, y_3 に関する偏微分作用素で，今の場合は

$$\tilde{\boldsymbol{L}}(y)\equiv\frac{1}{2N_e}\sum_{i=1}^{3}\sum_{j=1}^{3}y_i(\delta_{ij}-y_j)\frac{\partial^2}{\partial y_i\partial y_j}$$

$$+[-\gamma D+\mu^{(1)}(-1)y_3+\mu^{(2)}(-1)y_2-\{\mu^{(1)}(+1)+\mu^{(2)}(+1)\}y_1]\frac{\partial}{\partial y_1}$$

$$+[\gamma D+\mu^{(1)}(-1)y_4+\mu^{(2)}(+1)y_1-\{\mu^{(1)}(+1)+\mu^{(2)}(-1)\}y_2]\frac{\partial}{\partial y_2}$$

$$+[\gamma D+\mu^{(1)}(1)y_1+\mu^{(2)}(-1)y_4-\{\mu^{(1)}(-1)+\mu^{(2)}(+1)\}y_3]\frac{\partial}{\partial y_3} \quad (7.3.9)$$

である.

以上で座間相関に対するサイズ効果を調べる準備が一応整ったのであるが，ここで興味をもつ量が(7.3.4)の連鎖非平衡 D であることを考えると，もう少しモデルの記述法に工夫を凝らしておく方が，以下の解析を簡明にするのでないかと期待される．すなわち，既に(5.1.5)，(5.1.9)で示されたように，

$$p \equiv x_1(1) = y_1+y_2, \qquad q \equiv x_2(1) = y_1+y_3 \qquad (7.3.10)$$

と置くと，頻度 y_1, y_2, y_3 は p, q, D を用いて

$$y_1 = pq+D, \qquad y_2 = p(1-q)-D, \qquad y_3 = (1-p)q-D \quad (7.3.11)$$

と表わすことができる．このことに注意すると，独立変数を y_1, y_2, y_3 から p, q, D に変数変換しておいた方が便利であろうと期待される．これを行なうためには，(7.3.4)，(7.3.10)を用いて，y_i に関する偏微分作用素を，例えば

$$\frac{\partial}{\partial y_1} = \frac{\partial p}{\partial y_1}\frac{\partial}{\partial p}+\frac{\partial q}{\partial y_1}\frac{\partial}{\partial q}+\frac{\partial D}{\partial y_1}\frac{\partial}{\partial D} = \frac{\partial}{\partial p}+\frac{\partial}{\partial q}+(y_4-y_1)\frac{\partial}{\partial D} \quad (7.3.12)$$

などのように新変数に関する偏微分作用素によって表わし，これらを(7.3.9)に代入することによって，$\tilde{L}(y)$ を新変数に関する偏微分作用素 $\tilde{L}(p, q, D)$ と表現し直してもよい．しかしここでは，同じことであるが，計算がややより見通し良くなるので，各要因による新変数の変化を求めることによって，$\tilde{L}$ の新しい表現を求めてみよう．まず，組換えによる p の変化は，(7.3.10)と(7.3.3)から

$$[\Delta p]_{\rm rec} = [\Delta y_1]_{\rm rec}+[\Delta y_2]_{\rm rec} = \gamma D-\gamma D = 0 \qquad (7.3.13)$$

である．q の変化も，p と同様に

$$[\Delta q]_{\rm rec} = 0 \qquad (7.3.14)$$

である．D の変化は，(7.3.4)と(7.3.3)から，$O(\gamma^2)$ を無視する範囲の正確さで

$$[\varDelta D]_{\rm rec} = y_4[\varDelta y_1]_{\rm rec} + y_1[\varDelta y_4]_{\rm rec} - y_3[\varDelta y_2]_{\rm rec} - y_2[\varDelta y_3]_{\rm rec}$$
$$= -\gamma D(y_4+y_1+y_3+y_2) = -\gamma D \tag{7.3.15}$$

である．次に，突然変異による p の変化は，(7.3.5)を用いると

$$[\varDelta p]_{\rm mut} = [\varDelta y_1]_{\rm mut} + [\varDelta y_2]_{\rm mut} = \mu^{(1)}(-1)(y_3+y_4) - \mu^{(1)}(1)(y_1+y_2)$$
$$= \mu^{(1)}(-1)(1-p) - \mu^{(1)}(1)p \tag{7.3.16}$$

となり，q の変化も，p と同様に

$$[\varDelta q]_{\rm mut} = \mu^{(2)}(-1)(1-q) - \mu^{(2)}(1)q \tag{7.3.17}$$

となる．D の変化は，$O(\mu^{(i)}(\pm1)^2)$ $(i=1,2)$ を無視する範囲の正確さで

$$[\varDelta D]_{\rm mut} = y_4[\varDelta y_1]_{\rm mut} + y_1[\varDelta y_4]_{\rm mut} - y_3[\varDelta y_2]_{\rm mut} - y_2[\varDelta y_3]_{\rm mut}$$
$$= -\{\mu^{(1)}(1) + \mu^{(1)}(-1) + \mu^{(2)}(1) + \mu^{(2)}(-1)\}D \tag{7.3.18}$$

である．最後に，サイズ効果による p の変化は，(7.3.6)から

$$\langle \varDelta p \rangle = \langle \varDelta y_1 + \varDelta y_2 \rangle = 0 \tag{7.3.19}$$

である．q についても，同様に

$$\langle \varDelta q \rangle = 0 \tag{7.3.20}$$

である．しかし，D については，(7.3.6), (7.3.7)から

$$\langle \varDelta D \rangle = \langle y_4\varDelta y_1 + y_1\varDelta y_4 - y_3\varDelta y_2 - y_2\varDelta y_3 + \varDelta y_1\cdot\varDelta y_4 - \varDelta y_2\cdot\varDelta y_3 \rangle$$
$$= -\frac{y_1y_4}{N_{\rm e}} + \frac{y_2y_3}{N_{\rm e}} = -\frac{D}{N_{\rm e}} \tag{7.3.21}$$

となる．

次に，2次のモーメントについては，(7.3.10)と(7.3.7)から

$$\langle (\varDelta p)^2 \rangle = \langle (\varDelta y_1 + \varDelta y_2)^2 \rangle = \langle (\varDelta y_1)^2 \rangle + 2\langle \varDelta y_1\cdot\varDelta y_2 \rangle + \langle (\varDelta y_2)^2 \rangle$$
$$= \frac{y_1(1-y_1)}{N_{\rm e}} - 2\frac{y_1y_2}{N_{\rm e}} + \frac{y_2(1-y_2)}{N_{\rm e}} = \frac{p(1-p)}{N_{\rm e}} \tag{7.3.22}$$

$$\langle \varDelta p\cdot\varDelta q \rangle = \langle (\varDelta y_1 + \varDelta y_2)(\varDelta y_1 + \varDelta y_3) \rangle$$
$$= \langle (\varDelta y_1)^2 \rangle + \langle \varDelta y_1\cdot\varDelta y_2 \rangle + \langle \varDelta y_1\cdot\varDelta y_3 \rangle + \langle \varDelta y_2\cdot\varDelta y_3 \rangle$$
$$= \frac{y_1(1-y_1)}{N_{\rm e}} - \frac{y_1y_2}{N_{\rm e}} - \frac{y_1y_3}{N_{\rm e}} - \frac{y_2y_3}{N_{\rm e}} = \frac{D}{N_{\rm e}} \tag{7.3.23}$$

となる．(7.3.22)と同様に

$$\langle (\varDelta q)^2 \rangle = \frac{q(1-q)}{N_{\rm e}} \tag{7.3.24}$$

である．(7.3.4)と(7.3.7)を用いると

$$\langle(\varDelta D)^2\rangle = \langle(y_4\varDelta y_1 + y_1\varDelta y_4 - y_3\varDelta y_2 - y_2\varDelta y_3)^2\rangle$$
$$= y_4{}^2\frac{y_1(1-y_1)}{N_e} + y_1{}^2\frac{y_4(1-y_4)}{N_e} + y_3{}^2\frac{y_2(1-y_2)}{N_e} + y_2{}^2\frac{y_3(1-y_3)}{N_e}$$
$$-2y_1y_4\frac{y_1y_4}{N_e} + 2y_3y_4\frac{y_1y_2}{N_e} + 2y_2y_4\frac{y_1y_3}{N_e} + 2y_1y_3\frac{y_2y_4}{N_e}$$
$$+2y_1y_2\frac{y_3y_4}{N_e} - 2y_2y_3\frac{y_2y_3}{N_e}$$
$$= \frac{pq(1-p)(1-q) + D(1-2p)(1-2q) - D^2}{N_e} \qquad (7.3.25)$$

となる．(7.3.4), (7.3.10) と (7.3.7) を用いると

$$\langle\varDelta p\cdot\varDelta D\rangle = \langle(\varDelta y_1 + \varDelta y_2)(y_4\varDelta y_1 + y_1\varDelta y_4 - y_3\varDelta y_2 - y_2\varDelta y_3)\rangle = y_4\frac{y_1(1-y_1)}{N_e}$$
$$-y_1\frac{y_1y_4}{N_e} + y_3\frac{y_1y_2}{N_e} + y_2\frac{y_1y_3}{N_e} - y_4\frac{y_1y_2}{N_e} - y_1\frac{y_2y_4}{N_e} - y_3\frac{y_2(1-y_2)}{N_e} + y_2\frac{y_2y_3}{N_e}$$
$$= \frac{D(1-2p)}{N_e} \qquad (7.3.26)$$

となる．同様にして

$$\langle\varDelta q\cdot\varDelta D\rangle = \frac{D(1-2q)}{N_e} \qquad (7.3.27)$$

である．

以上で各要因による新変数の変化がすべて求められたので，重ね合せの近似を用いて拡散過程近似を構成すると，(7.3.8) に用いるべき偏微分作用素 $\tilde{L}$ は

$$\tilde{L} = \frac{p(1-p)}{2N_e}\frac{\partial^2}{\partial p^2} + \frac{q(1-q)}{2N_e}\frac{\partial^2}{\partial q^2}$$
$$+\frac{pq(1-p)(1-q) + D(1-2p)(1-2q) - D^2}{2N_e}\frac{\partial^2}{\partial D^2} + \frac{D}{N_e}\frac{\partial^2}{\partial p\partial q}$$
$$+\frac{D(1-2p)}{N_e}\frac{\partial^2}{\partial p\partial D} + \frac{D(1-2q)}{N_e}\frac{\partial^2}{\partial q\partial D}$$
$$+[\mu^{(1)}(-1) - \{\mu^{(1)}(1) + \mu^{(1)}(-1)\}p]\frac{\partial}{\partial p}$$
$$+[\mu^{(2)}(-1) - \{\mu^{(2)}(1) + \mu^{(2)}(-1)\}q]\frac{\partial}{\partial q}$$

$$-\left\{\frac{1}{N_e}+\gamma+\mu^{(1)}(1)+\mu^{(1)}(-1)+\mu^{(2)}(1)+\mu^{(2)}(-1)\right\}D\frac{\partial}{\partial D}$$

(7. 3. 28)

となる．これで，座間相関に対するサイズ効果を調べる実際的な準備はすべて終った．

最初に，$\langle D\rangle$ の時間変化を調べてみよう．(7. 3. 8)と(7. 3. 28)によれば

$$\frac{d}{dt}\langle D\rangle=\langle\tilde{\boldsymbol{L}}D\rangle=-\left\{\frac{1}{N_e}+\gamma+\mu^{(1)}(1)+\mu^{(1)}(-1)+\mu^{(2)}(1)+\mu^{(2)}(-1)\right\}\langle D\rangle$$

(7. 3. 29)

である．これは，(5. 2. 4)を突然変異とサイズ効果も働いている場合に拡張したものだと理解することができる．(7. 3. 29)によれば，定常状態における $\langle D\rangle$ の値は

$$\langle D\rangle=0 \tag{7. 3. 30}$$

である．そこで，次に，$\langle D^2\rangle$ について調べてみよう．その時間変化は，(7. 3. 8)と(7. 3. 28)から

$$\frac{d}{dt}\langle D^2\rangle=\langle\tilde{\boldsymbol{L}}D^2\rangle=\frac{\langle pq(1-p)(1-q)+D(1-2p)(1-2q)\rangle}{N_e}$$
$$-2\left\{\frac{1.5}{N_e}+\gamma+\mu^{(1)}(1)+\mu^{(1)}(-1)+\mu^{(2)}(1)+\mu^{(2)}(-1)\right\}\langle D^2\rangle$$

(7. 3. 31)

によって与えられる．これは，右辺に $\langle pq(1-p)(1-q)+D(1-2p)(1-2q)\rangle$ が現れるために，$\langle D^2\rangle$ に関する閉じた関係式となっていない．そこで，余計な項を，D を含んだ $\langle D(1-2p)(1-2q)\rangle$ と D を含まない $\langle pq(1-p)(1-q)\rangle$ に分割し，それぞれの時間変化を調べてみよう．やはり，(7. 3. 8)と(7. 3. 28)によると

$$\frac{d}{dt}\langle D(1-2p)(1-2q)\rangle=\langle\tilde{\boldsymbol{L}}D(1-2p)(1-2q)\rangle$$
$$=\Big\langle\frac{D}{N_e}\cdot 4D-\frac{D(1-2p)}{N_e}\cdot 2(1-2q)-\frac{D(1-2q)}{N_e}\cdot 2(1-2p)$$
$$-[\mu^{(1)}(-1)-\{\mu^{(1)}(1)+\mu^{(1)}(-1)\}p]\cdot 2D(1-2q)$$
$$-[\mu^{(2)}(-1)-\{\mu^{(2)}(1)+\mu^{(2)}(-1)\}q]\cdot 2D(1-2p)$$

$$-\left\{\frac{1}{N_e}+\gamma+\mu^{(1)}(1)+\mu^{(1)}(-1)+\mu^{(2)}(1)+\mu^{(2)}(-1)\right\}D\cdot(1-2p)(1-2q)\Big\rangle$$

$$=-2\left\{\frac{2.5}{N_e}+\frac{\gamma}{2}+\mu^{(1)}(1)+\mu^{(1)}(-1)+\mu^{(2)}(1)+\mu^{(2)}(-1)\right\}\langle D(1-2p)(1-2q)\rangle$$

$$+\frac{4}{N_e}\langle D^2\rangle+\{\mu^{(1)}(1)-\mu^{(1)}(-1)\}\langle D(1-2q)\rangle$$

$$+\{\mu^{(2)}(1)-\mu^{(2)}(-1)\}\langle D(1-2p)\rangle \qquad (7.3.32)$$

$$\frac{d}{dt}\langle pq(1-p)(1-q)\rangle=\langle\tilde{\boldsymbol{L}}pq(1-p)(1-q)\rangle$$

$$=\Big\langle-\frac{p(1-p)}{2N_e}\cdot 2q(1-q)-\frac{q(1-q)}{2N_e}\cdot 2p(1-p)+\frac{D}{N_e}\cdot(1-2p)(1-2q)$$

$$+[\mu^{(1)}(-1)-\{\mu^{(1)}(1)+\mu^{(1)}(-1)\}p]\cdot(1-2p)q(1-q)$$

$$+[\mu^{(2)}(1)-\{\mu^{(2)}(1)+\mu^{(2)}(-1)\}q]\cdot p(1-p)(1-2q)\Big\rangle$$

$$=-2\left\{\frac{1}{N_e}+\mu^{(1)}(1)+\mu^{(1)}(-1)+\mu^{(2)}(1)+\mu^{(2)}(-1)\right\}\langle pq(1-p)(1-q)\rangle$$

$$+\frac{1}{N_e}\langle D(1-2p)(1-2q)\rangle+\{\mu^{(1)}(1)-\mu^{(1)}(-1)\}\langle pq(1-q)\rangle$$

$$+\{\mu^{(2)}(1)-\mu^{(2)}(-1)\}\langle qp(1-p)\rangle+\mu^{(1)}(-1)\langle q(1-q)\rangle$$

$$+\mu^{(2)}(-1)\langle p(1-p)\rangle \qquad (7.3.33)$$

である．(7.3.32)の右辺には $\langle D(1-2p)\rangle$, $\langle D(1-2q)\rangle$ が現れ，(7.3.33)の右辺には $\langle pq(1-q)\rangle$, $\langle qp(1-p)\rangle$, $\langle p(1-p)\rangle$, $\langle q(1-q)\rangle$ が現れるので，(7.3.31)～(7.3.33)はまだ閉じた関係式系となっていない．しかし，新たに現れた項は，D を含んでいる場合には高々1次であり，p, q に関しては次数が小さくなっている多項式の期待値である．したがって，(7.3.32), (7.3.33)で新たに現れた項について更に時間変化を調べてみれば，全体として閉じた関係式が得られる可能性があるように見える．やはり，(7.3.8)と(7.3.28)によると

$$\frac{d}{dt}\langle D(1-2p)\rangle=\langle\tilde{\boldsymbol{L}}D(1-2p)\rangle$$

$$=\Big\langle-\frac{D(1-2p)}{N_e}\cdot 2-[\mu^{(1)}(-1)-\{\mu^{(1)}(1)+\mu^{(1)}(-1)\}p]\cdot 2D$$

$$-\left\{\frac{1}{N_e}+\gamma+\mu^{(1)}(1)+\mu^{(1)}(-1)+\mu^{(2)}(1)+\mu^{(2)}(-1)\right\}D\cdot(1-2p)\Big\rangle$$

$$=-\left[\frac{3}{N_e}+\gamma+2\{\mu^{(1)}(1)+\mu^{(1)}(-1)\}+\mu^{(2)}(1)+\mu^{(2)}(-1)\right]\langle D(1-2p)\rangle$$

$$+\{\mu^{(1)}(1)-\mu^{(1)}(-1)\}\langle D\rangle \tag{7. 3. 34}$$

$$\frac{d}{dt}\langle pq(1-q)\rangle=\langle\tilde{L}pq(1-q)\rangle$$

$$=\Big\langle-\frac{q(1-q)}{2N_e}\cdot 2p+\frac{D}{N_e}\cdot(1-2q)+[\mu^{(1)}(-1)-\{\mu^{(1)}(1)+\mu^{(1)}(-1)\}p]$$

$$\cdot q(1-q)+[\mu^{(2)}(-1)-\{\mu^{(2)}(1)+\mu^{(2)}(-1)\}q]\cdot p(1-2q)\Big\rangle$$

$$=-\left[\frac{1}{N_e}+\mu^{(1)}(1)+\mu^{(1)}(-1)+2\{\mu^{(2)}(1)+\mu^{(2)}(-1)\}\right]\langle pq(1-q)\rangle$$

$$+\mu^{(1)}(-1)\langle q(1-q)\rangle+\frac{1}{N_e}\langle D(1-2q)\rangle+\mu^{(2)}(-1)\langle p\rangle$$

$$+\{\mu^{(2)}(1)-\mu^{(2)}(-1)\}\langle pq\rangle \tag{7. 3. 35}$$

$$\frac{d}{dt}\langle p(1-p)\rangle=\langle\tilde{L}p(1-p)\rangle$$

$$=\Big\langle-\frac{p(1-p)}{2N_e}\cdot 2+[\mu^{(1)}(-1)-\{\mu^{(1)}(1)+\mu^{(1)}(-1)\}p]\cdot(1-2p)\Big\rangle$$

$$=-\left[\frac{1}{N_e}+2\{\mu^{(1)}(1)+\mu^{(1)}(-1)\}\right]\langle p(1-p)\rangle$$

$$+\{\mu^{(1)}(1)-\mu^{(1)}(-1)\}\langle p\rangle+\mu^{(1)}(-1) \tag{7. 3. 36}$$

である．同様にして

$$\frac{d}{dt}\langle D(1-2q)\rangle$$

$$=-\left[\frac{3}{N_e}+\gamma+\mu^{(1)}(1)+\mu^{(1)}(-1)+2\{\mu^{(2)}(1)+\mu^{(2)}(-1)\}\right]\langle D(1-2q)\rangle$$

$$+\{\mu^{(2)}(1)-\mu^{(2)}(-1)\}\langle D\rangle \tag{7. 3. 37}$$

$$\frac{d}{dt}\langle qp(1-p)\rangle$$

$$=-\left[\frac{1}{N_e}+2\{\mu^{(1)}(1)+\mu^{(1)}(-1)\}+\mu^{(2)}(1)+\mu^{(2)}(-1)\right]\langle qp(1-p)\rangle$$

$$+\mu^{(2)}(-1)\langle p(1-p)\rangle+\frac{1}{N_e}\langle D(1-2p)\rangle+\mu^{(1)}(-1)\langle q\rangle$$

$$+\{\mu^{(1)}(1)-\mu^{(1)}(-1)\}\langle pq\rangle \tag{7.3.38}$$

$$\frac{d}{dt}\langle q(1-q)\rangle=-\left[\frac{1}{N_e}+2\{\mu^{(2)}(1)+\mu^{(2)}(-1)\}\right]\langle q(1-q)\rangle$$

$$+\{\mu^{(2)}(1)-\mu^{(2)}(-1)\}\langle q\rangle+\mu^{(2)}(-1) \tag{7.3.39}$$

である．(7.3.34)～(7.3.39)の右辺には，まだ新しい項が現れている．すなわち，$\langle p\rangle, \langle q\rangle, \langle pq\rangle$ である．最後に，これらの時間変化を調べると

$$\frac{d}{dt}\langle p\rangle=\langle\tilde{\boldsymbol{L}}p\rangle=\mu^{(1)}(-1)-\{\mu^{(1)}(1)+\mu^{(1)}(-1)\}\langle p\rangle \tag{7.3.40}$$

$$\frac{d}{dt}\langle q\rangle=\mu^{(2)}(-1)-\{\mu^{(2)}(1)+\mu^{(2)}(-1)\}\langle q\rangle \tag{7.3.41}$$

$$\frac{d}{dt}\langle pq\rangle=\langle\tilde{\boldsymbol{L}}pq\rangle$$

$$=\left\langle\frac{D}{N_e}\cdot 1+[\mu^{(1)}(-1)-\{\mu^{(1)}(1)+\mu^{(1)}(-1)\}p]\cdot q\right.$$

$$\left.+[\mu^{(2)}(-1)-\{\mu^{(2)}(1)+\mu^{(2)}(-1)\}q]\cdot p\right\rangle$$

$$=-\{\mu^{(1)}(1)+\mu^{(1)}(-1)+\mu^{(2)}(1)+\mu^{(2)}(-1)\}\langle pq\rangle+\mu^{(1)}(-1)\langle q\rangle$$

$$+\mu^{(2)}(-1)\langle p\rangle+\frac{1}{N_e}\langle D\rangle \tag{7.3.42}$$

である．これで，結局(7.3.29)，(7.3.31)～(7.3.42)の合計13個の方程式が得られたが，これらは $\langle p\rangle, \langle q\rangle, \langle D\rangle, \langle p(1-p)\rangle, \langle q(1-q)\rangle, \langle D^2\rangle, \langle pq\rangle, \langle D(1-2p)\rangle, \langle D(1-2q)\rangle, \langle pq(1-q)\rangle, \langle qp(1-p)\rangle, \langle D(1-2p)(1-2q)\rangle, \langle pq(1-p)(1-q)\rangle$ の合計13個の期待値の時間変化を記述する閉じた方程式系を形づくっている．しかも，これらは線形常微分方程式系であるから，あらわな解を求めることに何ら原理的な困難はない．しかし，一般的な場合の解を具体的な形に求めるためには面倒で退屈な計算をしなければならないので，ここでは，話を

$$\mu^{(i)}(\pm 1)=\mu \qquad (i=1,2) \tag{7.3.43}$$

という特別な場合に限って，$\langle D^2\rangle$ の定常値を求めてみよう．このためには，(7.3.29)，(7.3.31)～(7.3.42)の右辺を0とおいた連立線形方程式を解けばよい．(7.3.43)に注意すると，解くべき方程式は

$$\frac{1}{N_e}\langle pq(1-p)(1-q)\rangle+\frac{1}{N_e}\langle D(1-2p)(1-2q)\rangle-\left(\frac{3}{N_e}+2\gamma+8\mu\right)\langle D^2\rangle=0 \tag{7.3.44}$$

$$-\left(\frac{5}{N_e}+\gamma+8\mu\right)\langle D(1-2p)(1-2q)\rangle+\frac{4}{N_e}\langle D^2\rangle=0 \tag{7.3.45}$$

$$-\left(\frac{2}{N_e}+8\mu\right)\langle pq(1-p)(1-q)\rangle+\frac{1}{N_e}\langle D(1-2p)(1-2q)\rangle+\mu\langle p(1-p)\rangle$$
$$+\mu\langle q(1-q)\rangle=0 \tag{7.3.46}$$

$$-\left(\frac{1}{N_e}+4\mu\right)\langle p(1-p)\rangle+\mu=0 \tag{7.3.47}$$

$$-\left(\frac{1}{N_e}+4\mu\right)\langle q(1-q)\rangle+\mu=0 \tag{7.3.48}$$

である．簡単な計算の結果

$$\langle D^2\rangle=$$
$$\frac{(N_e\mu)^2(5+N_e\gamma+8N_e\mu)}{(1+4N_e\mu)\{(1+4N_e\mu)(3+2N_e\gamma+8N_e\mu)(5+N_e\gamma+8N_e\mu)-4(1+4N_e\mu)-2\}} \tag{7.3.49}$$

$$\langle pq(1-p)(1-q)\rangle=\frac{(3+2N_e\gamma+8N_e\mu)(5+N_e\gamma+8N_e\mu)-4}{5+N_e\gamma+8N_e\mu}\langle D^2\rangle \tag{7.3.50}$$

となる．(7.3.50)は

$$\frac{\langle D^2\rangle}{\langle pq(1-p)(1-q)\rangle}=\frac{1}{3+2N_e\gamma+8N_e\mu-4/(5+N_e\gamma+8N_e\mu)} \tag{7.3.51}$$

の形に表わすこともできる．(7.3.30)で求めたように，定常状態では $\langle D\rangle=0$ であるから，(7.3.49)と(7.3.51)は定常状態において D がサイズ効果のため平均値0から逸脱する程度を与えている．ふつう $\mu\ll\gamma$ であるが，更に

$$\mu\ll\frac{1}{N_e}\ll\gamma \tag{7.3.52}$$

である場合には，(7.3.49)，(7.3.51)は

$$\langle D^2\rangle\cong\frac{(N_e\mu)^2}{2N_e\gamma},\qquad \frac{\langle D^2\rangle}{\langle pq(1-p)(1-q)\rangle}\cong\frac{1}{2N_e\gamma} \tag{7.3.53}$$

となる．N_e が更に小さく

$$\mu \ll \gamma \ll \frac{1}{N_e} \tag{7.3.54}$$

の場合には，

$$\langle D^2 \rangle \cong \frac{5}{9}(N_e\mu)^2, \qquad \frac{\langle D^2 \rangle}{\langle pq(1-p)(1-q) \rangle} \cong \frac{5}{11} \tag{7.3.55}$$

となる．

§7.4　集団構造の影響——飛び石モデル

これまでは簡単のため，集団構造(population structure)がレプリコン頻度の変化に及ぼす影響は，ほとんど無視して話を進めてきた．すなわち，1つの生物種は1つのメンデル集団を形作り，その中では任意交配が行なわれると仮定してきた．(例外としては，§3.5の近交係数，§4.1の有効集団サイズの議論がある．これらはメンデル集団からの逸脱をいくらか取り入れるのに役立った.) 実際には，1つの種を形作る生物個体は広範な地域に分布棲息しており，時には地理的隔離(geographical isolation)も加わって，全集団の成員が任意に交配することが妨げられている．このような集団構造は，レプリコン頻度の空間的勾配を始めとして，種分化に至る進化上の重要な問題を考察するうえで，大きな意味をもっている．ここでは，中立アレルの挙動に集団構造が及ぼす影響を，簡単なモデルに関して調べてみよう．

飛び石モデル(stepping stone model)では，1つの生物集団はいくつかの分集団(subpopulation)から構成されており，各分集団の間には移住(migration)による個体の交換があると仮定される．最も簡単なものとして，次のような1次元飛び石モデルを考えよう．すなわち，無限個の分集団が1次元的に配置しており，各分集団はすべて同一個数 N のレプリコンから成り立っているとする．各分集団に属する各レプリコンは毎世代それぞれ確率 $m/2$ で左および右隣りの分集団へ移住すると仮定しよう．ここで m は移住率(migration rate)と呼ばれる定数で，分集団間の隔たりに関係する．

さて，このような集団構造のもとでは，2個の分集団の遺伝的構成は，分集団間の隔たりが大きいほど互いに相違するようになるだろうと予想される．このことを定量的に調べるために，ここでは§3.5で導入した近交係数を拡張したものを考察しよう．すなわち，第 t 世代に第 n 分集団と第 m 分集団の2個の分集団からそれぞれ1個ずつレプリコンを無作為に抽出したとき，これらのレプリコンが共通の祖先レプリコン状態をもつ確率を考え，これを $f_{nm}(t)$ と表わすことにしよう．したがって $f_{nn}(t)$ は第 n 分集団の第 t 世代における近交係数である．

確率 $f_{nm}(t)$ の時間変化を記述する方程式を導こう．2個のレプリコンが同一の分集団から無作為抽出されるとき，それらが同一レプリコンである確率は $1/N$ であることに注意しよう．すると，親レプリコンが第 t 世代にそれぞれ第 n 分集団と第 m 分集団に属していたことが知れている，第 $t+1$ 世代の2個のレプリコンが共通の祖先レプリコン状態をもつ確率は

$$(1-\mu)^2\left[f_{nm}(t)(1-\delta_{nm})+\left\{\frac{1}{N}+\left(1-\frac{1}{N}\right)f_{nm}(t)\right\}\delta_{nm}\right]$$
$$=(1-\mu)^2\left\{f_{nm}(t)+\frac{\delta_{nm}}{N}g_{nm}(t)\right\}\qquad(n,m=0,\pm1,\pm2,\cdots)\tag{7.4.1}$$

である．ただし，記述を簡略化するため

$$g_{nm}(t)\equiv1-f_{nm}(t)\tag{7.4.2}$$

とおいた．ここで，μ は1世代間に突然変異が生じるレプリコン当りの確率であって，突然変異は非可逆的に今まで存在しなかった新しいレプリコン状態を生じると仮定した．

次に，確率 $f_{nm}(t+1)$ を考えると，第 $t+1$ 世代に第 n 分集団から抽出されたレプリコンの第 t 世代における親レプリコンは，それぞれ確率 $m/2, 1-m, m/2$ で第 $n-1$ 分集団，第 n 分集団，第 $n+1$ 分集団に属する．第 m 分集団から抽出されたレプリコンについても，全く同様なことがいえる．したがって，(7.4.1)を用いると

$$f_{nm}(t+1)=(1-\mu)^2\left[\left(\frac{m}{2}\right)^2\left\{f_{n-1,m-1}(t)+\frac{\delta_{n-1,m-1}}{N}g_{n-1,m-1}(t)\right\}\right.$$
$$+\frac{m}{2}(1-m)\left\{f_{n-1,m}(t)+\frac{\delta_{n-1,m}}{N}g_{n-1,m}(t)\right\}+\left(\frac{m}{2}\right)^2\left\{f_{n-1,m+1}(t)\right.$$
$$\left.+\frac{\delta_{n-1,m+1}}{N}g_{n-1,m+1}(t)\right\}+(1-m)\left(\frac{m}{2}\right)\left\{f_{n,m-1}(t)+\frac{\delta_{n,m-1}}{N}g_{n,m-1}(t)\right\}$$

$$+(1-m)^2\left\{f_{nm}(t)+\frac{\delta_{nm}}{N}g_{nm}(t)\right\}+(1-m)\left(\frac{m}{2}\right)\left\{f_{n,m+1}(t)\right.$$

$$\left.+\frac{\delta_{n,m+1}}{N}g_{n,m+1}(t)\right\}+\left(\frac{m}{2}\right)^2\left\{f_{n+1,m-1}(t)+\frac{\delta_{n+1,m-1}}{N}g_{n+1,m-1}(t)\right\}$$

$$+\frac{m}{2}(1-m)\left\{f_{n+1,m}(t)+\frac{\delta_{n+1,m}}{N}g_{n+1,m}(t)\right\}$$

$$\left.+\left(\frac{m}{2}\right)^2\left\{f_{n+1,m+1}(t)+\frac{\delta_{n+1,m+1}}{N}g_{n+1,m+1}(t)\right\}\right] \tag{7.4.3}$$

となる．ここで，話を簡単化するために，$f_{nm}(t)$ が $|n-m|$ を通してのみ n, m に依存するような場合に話を限り，この場合の $f_{nm}(t)$ を $f_{n-m}(t)$ と表わすことにしよう．$g_{nm}(t)$ についても，同様に，$g_{n-m}(t)$ と表わすことにする．すると(7.4.3)は

$$f_n(t+1)=(1-\mu)^2\left[\left(\frac{m}{2}\right)^2 f_{n-2}(t)+m(1-m)f_{n-1}(t)\right.$$

$$\left.+\left\{(1-m)^2+\frac{m^2}{2}\right\}f_n(t)+m(1-m)f_{n+1}(t)+\left(\frac{m}{2}\right)^2 f_{n+2}(t)\right]$$

$$+\frac{(1-\mu)^2}{N}\left[\left(\frac{m}{2}\right)^2\delta_{n,-2}+m(1-m)\delta_{n,-1}+\left\{(1-m)^2+\frac{m^2}{2}\right\}\delta_{n0}\right.$$

$$\left.+m(1-m)\delta_{n1}+\left(\frac{m}{2}\right)^2\delta_{n2}\right]g_0(t) \tag{7.4.4}$$

と簡単化される．ここで，(7.4.2)に対応して

$$g_0(t)\equiv 1-f_0(t) \tag{7.4.5}$$

である．

線形連立階差方程式(7.4.4), (7.4.5)を解くことは，さほどむずかしいことでない．まず，母関数

$$F(k,t)\equiv\sum_{n=-\infty}^{\infty}e^{ikn}f_n(t) \tag{7.4.6}$$

を導入すると，(7.4.4)は

$$F(k,t+1)=(1-\mu)^2 w(k)\left\{F(k,t)+\frac{1}{N}g_0(t)\right\} \tag{7.4.7}$$

となる．ここで

$$w(k) \equiv \left(\frac{m}{2}\right)^2 (e^{2ik}+e^{-2ik})+m(1-m)(e^{ik}+e^{-ik})+\left\{(1-m)^2+\frac{m^2}{2}\right\}$$
$$= \{(1-m)+m\cos k\}^2 \qquad (7.4.8)$$

と置いた．

最初に定常解を求めてみよう．このためには，(7.4.6), (7.4.7)に現れる t 依存性を無視すればよい．すると，(7.4.7)から

$$F(k) = \frac{(1-\mu)^2 w(k)}{1-(1-\mu)^2 w(k)}\frac{g_0}{N} \qquad (7.4.9)$$

が得られる．ここで未定のまま残った定数 g_0 を定めるためには，(7.4.6)から得られる関係式

$$f_n = \frac{1}{2\pi}\int_0^{2\pi} dk e^{-ikn}F(k) \qquad (7.4.10)$$

を用いればよい．(7.4.9)を代入すると，(7.4.10)は

$$f_n = I_n g_0/N \qquad (7.4.11)$$
$$I_n \equiv \frac{1}{2\pi}\int_0^{2\pi} dk \frac{e^{-ikn}(1-\mu)^2 w(k)}{1-(1-\mu)^2 w(k)} \qquad (7.4.12)$$

となる．特に，(7.4.11)で $n=0$ とおいたものを(7.4.5)に代入すると

$$g_0 = 1-f_0 = 1-I_0 g_0/N \qquad (7.4.13)$$

という g_0 に関する方程式を得る．これを解くと

$$g_0 = \frac{1}{1+I_0/N} \qquad (7.4.14)$$

となる．(7.4.14)を代入すると，(7.4.11)は

$$f_n = \frac{I_n/N}{1+I_0/N} = \frac{I_n}{N+I_0} \qquad (7.4.15)$$

となる．

積分 I_n の値を求めることは，やや技術的な問題であるが，次のように複素積分を用いて行なうことができる．まず，(7.4.8)を代入すると，(7.4.12)は

$$I_n = \frac{1}{2}\{I_n{}^{(1)}+I_n{}^{(2)}\}-I_n{}^{(3)} \qquad (7.4.16)$$

と3つの積分に分割される．ここで

$$I_n{}^{(1)} \equiv \frac{1}{2\pi}\int_0^{2\pi} dk \frac{e^{-ikn}}{1-(1-\mu)\{(1-m)+m\cos k\}} \qquad (7.4.17)$$

$$I_n^{(2)} \equiv \frac{1}{2\pi}\int_0^{2\pi} dk \frac{e^{-ikn}}{1+(1-\mu)\{(1-m)+m\cos k\}} \tag{7.4.18}$$

$$I_n^{(3)} \equiv \frac{1}{2\pi}\int_0^{2\pi} dk e^{-ikn} = \delta_{n0} \tag{7.4.19}$$

と置いた．積分 $I_n^{(1)}$ の値を求めるために $z\equiv e^{-ik}$ とおき，$\cos k=(z^2+1)/2z$, $dz=-izdk$ に注意すると

$$I_n^{(1)} = \frac{1}{2\pi i}\oint_{|z|=1} dz \frac{2z^n}{2\{\mu+m(1-\mu)\}z-m(1-\mu)(z^2+1)} \tag{7.4.20}$$

となる．ここで，(7.4.20)の右辺の積分は複素 z 平面上の $|z|=1$ という単位円に沿って正の方向に1周するものである．$n\geqq 0$ のとき，(7.4.20)の右辺の積分の被積分関数は，単位円 $|z|=1$ 内に存在する分母の零点

$$z_- \equiv 1+\frac{\mu}{m(1-\mu)}-\frac{\sqrt{\mu\{\mu+2m(1-\mu)\}}}{m(1-\mu)} \tag{7.4.21}$$

を除いて，z の正則関数である．$z=z_-$ は単純極であるので留数計算によって

$$I_n^{(1)} = \frac{1}{\sqrt{\mu\{\mu+2m(1-\mu)\}}}\left[1+\frac{\mu}{m(1-\mu)}-\frac{\sqrt{\mu\{\mu+2m(1-\mu)\}}}{m(1-\mu)}\right]^n \tag{7.4.22}$$

が得られる．同様の計算によって

$$I_n^{(2)} = \frac{1}{\sqrt{(2-\mu)\{2-\mu-2m(1-\mu)\}}}\left[\frac{2-\mu}{m(1-\mu)}-1-\frac{\sqrt{(2-\mu)\{2-\mu-2m(1-\mu)\}}}{m(1-\mu)}\right]^n \tag{7.4.23}$$

である．

以上で，定常解は完全に求められた．しかし，f_n の挙動は(7.4.22)，(7.4.23)のように2種類の減衰項を含んでいて，必ずしも見やすい形になっていない．そこで，$m, \mu\ll 1$ の場合に解の主要部がどうなるかを調べてみよう．m, μ に関する高次の項を無視すると，(7.4.22)，(7.4.23)は

$$I_n^{(1)} = \frac{1}{\sqrt{\mu(\mu+2m)}}\left\{1-\frac{\sqrt{\mu(\mu+2m)}-\mu}{m}\right\}^n \tag{7.4.24}$$

$$I_n^{(2)} = \frac{1}{2}\left(\frac{m}{4}\right)^n \tag{7.4.25}$$

と近似される．これから分るように $I_n^{(2)}\ll I_n^{(1)}, I_0^{(3)}$ であるので，$I_n^{(2)}$ を無視すると

$$f_n=\frac{[1-\{\sqrt{\mu(\mu+2m)}-\mu\}/m]^n-2\delta_{n0}\sqrt{\mu(\mu+2m)}}{1+2(N-1)\sqrt{\mu(\mu+2m)}} \tag{7.4.26}$$

と近似される．さらに，$\mu\ll m$ の場合には，(7.4.26)は

$$f_n=\frac{(1-\sqrt{2\mu/m})^n-2\delta_{n0}\sqrt{2m\mu}}{1+2\sqrt{2m\mu}(N-1)} \tag{7.4.27}$$

と近似され，反対に，$m\ll\mu$ の場合には

$$f_n=\frac{(m/2\mu)^n-2\mu\delta_{n0}}{1+2\mu(N-1)} \tag{7.4.28}$$

の近似式が得られる．ここで注意すべきことは，近似式(7.4.26)を得るためには，I_n の定義(7.4.12)の段階で m,μ の高次の項を無視し

$$I_n=\frac{1}{2\pi}\int_0^{2\pi}dk\frac{e^{-ikn}\{1-2(\mu+m)+m\cos k\}}{2\{(\mu+m)-m\cos k\}} \tag{7.4.29}$$

と近似しても良かったということである．

定常解について論ずるのは以上で終ることとし，次に，この定常解への接近の仕方を調べてみよう．計算を簡単にするために，以下では話を $m,\mu\ll1$ の場合に限定し，すぐ上で注意したように，最初から m,μ の高次の項は無視しよう．すると，(7.4.7)は

$$F(k,t+1)=\{1-2(\mu+m)+2m\cos k\}\left\{F(k,t)+\frac{1}{N}g_0(t)\right\} \tag{7.4.30}$$

となる．そこで，時間変数 t に関する母関数

$$\tilde{F}(k,\xi)\equiv\sum_{t=0}^{\infty}\xi^tF(k,t) \tag{7.4.31}$$

を導入すると，(7.4.30)から

$$\begin{aligned}F(k,\xi)&=F(k,0)+\sum_{t=0}^{\infty}\xi^{t+1}F(k,t+1)\\&=F(k,0)+\xi\{1-2(\mu+m)+2m\cos k\}\left\{\tilde{F}(k,\xi)+\frac{1}{N}\tilde{g}_0(\xi)\right\}\end{aligned} \tag{7.4.32}$$

の関係式が成り立つ．ただし，ここで

$$\tilde{g}_0(\xi)\equiv\sum_{t=0}^{\infty}\xi^tg_0(t) \tag{7.4.33}$$

と置いた．(7.4.32)を $\tilde{F}(k,\xi)$ に関して解くと

$$F(k,\xi)=\frac{\xi\{1-2(\mu+m)+2m\cos k\}}{1-\xi\{1-2(\mu+m)+2m\cos k\}}\frac{\tilde{g}_0}{N} \tag{7.4.34}$$

となる．ただし，途中で簡単のため初期条件

$$f_n(0)=0 \qquad (n=0,\ \pm1,\ \pm2,\ \cdots) \tag{7.4.35}$$

を課し，$F(k,0)=0$ と置いた．未定の $\tilde{g}_0(\xi)$ を決定するためには，(7.4.31)から導かれる関係式

$$\tilde{f}_n(\xi)\equiv\sum_{t=0}^{\infty}\xi^t f_n(t)=\frac{1}{2\pi}\int_0^{2\pi}dke^{-ikn}\tilde{F}(k,\xi) \tag{7.4.36}$$

を用いればよい．(7.4.34)を代入すると，(7.4.22)を導いたのと同様な計算によって

$$\tilde{f}_n(\xi)=$$
$$\left\{\frac{[1+\{1-\xi(1-2\mu)\}/2m\xi-\sqrt{\{1-\xi(1-2\mu)\}\{1-\xi(1-2\mu-4m)\}}/2m\xi]^n}{\sqrt{\{1-\xi(1-2\mu)\}\{1-\xi(1-2\mu-4m)\}}}-\delta_{n0}\right\}\frac{\tilde{g}_0}{N} \tag{7.4.37}$$

を得る．ただし複素変数 ξ の 2 価関数である $\sqrt{\{1-\xi(1-2\mu)\}\{1-\xi(1-2\mu-4m)\}}$ については，$\xi<(1-2\mu)^{-1}$ で正，$\xi>(1-2\mu-4m)^{-1}$ で負の値を取るリーマン面上で考えることとする．未定関数 $\tilde{g}_0(\xi)$ を決定するためには，(7.4.5)を(7.4.33)に代入して得られる関係式

$$\tilde{g}_0(\xi)=\frac{1}{1-\xi}-\tilde{f}_0(\xi) \tag{7.4.38}$$

に，$n=0$ の場合の(7.4.37)を代入すればよい．結局

$$\tilde{f}_n(\xi)=\Big([1+\{1-\xi(1-2\mu)\}/2m\xi-\sqrt{\{1-\xi(1-2\mu)\}\{1-\xi(1-2\mu-4m)\}}/$$
$$2m\xi]^n-\delta_{n0}\sqrt{\{1-\xi(1-2\mu)\}\{1-\xi(1-2\mu-4m)\}}\Big)\Big/(1-\xi)[1+(N-1)$$
$$\cdot\sqrt{\{1-\xi(1-2\mu)\}\{1-\xi(1-2\mu-4m)\}}] \tag{7.4.39}$$

となる．$f_n(t)$ を求めるには，$\tilde{f}_n(\xi)$ の定義(7.4.36)から導かれる関係式

$$f_n(t)=\frac{1}{2\pi}\oint_{|\xi|=\varepsilon}d\xi\frac{\tilde{f}_n(\xi)}{\xi^{t+1}} \tag{7.4.40}$$

を用いればよい．ただし，(7.4.40)の右辺の複素 ξ 積分路は十分小さな半径 $\varepsilon>0$ の円 $|\xi|=\varepsilon$ の円周に沿って正の方向へ 1 周するものである．そこで，(7.4.39)によって $\hat{f}_n(\xi)$ の解析性を調べてみると，$\xi=1$ に単純極，$(1-2\mu)^{-1}\leqq\xi$

$\leqq(1-2\mu-4m)^{-1}$ に2価関数 $\sqrt{\{1-\xi(1-2\mu)\}\{1-\xi(1-2\mu-4m)\}}$ の分岐切断線をもつ他

$$1+(N-1)\sqrt{\{1-\xi(1-2\mu)\}\{1-\xi(1-2\mu-4m)\}}=0 \qquad (7.4.41)$$

という零点を単純極としてもち，他では正則的であることが分る．なお，(7.4.41)の零点は，ここで考えているリーマン面上では，$\xi>(1-2\mu-4m)^{-1}$ の実軸上に唯1つ存在する．これを ξ_+ と表わすことにしよう．以上の解析性に基づいて，(7.4.40)の積分路を適当に変更すると

$$f_n(t)=\frac{1}{2\pi}\oint_{|\xi-1|=\varepsilon}d\xi\frac{\hat{f}_n(\xi)}{\xi^{t+1}}+\frac{1}{2\pi}\int_{(1-2\mu)^{-1}}^{(1-2\mu-4m)^{-1}}d\xi\frac{\hat{f}_n(\xi+i0)-\hat{f}_n(\xi-i0)}{\xi^{t+1}}$$
$$+\frac{1}{2\pi}\oint_{|\xi-\xi_+|=\varepsilon}d\xi\frac{\hat{f}_n(\xi)}{\xi^{t+1}} \qquad (7.4.42)$$

を得る．(7.4.42)の右辺の3つの積分は，それぞれ上で調べた $\tilde{f}_n(\xi)$ の3種類の特異点からの寄与を表わしている．$\xi=1$ の単純極からの寄与は，簡単な留数計算によって，(7.4.26)で与えられる定常値になることが分る．残りの2つの積分は，いずれも $t\to\infty$ で0に減衰する寄与を与える．$t\to\infty$ での漸近挙動を決定するのは，(7.4.42)の右辺第2項の積分で，しかも，積分区間の下限$(1-2\mu)^{-1}$ 近傍からの寄与が重要であることが分る．これは，大まかにいうと，$(1-2\mu)^t$ に比例して減衰する寄与となる．

以上の話は，簡単な1次元無限個飛石モデルについてであった．同じような解析を多次元の場合に拡張することは，計算がやや複雑になるだけのことで，容易に行なえる．その結果は，N,μ と m が一定に固定されている場合，定常状態については，次元が高くなるほど f_n の $n\to\infty$ での減衰が急激となる．しかし，定常状態への緩和は，次元に関わりなく $(1-2\mu)^t$ に比例することが分っている．また，無限個の分集団ではなく，有限個の分集団の場合にも，母関数(7.4.6)を適当に変更すれば，上で扱ったようにして研究できるが，ここでは省略しよう．

A 7　$g(p,x,\theta)$ の導出

ここでは(7.1.37)，(7.1.38)を満足する $g(p,x,\theta)$ を求めよう．(7.1.37)に付随する斉次方程式は，Gauss の超幾何微分方程式(7.1.4)でパラメタ α,β,γ が(7.1.5)，(7.1.

6)を満足するものである．(7.1.7)の $w_1(z), w_2(z)$ がその2つの独立な解である．さて，$g(p,x,\theta)$ を求めるため，まず，境界条件(7.1.38)のいずれか一方だけを満足する解を見つけよう．(7.1.10)によれば，$p=+0$ での境界条件を満足する解は $w_2(p)=pF(\alpha+1,\beta+1,2;p)$ である．ところで，今の場合の超幾何微分方程式(7.1.4)は p を $1-p$ で置き換えても不変である．したがって，$w_2(1-p)$ も微分方程式の解であって，しかも $p=1-0$ での境界条件を満足している．$w_2(p)$ と $w_2(1-p)$ は，一般に互いに独立な解である．なぜならば，$w_2(1)$ の値は(7.1.13)に計算されているが，これが0になるのは，θ の値が(7.1.21)で与えられる $\theta_n\,(n=0,1,2,\cdots)$ に等しいときに限られるからである．

以上の注意によって，$g(p,x,\theta)$ を

$$g(p,x,\theta)=\begin{cases}Cw_2(p)\,w_2(1-x) & (p<x)\\ Cw_2(1-p)\,w_2(x) & (x<p)\end{cases} \qquad \text{(A 7.1)}$$

の形に求めることができる．定数 C は，(7.1.37)を区間 $(x-0,x+0)$ で積分して得られる関係式

$$\frac{1}{2}x(1-x)\left[\frac{\partial}{\partial p}g(p,x,\theta)\right]_{p=x-0}^{p=x+0}=-1 \qquad \text{(A 7.2)}$$

を満足するように決めればよい．(A 7.1)を(A 7.2)に代入して C を求めると

$$C=2/[x(1-x)\{w_2'(1-x)\,w_2(x)+w_2(1-x)\,w_2'(x)\}] \qquad \text{(A 7.3)}$$

となる．ここで，右辺に現われる

$$W(x)\equiv w_2'(1-x)\,w_2(x)+w_2(1-x)\,w_2'(x) \qquad \text{(A 7.4)}$$

は，$w_2(x)$ と $w_2(1-x)$ とのロンスキアン(Wronskian)と呼ばれる量であって，x には依存しない．なぜならば，$w_2(x), w_2(1-x)$ のいずれもが(7.1.4)を満足することを用いることにより

$$\frac{1}{2}x(1-x)\,W'(x)=0 \qquad (0<x<1) \qquad \text{(A 7.5)}$$

が成り立つことを示せるからである．そこで，この値を $x=+0$ で求めてみると，$w_2(0)=0, w_2'(0)=1$ に注意して

$$W(x)=W(+0)=w_2(1)=-\frac{\sin\pi\alpha}{2\pi\theta} \qquad \text{(A 7.6)}$$

を得る．ただし，$w_2(1)$ の値は(7.1.13)を代入した．(A 7.6)を(A 7.3)に代入すると

$$C=-4\pi\theta/\{x(1-x)\sin\pi\alpha\} \qquad \text{(A 7.7)}$$

となる．(A 7.7)と $w_2(p)$ のあらわな形を(A 7.1)に代入すると，結局

$$g(p,x,\theta)=-4\pi\theta pF(\alpha+1,\beta+1,2;p)\,F(\alpha+1,\beta+1,2;1-x)/x\sin\pi\alpha \quad (p<x) \qquad \text{(A 7.8)}$$

が得られる．

第8章　揺動環境モデル

第4章で考察した確率論的モデルにおいては，集団のサイズが有限であるために起こる大数の法則からの確率論的変動を問題とした．しかし，これだけがレプリコン頻度のランダム・ドリフトを起す要因なのではない．仮に集団のサイズが十分大きくて，第3章で行なったような決定論的取扱いが可能である場合でも，レプリコン頻度の変化法則に現れるパラメタ(適応度 $w_i(t)$，突然変異率 $\mu_\pm$ など)が確定的でなく，むしろ確率変数として扱われる方がふさわしいような問題では，やはり一種のランダム・ドリフトが生じる．実際，現実のレプリコンの適応度は，個体の置かれた外的環境すなわち気候的要因，生態学的環境，あるいは個体の内的環境に与る集団の遺伝的構成などに依存し，揺動環境(fluctuating environment)の影響を受けることになる．このような影響は，レプリコン頻度の時間変化を与える淘汰有利度が0に近く，ゆらぎによってその符号が入れ換るような場合には，質的にも無視できないであろう．この章では，適応度 $w_i(t)$ が確率過程である場合を，主として拡散過程近似によって調べよう．

§8.1　時継続のない揺動淘汰モデル

まず，簡単に形式解を求めることが可能な，次のようなモデルを考えよう．$\mathfrak{S}=\{1,-1\}$ とし，第 n 世代における $\sigma(\in\mathfrak{S})$ 状態の頻度と適応度をそれぞれ $x_\sigma(n), w_\sigma(n)$ と表わそう．すると，頻度の時間変化は

$$x_\sigma(n+1)=\frac{w_\sigma(n)\,x_\sigma(n)}{\bar{w}(n)} \tag{8.1.1}$$

によって与えられる．ここで，

$$\bar{w}(n)\equiv\sum_{\sigma\in\mathfrak{S}}w_\sigma(n)\,x_\sigma(n) \tag{8.1.2}$$

は，第 n 世代における集団の平均適応度である．頻度 $x_\sigma(n)$ の代りに

$$z(n) \equiv \log \frac{x_1(n)}{x_{-1}(n)} = \log \frac{x_1(n)}{1-x_1(n)} \tag{8.1.3}$$

を導入すると，(8.1.1)は

$$z(n+1) = z(n) + s(n) \tag{8.1.4}$$

$$s(n) \equiv \log \frac{w_1(n)}{w_2(n)} \tag{8.1.5}$$

となる．(8.1.5)で定義される $s(n)$ は，(3.2.12)で導入された $\sigma=1$ 状態の淘汰有利度に他ならない．(8.1.4)は

$$z(n) = z(0) + \sum_{m=0}^{n-1} s(m) \tag{8.1.6}$$

と形式的に解くことができる．世代に依存する淘汰の影響は，(8.1.6)の右辺第2項に，淘汰有利度 $s(n)$ の和の形で現れている．

さて，揺動淘汰モデル(stochastic selection model)では，適応度 $w_\sigma(n)$ が確率過程であると考える．その結果，(8.1.1)を通して与えられる頻度 $x_\sigma(n)$ も確率過程となる．この節では，(8.1.5)で定義される淘汰有利度 $s(n)$ について，異なる n をもつものは互いに独立で同等な確率変数であると仮定し，頻度分布の振舞を調べよう．この仮定と確率論の中心極限定理(central limit theorem)によって，(8.1.6)を満足する $z(n)$ は n が十分大きいと，平均 $\langle z(n)\rangle$ 分散 $\mathrm{Var}(z(n))$ の正規分布をするようになる．

$$\bar{s} \equiv \langle s(n)\rangle, \qquad V \equiv \mathrm{Var}(s(n)) \tag{8.1.7}$$

と置くと，$z(0)$ が与えられた条件下で

$$\langle z(n)\rangle = z(0) + n\bar{s}, \qquad \mathrm{Var}(z(n)) = nV \tag{8.1.8}$$

であるので，$z(n)$ の分布密度 $\psi(z, n)$ は

$$\psi(z, n) \sim \frac{1}{\sqrt{2\pi nV}} \exp\left[-\frac{\{z-z(0)-n\bar{s}\}^2}{2nV}\right] \qquad (n\to\infty) \tag{8.1.9}$$

となる．

(8.1.9)によると，$\bar{s}>0$ のとき，分布の中心は毎世代 $\bar{s}$ の速さで z の正方向に移動するのに，分布の幅は $\sqrt{nV}$ の程度に止まるので，確率1で

$$\lim_{n\to\infty} z(n) \equiv +\infty \quad \text{すなわち} \quad \lim_{n\to\infty} x_1(n) = 1 \tag{8.1.10}$$

である．これと反対に，$\bar{s}<0$ のときには，確率1で

$$\lim_{n\to\infty} z(n) = -\infty \quad \text{すなわち} \quad \lim_{n\to\infty} x_1(n) = 0 \tag{8.1.11}$$

である．$\bar{s}=0$ のときには，分布の中心は常に $z(0)$ に留まり分布の幅だけが世代 n と共に広がる．したがって，この場合には，$z(n)$ が指定された有限区間に見出される確率は n と共に単調に減少するが，(8.1.10)や(8.1.11)のような漸近挙動は成り立たない．しかし，$\bar{s}$ の値が上に述べた3つの場合のいずれの場合でも，(8.1.9)から分るように，有限世代 n で $x_1=0$ または $x_1=1$ である確率は0である．この点は第4章で調べたサイズ効果による固定過程と異なっており，この場合の性質(8.1.10)は擬固定(quasi-fixation)，性質(8.1.11)は擬消滅(quasi-extinction)と呼ばれたりしている．

さて，離散世代変数 n を連続時間変数 t に拡張すると，(8.1.9)の右辺が与える確率分布密度 $\psi(z,t)$ は拡散方程式

$$\frac{\partial}{\partial t}\psi(z,t) = \frac{1}{2}\frac{\partial^2}{\partial z^2}V\psi - \frac{\partial}{\partial z}\bar{s}\psi \tag{8.1.12}$$

を満足することが分る．$x_1(n)$ の確率分布密度関数 $\phi(x,n)$ と $\psi(z,n)$ とは，(8.1.3)に注意すると

$$\phi(x,t) = \frac{dz}{dx}\psi(z,t) = \frac{1}{x(1-x)}\psi(z,t) \tag{8.1.13}$$

の関係によって結びつけられている．これらを用いて(8.1.12)を $\phi(x,t)$ に関する方程式として表わすと，

$$\frac{\partial}{\partial t}\phi(x,t) = \frac{1}{2}\frac{\partial^2}{\partial x^2}Vx^2(1-x)^2\phi - \frac{\partial}{\partial x}\left\{\bar{s}+V\left(\frac{1}{2}-x\right)\right\}x(1-x)\phi \tag{8.1.14}$$

となる．

(8.1.14)あるいは(8.1.12)は離散時間モデルに対する拡散過程近似と考えられる．この近似については§4.3でかなり一般的な処方箋を与えておいた．すなわち拡散過程のドリフト係数 $m(x)$ と拡散係数 $v(x)$ との構成方法が(4.3.33), (4.3.34)によって与えられていた．(8.1.14)が果してこの処方箋によっても導かれるかどうかを調べて，この節を終えよう．$s(n)=O(\varepsilon)$ の場合，(8.1.1), (8.1.5)から，$x_1(n)=x$ として

$$\varDelta x \equiv x_1(n+1)-x_1(n) = \frac{\{e^{s(n)}-1\}x(1-x)}{1+\{e^{s(n)}-1\}x}$$

$$= s(n)x(1-x)\left\{1+s(n)\left(\frac{1}{2}-x\right)\right\}+o(\varepsilon^2) \qquad (8.1.15)$$

であるから，§4.3の処方箋により

$$m(x) = \langle \varDelta x\rangle = \bar{s}x(1-x)+(V+\bar{s}^2)x(1-x)\left(\frac{1}{2}-x\right)+o(\varepsilon^2) \qquad (8.1.16)$$

$$v(x) = \langle(\varDelta x)^2\rangle = Vx^2(1-x)^2+o(\varepsilon^2) \qquad (8.1.17)$$

を得る．したがって，$\bar{s}, V$ に較べて $o(\varepsilon^2)$ の項を無視する限り，(8.1.14)は第4章の処方箋によっても与えられることが分った．また，この場合，ドリフト係数に現れる揺動の効果 $Vx(1-x)(1/2-x)$ は，頻度変化(8.1.15)における淘汰の2次的効果に由来することも分る．

しかし，§4.3の処方箋は，$s(n)$ が何世代かにわたって時相関をもつ場合には，適当でないことが明白である．なぜならば，この処方箋に従ったのでは，時相関の有無が拡散過程の違いを生じさせないからである．次節では，この節での議論の自然な拡張として，かなり一般的な形で揺動淘汰の拡散過程近似を構成しよう．

§8.2　時継続のある揺動淘汰モデル

この節では，頻度の分布の時間変化がある種の拡散方程式によって厳密に記述できるような，連続時間モデルを調べよう．そのために置かれる仮定は，$m_\sigma(t)$ を σ 状態の t 時刻におけるマルサス径数としたとき，$\{m_\sigma(t);\sigma\in\mathfrak{S}\}$ が定常ガウス過程(stationary Gaussian process)をなすということである．

2アレル・モデル

2アレル・モデルの定式化とその形式解は，既に§3.1で与えられている．すなわち $\mathfrak{S}=\{1,-1\}$ とし，$\sigma=1$ 状態の t 時刻における頻度を $x(t)$ と表わそう．(8.1.3)と同様に，$x(t)$ の代りに

$$z(t) \equiv \log\frac{x(t)}{1-x(t)} \qquad (8.2.1)$$

を導入すると，これは

$$z(t)=z(0)+\int_0^t s(t')\,dt' \tag{8.2.2}$$

のように，$\sigma=1$ 状態の淘汰有利度

$$s(t)\equiv m_1(t)-m_{-1}(t) \tag{8.2.3}$$

を用いて表わすことができる．

さて，ここでは $s(t)$ が定常ガウス過程であると仮定し，解析を続けよう．まず，$z(t)$ の平均と分散は

$$\langle z(t)\rangle=\zeta+\bar{s}t \tag{8.2.4}$$

$$\mathrm{Var}(z(t))=\tilde{V}(t)\equiv\mathrm{Var}\left(\int_0^t s(t')\,dt'\right) \tag{8.2.5}$$

である．ただし，初期条件については $z(0)=\zeta$ を仮定した．また，

$$\bar{s}\equiv\langle s(t)\rangle \tag{8.2.6}$$

と置いた．(8.2.2)によれば，$z(t)$ はガウス過程 $s(t)$ の線形汎関数なので，$z(t)$ 自身もガウス過程となる．したがって，初期条件 $z(0)=\zeta$ から出発した $z(t)$ の確率分布密度関数を $\psi(\zeta;z,t)$ と表わすと，(8.2.4), (8.2.5)を用いて

$$\psi(\zeta;z,t)=\frac{1}{\sqrt{2\pi\tilde{V}(t)}}\exp\left[-\frac{(z-\zeta-\bar{s}t)^2}{2\tilde{V}(t)}\right] \tag{8.2.7}$$

である．これより，$\psi(\zeta;z,t)$ は偏微分方程式

$$\frac{\partial}{\partial t}\psi(\zeta;z,t)=\boldsymbol{L}(z,t)\,\psi(\zeta;z,t) \tag{8.2.8}$$

$$\frac{\partial}{\partial t}\psi(\zeta;z,t)=\tilde{\boldsymbol{L}}(\zeta,t)\,\psi(\zeta;z,t) \tag{8.2.9}$$

を満足することが分る．ただし，

$$\boldsymbol{L}(z,t)\equiv\frac{1}{2}V(t)\frac{\partial^2}{\partial z^2}-\bar{s}\frac{\partial}{\partial z} \tag{8.2.10}$$

$$\tilde{\boldsymbol{L}}(\zeta,t)\equiv\frac{1}{2}V(t)\frac{\partial^2}{\partial \zeta^2}+\bar{s}\frac{\partial}{\partial \zeta} \tag{8.2.11}$$

と置いた．ここで，$V(t)$ は(8.2.5)の $\tilde{V}(t)$ の導関数

$$V(t)\equiv\frac{d}{dt}\tilde{V}(t)=\int_{-t}^{t}dt'\,\mathrm{Cov}(s(0),s(t')) \tag{8.2.12}$$

である．(8.2.8)が成り立つことを示すには，(8.2.7)で与えられる $\psi(\zeta;z,t)$ の具体的な表式を用いて，左辺と右辺とをそれぞれ計算して比較して見ればよ

い．あるいは，次のような証明もできる．まず，(8.2.7)の z に関するフーリエ変換 $\Psi(\zeta;k,t)$ を考えると，

$$\begin{aligned}\Psi(\zeta;k,t) &\equiv \int_{-\infty}^{\infty} dz e^{ikz}\psi(\zeta;z,t)\\ &= e^{ik(\zeta+\bar{s}t)-k^2\tilde{V}(t)/2}\frac{1}{\sqrt{2\pi\tilde{V}(t)}}\int_{-\infty}^{\infty} dz \exp\left[-\frac{\{z-\zeta-\bar{s}t+ik\tilde{V}(t)\}^2}{2\tilde{V}(t)}\right]\\ &= e^{ik(\zeta+\bar{s}t)-k^2\tilde{V}(t)/2}\end{aligned} \tag{8.2.13}$$

である．したがって，両辺を t に関して微分すると

$$\frac{\partial}{\partial t}\Psi(\zeta;k,t) = \left\{ik\bar{s}-\frac{1}{2}k^2\tilde{V}'(t)\right\}\Psi(\zeta;k,t) \tag{8.2.14}$$

となる．これの逆フーリエ変換を行なえば，(8.2.8)が得られる．(8.2.9)は，$\psi(\zeta;z,t)$ が $(z-\zeta)$ を通じてのみ z,ζ に依存することに注意すれば，(8.2.8)から直ちに得られる．

ここで得られた拡散方程式(8.2.8)を，前節のモデルの対応する(8.1.12)と比較してみよう．2つの方程式のドリフト係数は，いずれも $\bar{s}$ という対応する定数である．他方，拡散係数は，(8.2.8)では t の関数 $V(t)$ であり，(8.1.12)では t に依らない定数 V である．しかし，$s(t)\equiv m_1(t)-m_{-1}(t)$ の時相関がある有限時間 τ(持続時間 duration time) 以上隔たった2時点に対しては十分小さいとすると

$$V(t) \cong V \equiv \int_{-\infty}^{\infty} dt' \operatorname{Cov}(s(0), s(t')) \qquad (t\gg\tau) \tag{8.2.15}$$

となり，$t\gg\tau$ において(8.2.8)は(8.1.12)と同型の方程式に帰着される．ただし，注意すべきことは，(8.2.15)に共分散の時間積分が現れていることが示すように，ここでの扱いは前節のモデルよりももっと一般的な，時相関のある揺動淘汰モデルに対して行なわれていることである．その結果，十分強い正の時相関が十分長い世代にわたって続く場合には，(8.2.15)の V によって代表される揺動淘汰の効果は，前節の場合のような $s(t)$ の大きさについて2次のオーダーの効果 $(\operatorname{Var}(s(t)))$ にとどまらず，1次のオーダーの効果にもなり得ることが分る．

次に，(8.2.8), (8.2.9)から頻度 $x(t)$ の分布が満足する方程式を導こう．$z(0)=\zeta$ に対応する初期条件 $x(0)=\xi$ から出発した $x(t)$ の確率分布密度関数

を $\phi(\xi; x, t)$ と表わすと，(8.1.13)と同様に

$$\phi(\xi; x, t) = \frac{1}{x(1-x)}\psi(\zeta; z, t) \tag{8.2.16}$$

の関係が成り立つ．これを(8.2.8)，(8.2.9)に代入し，$z(\zeta)$ に関する偏微分作用素を $x(\xi)$ に関するものに変換すると

$$\frac{\partial}{\partial t}\phi(\xi; x, t) = \boldsymbol{L}(x, t)\phi(\xi; x, t) \tag{8.2.17}$$

$$\frac{\partial}{\partial t}\phi(\xi; x, t) = \tilde{\boldsymbol{L}}(\xi, t)\phi(\xi; x, t) \tag{8.2.18}$$

となる．ただし，

$$\boldsymbol{L}(x, t) \equiv \frac{1}{2}\frac{\partial^2}{\partial x^2}V(t)x^2(1-x)^2 - \frac{\partial}{\partial x}\left\{\bar{s} + V(t)\left(\frac{1}{2}-x\right)\right\}x(1-x) \tag{8.2.19}$$

$$\tilde{\boldsymbol{L}}(\xi, t) \equiv \frac{1}{2}V(t)\xi^2(1-\xi)^2\frac{\partial^2}{\partial \xi^2} + \left\{\bar{s} + V(t)\left(\frac{1}{2}-\xi\right)\right\}\xi(1-\xi)\frac{\partial}{\partial \xi} \tag{8.2.20}$$

と置いた．方程式(8.2.17)，(8.2.18)の特徴は，揺動淘汰の効果が拡散係数 $V(t)x^2(1-x)^2$ ばかりでなく，ドリフト係数にも $V(t)x(1-x)(1/2-x)$ の寄与をしていることである．$V(t)>0$ のとき，ドリフト項に現れるゆらぎの効果は，頻度 x を 1/2 に引き寄せる効果であることが分る．

K アレル・モデル

上で調べてきた2アレル・モデルの性質は，容易に，対応する K アレル・モデルの場合へ拡張することができる．

$\mathfrak{S} = \{1, 2, \cdots, K\}$ という K 種類のレプリコン状態を考え，σ 状態の t 時刻における頻度を $x_\sigma(t)$ と表わそう．$\{x_\sigma(t); \sigma \in \mathfrak{S}\}$ の自然淘汰による時間変化は既に(3.2.6)，(3.2.7)で与えられている．(8.2.1)の自然な拡張として

$$z_\sigma(t) \equiv \log\frac{x_\sigma(t)}{x_K(t)} \qquad (\sigma \in \mathfrak{S}') \tag{8.2.21}$$

を導入しよう．ただし，$\mathfrak{S}' \equiv \mathfrak{S} - K = \{1, 2, \cdots, K-1\}$ である．すると，$\boldsymbol{z}(t) \equiv \{z_\sigma(t); \sigma \in \mathfrak{S}'\}$ は $K-1$ 次元空間の点であって，t 時刻における集団の遺伝的構造を完全に表わしている．実際，レプリコン頻度は $\boldsymbol{z}(t)$ を用いて

$$x_\sigma(t) = x_K(t) e^{z_\sigma(t)} \quad (\sigma \in \mathfrak{S}'), \qquad x_K(t) = \left\{1 + \sum_{\sigma=1}^{K-1} e^{z_\sigma(t)}\right\}^{-1} \tag{8.2.22}$$

のように表わされる．$z(t)$ の時間変化は，(8.2.21) と (3.2.6) から

$$\dot{z}_\sigma(t) = \frac{\dot{x}_\sigma(t)}{x_\sigma(t)} - \frac{\dot{x}_K(t)}{x_K(t)} = m_\sigma(t) - m_K(t) \tag{8.2.23}$$

となる．(8.2.23) は直ちに積分でき，初期条件 $z(0) = \zeta \equiv \{\zeta_\sigma; \sigma \in \mathfrak{S}'\}$ を満足する解は

$$z_\sigma(t) = \zeta_\sigma + \int_0^t dt' s_\sigma(t') \tag{8.2.24}$$

と与えられる．ここで

$$s_\sigma(t) \equiv m_\sigma(t) - m_K(t) \qquad (\sigma \in \mathfrak{S}') \tag{8.2.25}$$

と置いた．

さて，ここでは，上の2アレル・モデルの場合と同様に，$\{s_\sigma(t); \sigma \in \mathfrak{S}'\}$ が定常ガウス過程であると仮定して解析を続けよう．(8.2.24) によれば，$z_\sigma(t)$ はガウス過程 $\{s_\sigma(t); \sigma \in \mathfrak{S}'\}$ の線形汎関数なので，$z(t)$ もガウス過程になる．したがって，初期条件 $z(0) = \zeta$ から出発した $z(t)$ の確率分布密度関数を $\psi(\zeta; z, t)$ と表わすと

$$\psi(\zeta; z, t) = \frac{1}{\sqrt{\det\{2\pi \boldsymbol{C}(t)\}}} \exp\left[-\frac{1}{2}(z - \zeta - \bar{s}t, \boldsymbol{C}^{-1}(t)(z - \zeta - \bar{s}t))\right] \tag{8.2.26}$$

である．ただし，ここでは，表現を簡略にするためにベクトル記法を採用した．すなわち，$z, \zeta, \bar{s}$ はそれぞれ z_σ, ζ_σ，および

$$\bar{s}_\sigma \equiv \langle s_\sigma(t) \rangle \qquad (\sigma \in \mathfrak{S}') \tag{8.2.27}$$

を第 σ 成分とする $K-1$ 次元ベクトルであると考え，$(\cdot, \cdot)$ は2つのベクトルの内積を表わすとする．また，$\boldsymbol{C}(t)$ は

$$C_{\sigma\sigma'}(t) \equiv \mathrm{Cov}\left(\int_0^t dt' s_\sigma(t'), \int_0^t dt' s_{\sigma'}(t')\right) \qquad (\sigma, \sigma' \in \mathfrak{S}') \tag{8.2.28}$$

を第 (σ, σ') 成分とする $K-1$ 次元の正方行列であり，$\boldsymbol{C}^{-1}(t)$ はその逆行列である．

(8.2.26) のあらわな表式から，$\psi(\zeta; z, t)$ は偏微分方程式

$$\frac{\partial}{\partial t}\psi(\zeta; z, t) = \boldsymbol{L}(z, t)\psi(\zeta; z, t) \tag{8.2.29}$$

$$\frac{\partial}{\partial t}\psi(\zeta; z, t) = \tilde{\boldsymbol{L}}(\zeta, t)\psi(\zeta; z, t) \tag{8.2.30}$$

を満足することが分る．ただし，

$$\boldsymbol{L}(z, t) \equiv \frac{1}{2}\sum_{\sigma=1}^{K-1}\sum_{\sigma'=1}^{K-1} V_{\sigma\sigma'}(t)\frac{\partial^2}{\partial z_\sigma \partial z_{\sigma'}} - \sum_{\sigma=1}^{K-1}\bar{s}_\sigma \frac{\partial}{\partial z_\sigma} \tag{8.2.31}$$

$$\tilde{\boldsymbol{L}}(\zeta, t) \equiv \frac{1}{2}\sum_{\sigma=1}^{K-1}\sum_{\sigma'=1}^{K-1} V_{\sigma\sigma'}(t)\frac{\partial^2}{\partial \zeta_\sigma \partial \zeta_{\sigma'}} + \sum_{\sigma=1}^{K-1}\bar{s}_\sigma \frac{\partial}{\partial \zeta_\sigma} \tag{8.2.32}$$

と置いた．ここで，$V_{\sigma\sigma'}(t)$ は (8.2.28) の $C_{\sigma\sigma'}(t)$ の導関数

$$V_{\sigma\sigma'}(t) \equiv \frac{d}{dt}C_{\sigma\sigma'}(t) = \int_{-t}^{t} dt'\mathrm{Cov}(s_\sigma(0), s_{\sigma'}(t')) \tag{8.2.33}$$

である．

(8.2.29) を証明するためには，まず，(8.2.13) にならって (8.2.26) の z に関するフーリエ変換 $\Psi(\zeta; k, t)$ を考えると，

$$\begin{aligned}\Psi(\zeta; k, t) &\equiv \int_{-\infty}^{\infty} dz e^{i(k,z)}\psi(\zeta; z, t)\\ &= \exp\left[i(k, \zeta+\bar{s}t) - \frac{1}{2}(k, \boldsymbol{C}(t)k)\right]\\ &\quad\cdot\frac{1}{\sqrt{\det\{2\pi \boldsymbol{C}(t)\}}}\int_{-\infty}^{\infty} dz \exp\left[-\frac{1}{2}(z-\zeta-\bar{s}t+i\boldsymbol{C}(t)k, \boldsymbol{C}^{-1}(t)\{z-\zeta\right.\\ &\quad\left.-\bar{s}t+i\boldsymbol{C}(t)k\})\right] = \exp\left[i(k, \zeta+\bar{s}t) - \frac{1}{2}(k, \boldsymbol{C}(t)k)\right]\end{aligned} \tag{8.2.34}$$

である．ただし，$k \equiv \{k_\sigma; \sigma \in \mathfrak{S}'\}$ である．また，$\int_{-\infty}^{\infty} dz$ で $K-1$ 次元の全 z 空間，すなわち R^{K-1} にわたる積分を表わした．したがって，両辺を t に関して微分すると

$$\frac{\partial}{\partial t}\Psi(\zeta; k, t) = \left\{i(k, \bar{s}) - \frac{1}{2}(k, \boldsymbol{C}'(t)k)\right\}\Psi(\zeta; k, t) \tag{8.2.35}$$

となる．これの逆フーリエ変換を行なえば，(8.2.29) が得られる．(8.2.30) は，$\psi(\zeta; z, t)$ が $z-\zeta$ を通じてのみ z, ζ に依存することに注意すれば，(8.2.29) から直ちに得られる．

次に，(8.2.29), (8.2.30) から，頻度 $x(t) \equiv \{x_\sigma(t); \sigma \in \mathfrak{S}'\}$ の分布が満足す

る方程式を導こう．$z(0)=\zeta$ に対応する初期条件 $x(0)=\xi\equiv\{\xi_\sigma;\sigma\in\mathfrak{S}'\}$ から出発した $x(t)$ の($K-1$ 次元三角領域(7.2.12)の内部での)確率分布密度を $\phi(\xi;x,t)$ と表わすと，これは $\psi(\zeta;z,t)$ と

$$\phi(\xi;x,t)=\left|\frac{\partial z}{\partial x}\right|\psi(\zeta;z,t) \tag{8.2.36}$$

の関係によって結びつけられている．ここで，変数変換(8.2.21)のヤコビアン $|\partial z/\partial x|$ は，$\partial z_\sigma/\partial x_{\sigma'}$, $(\sigma,\sigma'\in\mathfrak{S}')$ を第 (σ,σ') 成分とする $K-1$ 次元行列の行列式の絶対値であって，

$$\left|\frac{\partial z}{\partial x}\right|=\left|\det\left(\frac{\partial z_\sigma}{\partial x_{\sigma'}}\right)\right|=\left|\det\left(\frac{\delta_{\sigma\sigma'}}{x_\sigma}+\frac{1}{x_K}\right)\right|=\frac{1}{x_1x_2\cdots x_K} \tag{8.2.37}$$

と計算される．他方，偏微分作用素については

$$\frac{\partial}{\partial z_\sigma}=\sum_{\sigma'=1}^{K-1}\frac{\partial x_{\sigma'}}{\partial z_\sigma}\frac{\partial}{\partial x_{\sigma'}}=x_\sigma\sum_{\sigma'=1}^{K-1}(\delta_{\sigma\sigma'}-x_{\sigma'})\frac{\partial}{\partial x_{\sigma'}} \tag{8.2.38}$$

$$\frac{\partial}{\partial \zeta_\sigma}=\xi_\sigma\sum_{\sigma'=1}^{K-1}(\delta_{\sigma\sigma'}-\xi_{\sigma'})\frac{\partial}{\partial \xi_{\sigma'}} \tag{8.2.39}$$

の関係が(8.2.22)を用いて得られる．そこで，(8.2.36)と(8.2.37)から得られる

$$\psi(\zeta;z,t)=x_1x_2\cdots x_K\phi(\xi;x,t) \tag{8.2.40}$$

を(8.2.29), (8.2.30)に代入し，z,ζ に関する偏微分を(8.2.38), (8.2.39)によって x,ξ に関するものに変換しよう．単純ではあるが長くて面倒な計算の結果，

$$\frac{\partial}{\partial t}\phi(\xi;x,t)=\boldsymbol{L}(x,t)\phi(\xi;x,t) \tag{8.2.41}$$

$$\frac{\partial}{\partial t}\phi(\xi;x,t)=\tilde{\boldsymbol{L}}(\xi,t)\phi(\xi;x,t) \tag{8.2.42}$$

を得る．ただし，

$$\boldsymbol{L}(x,t)\equiv\frac{1}{2}\sum_{\sigma=1}^{K-1}\sum_{\sigma'=1}^{K-1}\frac{\partial^2}{\partial x_\sigma\partial x_{\sigma'}}v_{\sigma\sigma'}(x,t)-\sum_{\sigma=1}^{K-1}\frac{\partial}{\partial x_\sigma}m_\sigma(x,t) \tag{8.2.43}$$

$$\tilde{\boldsymbol{L}}(\xi,t)\equiv\frac{1}{2}\sum_{\sigma=1}^{K-1}\sum_{\sigma'=1}^{K-1}v_{\sigma\sigma'}(\xi,t)\frac{\partial^2}{\partial \xi_\sigma\partial \xi_{\sigma'}}+\sum_{\sigma=1}^{K-1}m_\sigma(\xi,t)\frac{\partial}{\partial \xi_\sigma} \tag{8.2.44}$$

と置いた．ここで，$v_{\sigma\sigma'}(x,t)$, $m_\sigma(x,t)$ は

$$v_{\sigma\sigma'}(x,t)\equiv$$
$$\left[V_{\sigma\sigma'}(t)-\sum_{\sigma''=1}^{K-1}\{V_{\sigma\sigma''}(t)+V_{\sigma'\sigma''}(t)\}x_{\sigma''}+\sum_{\sigma''=1}^{K-1}\sum_{\sigma'''=1}^{K-1}V_{\sigma''\sigma'''}(t)x_{\sigma''}x_{\sigma'''}\right]x_\sigma x_{\sigma'} \tag{8.2.45}$$

$$m_\sigma(x,t)\equiv\left(\bar{s}_\sigma-\sum_{\sigma'=1}^{K-1}\bar{s}_{\sigma'}x_{\sigma'}\right)x_\sigma$$
$$+\left[\frac{1}{2}V_{\sigma\sigma}(t)-\sum_{\sigma'=1}^{K-1}\left\{V_{\sigma\sigma'}(t)+\frac{1}{2}V_{\sigma'\sigma'}\right\}x_{\sigma'}+\sum_{\sigma'=1}^{K-1}\sum_{\sigma''=1}^{K-1}V_{\sigma'\sigma''}(t)x_{\sigma'}x_{\sigma''}\right]x_\sigma \tag{8.2.46}$$

である．

作用素 $\boldsymbol{L}(x,t), \tilde{\boldsymbol{L}}(\xi,t)$ の t 依存性は(8.2.33)の $V_{\sigma\sigma'}(t)$ の t 依存性に由来している．しかし，$\{s_\sigma(t);\sigma\in\mathfrak{S}'\}$ の時相関が持続時間 τ 以上隔たった2時点に対しては十分小さいとすると

$$V_{\sigma\sigma'}(t)\cong V_{\sigma\sigma'}\equiv\int_{-\infty}^{\infty}dt'\,\mathrm{Cov}(s_\sigma(0),s_{\sigma'}(t'))\qquad(t\gg\tau) \tag{8.2.47}$$

となり，$t\gg\tau$ において $\boldsymbol{L}(x,t), \tilde{\boldsymbol{L}}(\xi,t)$ は t に依らなくなる．

拡散過程近似

上で扱った2つのモデルでは，確率分布密度関数 $\phi(\xi;x,t)$ が Kolmogorov の方程式と同じ型の偏微分方程式(8.2.17)，(8.2.18)あるいは(8.2.41)，(8.2.42)を満足することが厳密に示された．その証明で本質的に利用された性質は，$\psi(\zeta;z,t)$ がガウス分布(8.2.7)あるいは(8.2.26)となることであった．この性質を**任意の** t に対して保証するために，上のモデルではマルサス径数が定常ガウス過程をなすとの仮定が置かれたのであった．しかし，**十分大きな** t に対してだけ議論するのであれば，マルサス径数が定常ガウス過程でなくても，$z(t)$ の表式(8.2.2)あるいは(8.2.24)に対して中心極限定理が成り立つことを保証する程度の，より緩やかな条件を満足するだけで十分であろう．このとき，もちろん $t\gg\tau$ であるから，$V(t)$ あるいは $V_{\sigma\sigma'}(t)$ は(8.2.15)あるいは(8.2.47)で定義される定数 V あるいは $V_{\sigma\sigma'}$ で十分よく近似される．そこで，これらの定数 $V, V_{\sigma\sigma'}$ を用いて成り立つ Kolmogorov の方程式を考え，それによって記述される拡散過程を揺動淘汰モデルの拡散過程近似と考えることにしよう．

この拡散過程近似の構成法は，§4.3で考えた構成法と違って，時継続の効果を正当に取り入れるようになっている．すなわち，V, $V_{\sigma\sigma'}$ の定義(8.2.15), (8.2.47)では異なる2時点でのマルサス径数の共分散を時間積分したものが用いられている．この時間積分を通して，揺動淘汰の効果を表わすパラメタ V, $V_{\sigma\sigma'}$ が $O(s(t)^2)$ にとどまらず，場合によっては $O(s(t))$ にもなり得ることについては，既に(8.2.15)の下で述べたとおりである．

ここでは，揺動淘汰だけによってレプリコン頻度が変化する場合を調べ，拡散過程近似の構成法を与えた．淘汰以外の要因が共存するときには，重ね合せの近似を用いて，全要因を取り入れた拡散過程近似を構成しよう．以下の節ではサイズ効果，突然変異をも考慮して，揺動淘汰の下での固定過程とレプリコン頻度の平衡分布とを調べてみよう．

§8.3 固定過程

§4.4では，サイズ効果によるランダム・ドリフトと時間に関して一定な自然淘汰とを仮定して，その下で起る状態の固定過程を拡散過程近似を用いて調べた．この節では，サイズ効果によるランダム・ドリフトと前節で扱ったような揺動淘汰とを仮定して，固定過程の性質を調べ，ゆらぎの効果を見てみよう．

簡単のため $\mathfrak{S}\equiv\{1,-1\}$ とし，$\sigma=1$ 状態の固定過程を調べよう．初期頻度が p であった $\sigma=1$ 状態が固定する終局固定確率 $u(p)$ は，(4.4.15)のように，微分方程式

$$\tilde{\boldsymbol{L}}(p)u(p)=0 \tag{8.3.1}$$

の解で，(4.4.19)のように，境界条件

$$u(+0)=0, \qquad u(1-0)=1 \tag{8.3.2}$$

を満足するものである．微分作用素 $\tilde{\boldsymbol{L}}(p)$ は，サイズ効果については(4.3.35)により

$$[\tilde{\boldsymbol{L}}(p)]_{\text{size}}=\frac{p(1-p)}{2N_{\text{e}}}\frac{\partial^2}{\partial p^2} \tag{8.3.3}$$

であり，揺動淘汰については前節末の注意と(8.2.20)から

$$[\tilde{L}(p)]_{\text{stochastic selection}} = \frac{V}{2}p^2(1-p)^2\frac{\partial^2}{\partial p^2} + \left\{\bar{s} + V\left(\frac{1}{2}-p\right)\right\}p(1-p)\frac{\partial}{\partial p} \tag{8.3.4}$$

であるので，重ね合せの近似により

$$\begin{aligned}\tilde{L}(p) &= [\tilde{L}(p)]_{\text{size}} + [\tilde{L}(p)]_{\text{stochastic selection}} \\ &= \frac{1}{2}\left\{\frac{1}{N_e} + Vp(1-p)\right\}p(1-p)\frac{\partial^2}{\partial p^2} + \left\{\bar{s} + V\left(\frac{1}{2}-p\right)\right\}p(1-p)\frac{\partial}{\partial p}\end{aligned} \tag{8.3.5}$$

であると考えて，解析を進めよう．ここで，N_e は有効集団サイズ，$\bar{s}$ と V はそれぞれ $\sigma=1$ 状態の淘汰有利度の平均とゆらぎの強度である．特別な場合として，$V=0$ の場合を考えると，(8.3.5)の $\tilde{L}(p)$ は §4.4 で考えたものと同じになる．

(8.3.5)を用いて，(8.3.1)，(8.3.2)を解くと

$$u(p) = \begin{cases} \dfrac{1-|(1-p/\alpha_+)/(p/\alpha_- -1)|^{\lambda}}{1-|\alpha_-/\alpha_+|^{2\lambda}} & (\bar{s}\neq 0) \\[2ex] \dfrac{\log|(1-p/\alpha_+)/(p/\alpha_- -1)|}{2\log|\alpha_-/\alpha_+|} & (\bar{s}=0) \end{cases} \tag{8.3.6}$$

となる．ただし，

$$\alpha_\pm \equiv \frac{1}{2}(1\pm\sqrt{1+4/N_eV}) \tag{8.3.7}$$

$$\lambda \equiv \frac{2\bar{s}}{V\sqrt{1+4/N_eV}} \tag{8.3.8}$$

と置いた．(8.3.6)は $V\to 0$ の極限で §4.4 の対応する結果になることが確かめられる．反対に，$V\to\infty$ の極限では，$\bar{s}$ の値にかかわりなく $u(p)\to 1/2$ となることも示せる．また，$u(p)$ は，$p\cong 0$ に対しては V の単調増大関数であり，$p\cong 1$ に対しては V の単調減少関数であることが分る．図8.1は(8.3.6)による $u(p)$ を p の関数として図示したものである．(8.3.6)から分るように，$u(p)$ は2個の独立なパラメタ $N_e\bar{s}, N_eV$ をもっている．図8.1では，$N_e\bar{s}=10, 0, -10$ の3つの場合のそれぞれに $N_eV=0, 2.0, 20, 200$ の4つの場合を組み合わせて，$u(p)$ 曲線を与えてある．

次に，固定までの平均待ち時間について調べよう．初期頻度が p であった σ

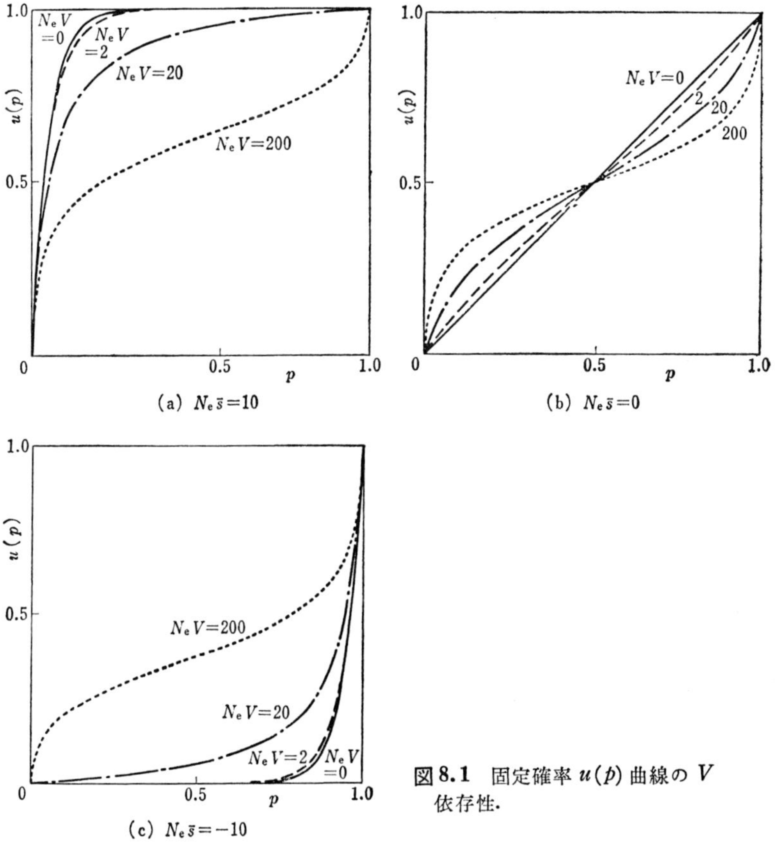

図 8.1 固定確率 $u(p)$ 曲線の V 依存性.

$=1$ 状態が固定するまでの平均待ち時間を $T(p)$ と表わすと, $a_1(p)\equiv u(p)\cdot T(p)$ は (4.4.16) のように

$$\tilde{L}(p)a_1(p) = u(p) \tag{8.3.9}$$

の解で, (4.4.25) のように境界条件

$$a_1(+0) = a_1(1-0) = 0 \tag{8.3.10}$$

を満足するものである. (8.3.5) を用いて (8.3.9), (8.3.10) を解くことは, §4.4 と同様にして行なうことができる. ここでは, $p=+0$ の場合の結果だけを与えると

$$T(+0)=\lim_{p\to+0}\frac{a_1(p)}{u(p)}=\begin{cases}\displaystyle\int_0^1 dp\frac{u(p)+u(1-p)-1}{\bar{s}p(1-p)} & (\bar{s}\neq 0)\\ \displaystyle\frac{4\log|\alpha_+/\alpha_-|}{V\sqrt{1+4/N_eV}}\int_0^1 dp\frac{u(p)u(1-p)}{p(1-p)} & (\bar{s}=0)\end{cases}\tag{8.3.11}$$

である．$V\to\infty$ のとき $u(p)\to 1/2$ であったことに注意すると，(8.3.11)から

$$\lim_{V\to\infty}T(+0)=0\tag{8.3.12}$$

が得られる．しかも，(8.3.6)を用いると，(8.3.11)で与えられる $T(+0)$ は V の単調減少関数であることが示せる．図8.2は $N_e\bar{s}=0, \pm 10$ の場合に，(8.3.11)の与える $T(+0)$ を N_eV の関数として図示したものである．

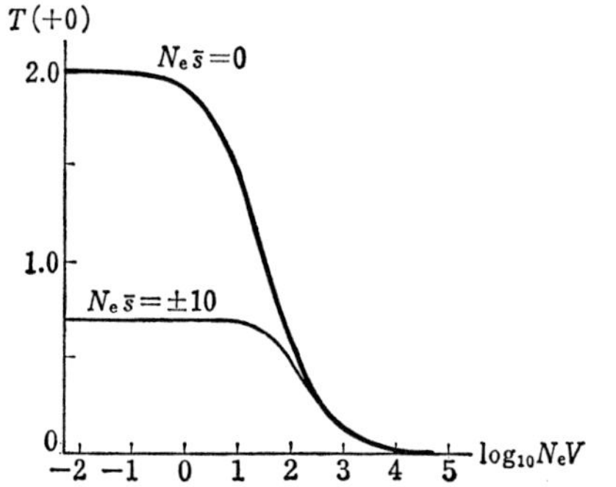

図8.2　平均固定待ち時間の V 依存性．$T(+0)$ は初期頻度 $p=+0$ から出発したときの，固定までの平均待ち時間．

§8.4　2アレル・モデルの平衡頻度分布

前節ではサイズ効果と揺動淘汰だけを考えて，その下で起こる固定過程について調べた．この節ではさらに突然変異の効果をも考慮し，サイズ効果，揺動淘汰，突然変異の釣合いが取れた状況として実現される集団におけるレプリコン頻度の平衡分布について調べよう．

簡単のため $\mathfrak{S}=\{1, -1\}$ という2個のレプリコン状態が存在する場合を考えよう．突然変異は毎世代 $\sigma=1$ 状態から $\sigma=-1$ 状態へは確率 μ_- で起り，逆方向，すなわち $\sigma=-1$ 状態から $\sigma=1$ 状態へは確率 μ_+ で起ると仮定する．このモデルの拡散過程近似を重ね合せの近似を用いて構成してみよう．突然変異の効果は

$$[\tilde{\boldsymbol{L}}(p)]_{\mathrm{mut}}=\{-\mu_- p+\mu_+(1-p)\}\frac{\partial}{\partial p} \tag{8.4.1}$$

によって記述される．これにサイズ効果の(8.3.3)，揺動淘汰の(8.3.4)を加え合わせると，求める拡散過程近似は

$$\tilde{\boldsymbol{L}}(p)=\frac{1}{2}\left\{\frac{1}{N_{\mathrm{e}}}+Vp(1-p)\right\}p(1-p)\frac{\partial^2}{\partial p^2}$$
$$+\left[\left\{\bar{s}+V\left(\frac{1}{2}-p\right)\right\}p(1-p)-\mu_- p+\mu_+(1-p)\right]\frac{\partial}{\partial p} \tag{8.4.2}$$

によって記述されることになる．

さて，$\sigma=1$ 状態の頻度 x の平衡確率分布密度関数を $\phi(x)$ と表わすと，§4.5での議論と同様にして，$\phi(x)$ は

$$J(x)=0 \tag{8.4.3}$$

を満足する．ただし，(4.3.10)で定義される確率流の強さ $J(x)$ は，今の場合(8.4.2)から

$$J(x)=\left[\left\{\bar{s}+V\left(\frac{1}{2}-x\right)\right\}x(1-x)-\mu_- x+\mu_+(1-x)\right]\phi(x)$$
$$-\frac{1}{2}\frac{d}{dx}\left\{\frac{1}{N_{\mathrm{e}}}+Vx(1-x)\right\}x(1-x)\phi(x) \tag{8.4.4}$$

である．(8.4.3), (8.4.4)は簡単に積分することができ，求める $\phi(x)$ は

$$\phi(x)=Cx^{2N_{\mathrm{e}}\mu_+-1}(1-x)^{2N_{\mathrm{e}}\mu_--1}(\alpha_+-x)^{A_+}(x-\alpha_-)^{A_-} \tag{8.4.5}$$

となる．ここで，C は規格化の定数であり，$\alpha_\pm$ は既に(8.3.7)で与えられている．$A_\pm$ は

$$A_\pm\equiv\left(-\frac{2\bar{s}}{V}-2N_{\mathrm{e}}\mu_-\alpha_\pm+2N_{\mathrm{e}}\mu_+\alpha_\mp\right)\Big/(\alpha_\pm-\alpha_\mp) \quad \text{(複号同順)} \tag{8.4.6}$$

である．$N_{\mathrm{e}}V\to 0$ の極限では，(8.4.5)は時間に関して一定な淘汰有利度 $\bar{s}$ のときの平衡分布密度(4.5.8)になることが確かめられる．逆に，$N_{\mathrm{e}}V\gg 1$ という揺動淘汰の影響が重要になる場合には，(8.4.5)は

$$\phi(x)\propto x^{2N_{\mathrm{e}}\mu_+-1}(1-x)^{2N_{\mathrm{e}}\mu_--1}\left(x+\frac{1}{N_{\mathrm{e}}V}\right)^{-2N_{\mathrm{e}}\mu_++2w/V}\left(1-x+\frac{1}{N_{\mathrm{e}}V}\right)^{-2N_{\mathrm{e}}\mu_--2w/V} \tag{8.4.7}$$

となる．ここで，$w\equiv\bar{s}+\mu_+-\mu_-$ である．さらに，$x=0$ または $x=1$ の近傍を除く $x(1-x)\gg 1/N_eV$ に対しては

$$\phi(x)\propto x^{2w/V-1}(1-x)^{-2w/V-1}\exp\left\{-\frac{2\mu_+}{Vx}-\frac{2\mu_-}{V(1-x)}\right\} \tag{8.4.8}$$

となる．$x=0$ または $x=1$ の近傍では，(8.4.7)は

$$\phi(x)\propto\begin{cases} x^{2N_e\mu_+-1} & \left(x\ll\dfrac{1}{2N_eV}\right) \quad (8.4.9)\\[2ex] (1-x)^{2N_e\mu_--1} & \left(1-x\ll\dfrac{1}{2N_eV}\right) \quad (8.4.10)\end{cases}$$

となる．(8.4.9)，(8.4.10)の x 依存性は，時間に関して一定な淘汰有利度 $\bar{s}$ のときの平衡分布密度(4.5.8)のものと同じである．このことは，(8.4.2)に見られるように，$x\cong0$, $x\cong1$ では拡散係数，ドリフト係数の主要部がそれぞれ $x(1-x)/N_e$, $\mu_\pm$ となり，揺動淘汰の影響が重要でなくなることからも納得される．しかし，頻度 x の中央部での分布密度(8.4.8)は(4.5.8)のものとは x 依存性が異なっていて，揺動淘汰の影響がこの領域では重要であることを示している．もちろん，上で述べたことは相対的な x 依存性についてだけであって，分布密度の絶対値そのものは規格化の定数

$$C=\left\{\int_0^1 x^{2N_e\mu_+-1}(1-x)^{2N_e\mu_--1}(\alpha_+-x)^{A_+}(x-\alpha_-)^{A_-}dx\right\}^{-1} \tag{8.4.11}$$

を含んでいるので，どの頻度領域においても揺動淘汰の影響を受ける．図8.3は，パラメタ $N_e\bar{s}$, $N_e\mu_\pm$ の典型的な値に対して，分布密度曲線 $\phi(x)$ が N_eV の値に依存する様子を与えている．$N_e\bar{s}=0$ の場合には，N_eV が増すにつれて x の中央部での分布密度が単調に減少する．これに対し，$N_e\bar{s}=-1.0$ の場合には，x の中央部での分布密度は N_eV が0から20まで増すと増大し，次いで N_eV が20から 2×10^5 まで増すと減少している．これは揺動淘汰が(8.4.2)のドリフト係数に $Vx(1-x)(1/2-x)$ の項を寄与することの反映である．実際，この項を省いた拡散過程の与える平衡分布密度については，$N_e\bar{s}=-1.0$ の場合でも x の中央部での値は N_eV の単調減少関数となることが確められる．

揺動淘汰が平衡分布に及ぼす影響を定量的に調べるには，分布密度そのものよりもヘテロ接合度 H の平均 $\langle H\rangle$，分散 $\mathrm{Var}(H)$ や座位が多型的になる確率 P_q などの方が見やすい点がある．H, P_q の定義(4.2.6)，(7.2.43)を今の場合

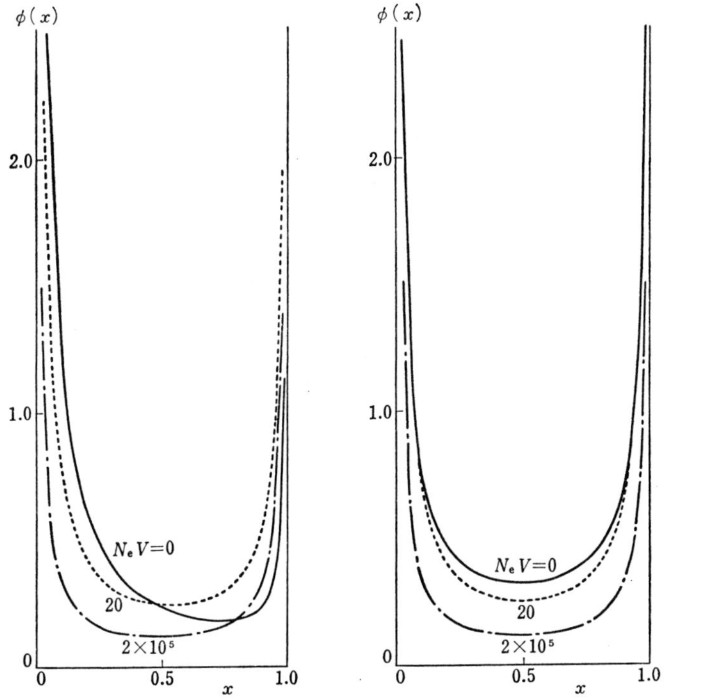

(a) $N_e\bar{s}=-1.0$, $N_e\mu_{\pm}=0.1$ のとき　　(b) $N_e\bar{s}=0$, $N_e\mu_{\pm}=0.1$ のとき

図 8.3　平衡分布密度 $\phi(x)$ 曲線の V 依存性.

にあてはめ, (8.4.5)によって与えられる平衡分布密度 $\phi(x)$ を用いると,

$$\langle H\rangle = 2\int_0^1 x(1-x)\phi(x)\,dx \tag{8.4.12}$$

$$\mathrm{Var}(H) = 4\int_0^1 x^2(1-x)^2\phi(x)\,dx-\langle H\rangle^2 \tag{8.4.13}$$

$$P_q = \int_q^{1-q}\phi(x)\,dx \tag{8.4.14}$$

となる. 図 8.4 は, $N_e\bar{s}$, $N_e\mu_{\pm}$ の典型的な値に対して $\langle H\rangle$ を N_eV の関数として計算した結果である. この図から揺動淘汰の 3 種類の効果が分る. すなわち, (i) $N_e\bar{s}\neq 0$ の場合, ある大きさ $(V\cong\bar{s})$ の N_eV までは, $\langle H\rangle$ は N_eV と共に単調に増大し, 最大値を取るに至る. (ii)ある大きさ以上の N_eV に対しては,

$\langle H \rangle$ は N_eV と共に単調に減少する．(iii) $V \gg \bar{s}$ では，$\langle H \rangle$ は $N_e\bar{s}$ の値にほとんど依らなくなる．これらの効果のうち，(i), (ii) は上に述べた $\phi(x)$ の N_eV 依存性に対応していると考えられる．

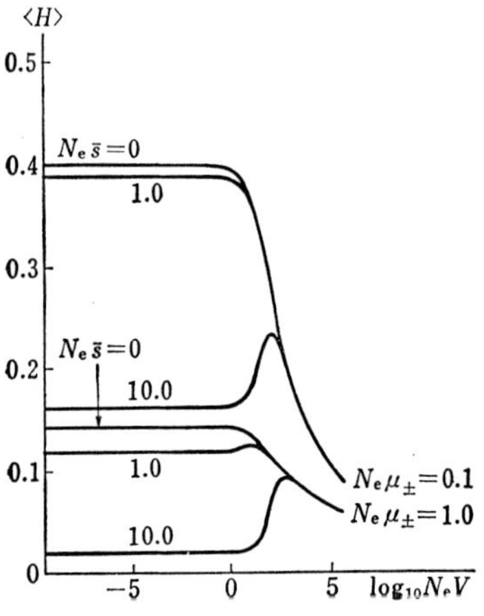

図 **8.4**　平均ヘテロ接合度 $\langle H \rangle$ の V 依存性．

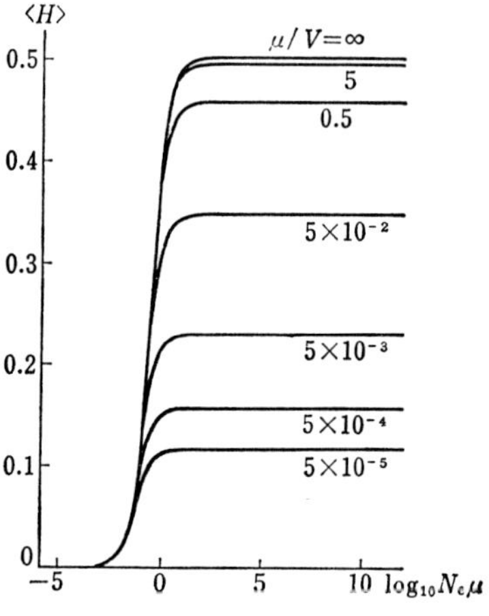

図 **8.5**　平均ヘテロ接合度 $\langle H \rangle$ の N_e 依存性．

図 8.5 は，$\bar{s}=0, \mu_\pm=\mu$ の場合に，一定の $\mu/V, \mu$ の値に対して $\langle H \rangle$ を $N_e\mu$ の関数として計算した結果である．$N_e\mu \to \infty$ のときには，μ の値に依らず一定の $\langle H \rangle$ に収束するが，これは，この極限では分布密度が (8. 4. 8) で与えられパラメタ μ/V にしか依らないことからして，当然である．(一般に，$\bar{s}=0$ でなくても

$$V \gg \bar{s}, \mu_\pm, 1/N_e \tag{8. 4. 15}$$

ならば，$\langle H \rangle$ の値はほぼパラメタ $\mu_\pm/V$ だけで定まることを，(8. 4. 8)～(8. 4. 10) に基づいて示すことができる.) 図には $V=0$ の場合，すなわち，中立アレル・モデルの結果も与えてある．2つを比較すると，中立アレル・モデルの場合には，$N_e\mu \cong 1$ の近傍で N_e を 1 桁ほど増すと $\langle H \rangle$ が 0 近くから 0.5 近くまで急激に増加するのに対し，ゆらぎが支配的な場合，すなわち (8. 4. 15) が成り立つときは，$\langle H \rangle$ は N_e にほとんど依存しないのみならず，パラメタ μ/V に対する依存性も弱く，μ/V を 5×10^{-5} から 5 まで増して $\langle H \rangle$ が 0.1 近くから 0.5 近くに変化するに過ぎない．

図8.6は，ゆらぎが支配的な(8.4.15)の場合にμ/Vの値を変化させたときの$\langle H\rangle$と$P_{0.01}$との関係を示している．図8.7は，同様の関係を$\langle H\rangle$と$\mathrm{Var}(H)$とについて与えている．2つの図において，点線の曲線はそれぞれ図7.3，図7.4の$K=2$の場合のもので，対応する中立アレル・モデルで$N_e\mu$の値を変化させたときの$\langle H\rangle$と$P_{0.01}$あるいは$\langle H\rangle$と$\mathrm{Var}(H)$の関係を与えている．いずれの図においても，実線曲線と点線曲線とはほぼ同様の関係を示し，両者の相違はさほど大きくない．

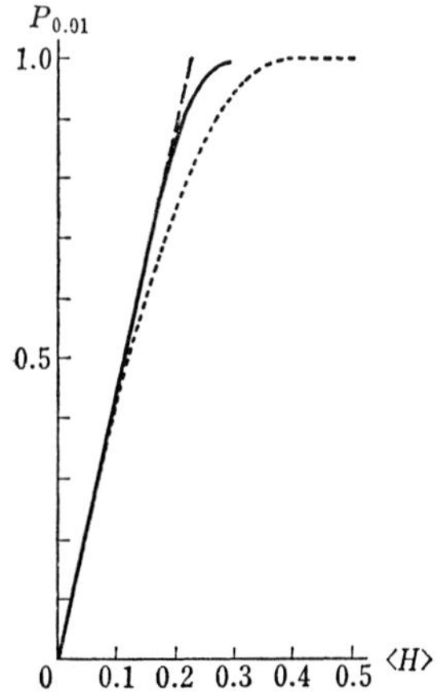

図8.6　平均ヘテロ接合度$\langle H\rangle$と多型確率$P_{0.01}$の関係．実線は(8.4.15)のとき．点線は中立アレルのときのもの(図7.3)．破線は(8.4.23)の関係を表わす．

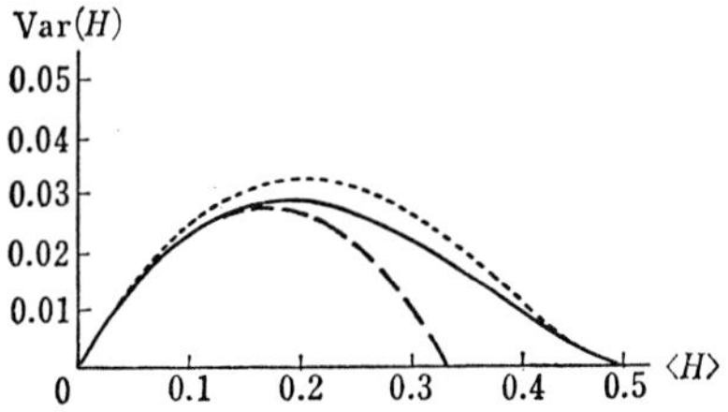

図8.7　ヘテロ接合度Hの平均と分散$\mathrm{Var}(H)$の関係．実線は(8.4.15)のとき．点線は中立アレルのときのもの(図7.4)．破線は(8.4.24)の関係を表わす．

最後に，(8.4.15)が成り立つときの近似的解析を与えて，この節を終えよう．このとき，(8.4.8)から，$\phi(x)$はxの両極端を除く区間で

$$\phi(x) = Cx^{\beta-1}(1-x)^{-\beta-1} \qquad (x(1-x) \gg x_+x_-) \qquad (8.4.16)$$

と近似される．ただし，

$$x_\pm \equiv \frac{\mu_\pm}{V} \ll 1 \qquad (8.4.17)$$

$$\beta \equiv \frac{w}{V}, \qquad |\beta| \ll 1 \qquad (8.4.18)$$

と置いた．規格化の定数 C を評価するために，$\phi(x)$ を区間 $(0, x_+)$ では(8.4.9)，区間 $(x_+, 1-x_-)$ では(8.4.16)，区間 $(1-x_-, 1)$ では(8.4.10)で近似すると，

$$\frac{1}{C} = |\log(x_+x_-)| + \frac{{x_+}^{2N_e\mu_+}}{2N_e\mu_+} + \frac{{x_-}^{2N_e\mu_-}}{2N_e\mu_-} + O(\beta) \tag{8.4.19}$$

となる．したがって，$x_\pm \to 0$, $\beta \to 0$ とすると

$$C = \frac{1}{|\log(x_+x_-)|} \tag{8.4.20}$$

となる．すなわち，ゆらぎが支配的である極限(8.4.15)で

$$\phi(x) = 1\Big/\left\{x(1-x)\left|\log\frac{\mu_+\mu_-}{V^2}\right|\right\} \qquad (x(1-x) \gg \mu_+\mu_-/V^2) \tag{8.4.21}$$

と簡単化される．これを用いると

$$\begin{aligned}\langle H\rangle &= 2\int_{x_+}^{1-x_-} x(1-x)\phi(x)\,dx + O(x_\pm) \\ &\cong 2\Big/\left|\log\frac{\mu_+\mu_-}{V^2}\right|\end{aligned} \tag{8.4.22}$$

となり，なぜ $\langle H\rangle$ がほぼ $\mu_\pm/V$ だけで定まり，またその値が $\mu_\pm/V$ に鈍感であるかが分る．また，P_q については，$q \gg x_\pm$ として(8.4.21)を(8.4.14)に代入すると

$$P_q \cong \langle H\rangle|\log q| \tag{8.4.23}$$

が得られる．ただし，途中で(8.4.20)を用いた．$\mathrm{Var}(H)$ についても，同様の計算により

$$\mathrm{Var}(H) \cong \left(\frac{1}{3} - \langle H\rangle\right)\langle H\rangle \tag{8.4.24}$$

が得られる．こうした理論結果は，図8.6，図8.7では，破線曲線として与えてあり，数値計算による厳密な結果と比較することができる．

§8.5　等価 K アレル・モデルの平衡頻度分布

この節では，§7.2で調べた中立 K アレル・モデルを修正し，そこで考えたサイズ効果，突然変異の他に更に次のような揺動淘汰が働いているモデルを考

え，その平衡頻度分布について調べてみよう．アレルに働く揺動淘汰は，$m_\sigma(t)$ を σ 状態の時刻 t におけるマルサス径数としたとき，異なる状態の $m_\sigma(t)$ 同士は互いに独立かつ同等な確率過程であり，§8.2で述べた拡散過程近似を許すものであると仮定する．したがって，§7.2で注意した K 個のアレルの同等性は，揺動淘汰に関しても成り立っていることになる．

まず，揺動淘汰を記述する拡散過程近似を求めておこう．上で述べた揺動淘汰の仮定から

$$\langle m_\sigma(t)\rangle = 0, \qquad \int_{-\infty}^{\infty} dt\,\mathrm{Cov}\,(m_\sigma(0),\, m_{\sigma'}(t)) = 2v\delta_{\sigma\sigma'} \tag{8.5.1}$$

と置いて一般性を失わない．すると，(8.2.25)に注意して，(8.2.27)，(8.2.47)は

$$\bar{s}_\sigma = 0, \qquad V_{\sigma\sigma'} = 2v(1+\delta_{\sigma\sigma'}) \qquad (\sigma, \sigma' \in \mathfrak{S}') \tag{8.5.2}$$

となる．これを用いて，(8.2.45)，(8.2.46)を計算すると

$$v_{\sigma\sigma'}(x) = 2v(I-x_\sigma-x_{\sigma'}+\delta_{\sigma\sigma'})x_\sigma x_{\sigma'} \tag{8.5.3}$$

$$m_\sigma(x) = 2v(I-x_\sigma)x_\sigma \tag{8.5.4}$$

となる．ただし，

$$I \equiv \sum_{\sigma=1}^{K} x_\sigma^2 \tag{8.5.5}$$

と置いた．これは，(7.2.35)と比較すれば $I=1-H$ であって，集団のホモ接合度(homozygosity)と呼ばれる．

さて，等価 K アレル・モデルに対する拡散過程近似を重ね合せの近似を用いて構成しよう．サイズ効果と突然変異とを記述する拡散過程近似のドリフト係数と拡散係数は，既に(7.2.23)で求められている．これを(8.5.3)，(8.5.4)と加え合わせると

$$v_{\sigma\sigma'}(x) = \frac{x_\sigma(\delta_{\sigma\sigma'}-x_{\sigma'})}{N_\mathrm{e}} + 2v(I-x_\sigma-x_{\sigma'}+\delta_{\sigma\sigma'})x_\sigma x_{\sigma'} \tag{8.5.6}$$

$$m_\sigma(x) = \frac{\mu}{K-1}(1-Kx_\sigma) + 2v(I-x_\sigma)x_\sigma \tag{8.5.7}$$

を得る．

$K-1$ 次元三角領域(7.2.12)の内部における頻度 $x \equiv \{x_\sigma; \sigma \in \mathfrak{S}'\}$ の平衡分布密度 $\phi(x)$ は，(7.2.26)すなわち

$$\mathrm{div}\, J(x) = \sum_{\sigma=1}^{K-1} \frac{\partial}{\partial x_\sigma} J_\sigma(x) = 0 \tag{8.5.8}$$

を満足する．ただし，確率流の強さ $J_\sigma(x)$ は(7.2.25)から

$$J_\sigma(x) = m_\sigma(x)\phi(x) - \frac{1}{2}\sum_{\sigma'=1}^{K-1} \frac{\partial}{\partial x_{\sigma'}} v_{\sigma\sigma'}(x)\phi(x) \tag{8.5.9}$$

である．

今の場合も，§7.2と同様に $J(x)=0$ は(8.5.8)の解を与えるであろうか．$J(x)=0$ は，(8.5.9)によれば

$$m_\sigma(x) - \frac{1}{2}\sum_{\sigma'=1}^{K-1} \frac{\partial}{\partial x_{\sigma'}} v_{\sigma\sigma'}(x) - \frac{1}{2}\sum_{\sigma'=1}^{K-1} v_{\sigma\sigma'} \frac{\partial}{\partial x_{\sigma'}} \log \phi(x) = 0 \qquad (\sigma \in \mathfrak{S}') \tag{8.5.10}$$

という連立方程式を与える．(8.5.6), (8.5.7)の具体的な表式を代入すると，(8.5.10)を $\partial \log \phi(x)/\partial x_\sigma$ について解くことができる．単純ではあるが長々しく面倒な計算の後，

$$\begin{aligned}\frac{\partial}{\partial x_\sigma} \log \phi(x) = F_\sigma \equiv &\left(\frac{2N_e\mu}{K-1} - 1\right)\left(\frac{1}{x_\sigma} - \frac{1}{x_K}\right) \\ &+ \frac{2N_e\mu}{K-1}\left(\frac{1}{x_K + 1/2N_e v} - \frac{1}{x_\sigma + 1/2N_e v}\right) \Big/ \left(1 - \frac{1}{K}\sum_{\sigma=1}^{K} \frac{1}{1 + 2N_e v x_\sigma}\right)\end{aligned} \tag{8.5.11}$$

を得る．ところが，$v>0$ の場合，F_σ の第2項が存在するために

$$\frac{\partial F_\sigma}{\partial x_{\sigma'}} \neq \frac{\partial F_{\sigma'}}{\partial x_\sigma} \qquad (\sigma \neq \sigma', \sigma, \sigma' \in \mathfrak{S}') \tag{8.5.12}$$

である．これは $\partial^2 \log \phi(x)/\partial x_\sigma \partial x_{\sigma'} = \partial^2 \log \phi(x)/\partial x_{\sigma'} \partial x_\sigma$ と矛盾する．ゆえに，$J(x)=0$ は $v>0, K \geqq 3$ である限り(8.5.8)の解ではあり得ない．もちろん，$v \to 0$ の極限をとると，(8.5.11)は(7.2.29)に帰着され，(7.2.32)の解を許す．しかし，$N_e \to \infty$ の極限をとって集団の有限サイズに因るランダム・ドリフトが無視できる場合を考えても，$v>0$, $K \geqq 3$ である限り(8.5.12)が成り立つ．この意味で，揺動淘汰がある場合平衡分布密度は確率流 $J(x)=0$ の解でないといえる．この場合の平衡分布密度を求めるためには，変数係数をもった2階の楕円型偏微分方程式の解をあらわな形で求めることが必要となる．

今までのところ(8.5.8)のあらわな解は求められていないので，以下ではそ

れに代る性質を2つ3つ調べてみよう．まず最初に，平衡分布に関する平均量の満足する関係式を導いておこう．このために，§4.3で与えた公式(4.3.30)を今の場合の $K-1$ 次元拡散過程(8.5.6), (8.5.7)に拡張して用いる．時刻 t における頻度 $x_\sigma(t)$ の平均 $\langle x_\sigma(t)\rangle$ の時間変化は，平衡分布が達成されていると仮定すると

$$\frac{d}{dt}\langle x_\sigma(t)\rangle = \langle \tilde{\boldsymbol{L}}(x_\sigma)x_\sigma\rangle = \langle m_\sigma(x)\rangle$$
$$= \left\langle \frac{\mu}{K-1}(1-Kx_\sigma)+2v(I-x_\sigma)x_\sigma \right\rangle = 0 \qquad (\sigma \in \mathfrak{S}') \quad (8.5.13)$$

となる．等価アレルの仮定から，当然

$$\langle x_\sigma \rangle = \frac{1}{K} \qquad (\sigma \in \mathfrak{S}) \qquad (8.5.14)$$

であるから，(8.5.13)は

$$\langle (I-x_\sigma)x_\sigma \rangle = 0 \qquad (\sigma \in \mathfrak{S}') \qquad (8.5.15)$$

となる．次に，$x_\sigma(t)$ の2乗の平均 $\langle x_\sigma^2(t)\rangle$ の時間変化は

$$\frac{d}{dt}\langle x_\sigma^2\rangle = \langle \tilde{\boldsymbol{L}}(x)x_\sigma^2\rangle = \langle v_{\sigma\sigma}+2m_\sigma x_\sigma\rangle$$
$$= \left\langle \frac{x_\sigma(1-x_\sigma)}{N_e}+2vx_\sigma^2(3I-4x_\sigma+1)+\frac{2\mu}{K-1}(1-Kx_\sigma)x_\sigma \right\rangle$$
$$= 0 \qquad (\sigma \in \mathfrak{S}') \qquad (8.5.16)$$

となる．等価アレルの仮定により，(8.5.15), (8.5.16)はすべての $\sigma \in \mathfrak{S}$ に対して成り立つ．これらの σ について加え合わせると，(8.5.15)は自明な恒等式を与える．しかし，(8.5.16)は

$$\left\langle \frac{1-I}{N_e}+2v\left(3I^2-4\sum_{\sigma=1}^{K} x_\sigma^3+I\right)+\frac{2\mu}{K-1}(1-KI) \right\rangle = 0 \qquad (8.5.17)$$

という自明でない関係式を与える．$v=0$ のとき(8.5.17)は $\langle I\rangle$ に関する1次方程式となり，その解は

$$\langle I\rangle = \frac{K-1+2N_e\mu}{K-1+2KN_e\mu} \qquad (8.5.18)$$

となる．当然ではあるが，これは(7.2.40)の結果と一致している．しかし，$v>0$ のときに(8.5.17)を適当な平均量に関して解き，そのパラメタ依存性をあ

らわにすることはできていない．

以上では，等価 K アレル・モデルの平衡頻度分布が示す厳密な性質を論じてきた．しかし，そのような立場からは，平均ヘテロ接合度 $\langle H\rangle(=1-\langle I\rangle)$ というような多型を表わす基本的な量についてさえ，具体的な性質を明らかにすることができなかった．そこで，以下では近似的性質で満足することにして，モデルの性質を今少し具体的に調べよう．ヘテロ接合度の平均 $\langle H\rangle$ や多型的座位の確率 P_q については，§7.2でも示したように，アレルの等価性の仮定だけから

$$\langle H\rangle = 1-K\int_0^1 x^2\phi_1(x)\,dx \tag{8.5.19}$$

$$P_q = 1-K\int_{1-q}^1 \phi_1(x)\,dx \tag{8.5.20}$$

と表わすことができる．ここで，$\phi_1(x_1)$ は $\phi(x)$ から

$$\phi_1(x_1) \equiv \int\cdots\int_{x_1+x_2+\cdots+x_{K-1}\leqq 1} \phi(x_1, x_2, \cdots, x_{K-1})\,dx_2\cdots dx_{K-1} \tag{8.5.21}$$

で定義される $\sigma=1$ アレルの周辺平衡分布密度関数である．この $\phi_1(x_1)$ を議論するためだけならば，K 個のアレル状態のすべてを区別して考える必要はなく，$\sigma=1$ アレル以外の $K-1$ 個の状態は，1束ねにして考えれば十分である．この束ねられた状態を $\sigma=-1$ 状態と名付けることにすると，これのマルサス径数 $m_{-1}(t)$ は

$$m_{-1}(t) = \sum_{\sigma=2}^{K} m_\sigma(t)\,x_\sigma(t)\Big/\sum_{\sigma=2}^{K} x_\sigma(t) \tag{8.5.22}$$

で与えられる．このように，$m_{-1}(t)$ は $\{m_\sigma(t);\sigma\in\mathfrak{S}-1\}$ を重み $\{x_\sigma(t);\sigma\in\mathfrak{S}-1\}$ で加重平均したものであるから，$m_1(t)$ とは，もはや独立でもなければ同等でもなくなっている．実際，$K\geqq 3$ の場合，例えば $m_{-1}(t)$ の長時間平均は $m_1(t)$ のそれよりも大きくなると期待される．なぜならば，ある時刻 t における $\{m_\sigma(t);\sigma\in\mathfrak{S}\}$ の最大値は $\sigma\in\mathfrak{S}-1$ に対して実現される確率の方が $\sigma=1$ に対して実現される確率よりも大きいし，一度 $\sigma\in\mathfrak{S}-1$ に対して実現された最大値はある程度の時間持続するため，そのアレル状態の $\sigma=-1$ 状態内での相対的頻度を増大させ $m_{-1}(t)$ への寄与の度合を高めるからである．そこで

$$\bar{s} \equiv \langle m_1(t) - m_{-1}(t) \rangle \quad (\leqq 0) \tag{8.5.23}$$

$$\tilde{V} \equiv \int_{-\infty}^{\infty} dt \, \mathrm{Cov} \langle m_1(0) - m_{-1}(0), m_1(t) - m_{-1}(t) \rangle \tag{8.5.24}$$

とおくことにしよう．突然変異率については，状態を束ねた結果，$\sigma=1$ 状態から $\sigma=-1$ 状態へは $\mu_-=\mu$，逆方向へは $\mu_+=\mu/(K-1)$ となる．$m_1(t)$ と (8.5.22) で定義される確率過程 $m_{-1}(t)$ とが§8.2で与えた拡散過程近似を許すと仮定すると，$\phi_1(x)$ に対する近似として，上に構成された2アレル・モデルの平衡分布密度 $\phi^{(2)}(x)$ を考えることができる(2状態近似(2 state approximation))．この密度は既に§8.4で求められている．ただし，あらわな結果(8.4.5)における V は，(8.5.24)の $\tilde{V}$ で置き換える必要がある．したがって，2状態近似は $K, N_e\mu, N_e\bar{s}, N_e\tilde{V}$ の4個のパラメタを含んでいる．しかし，これらの4個のパラメタ全部が独立なのではない．例えば，この近似はアレルの等価性の一帰結である(8.5.14)を満足する必要があるから

$$\langle x_1 \rangle \cong \int_0^1 x\phi^{(2)}(x)\, dx = \frac{1}{K} \tag{8.5.25}$$

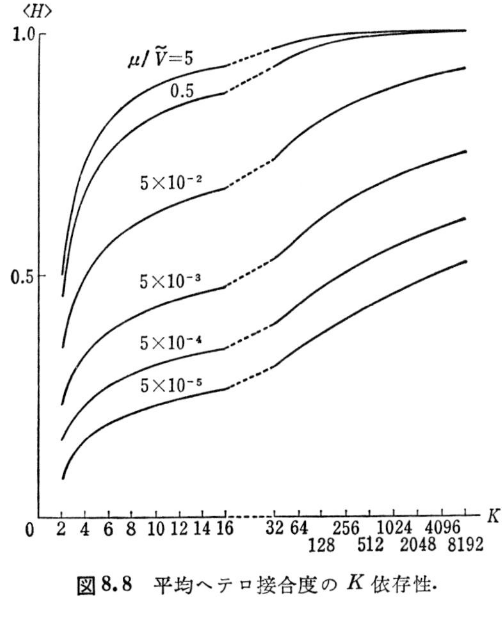

図8.8　平均ヘテロ接合度の K 依存性．

でなければならない．だから，$K, N_e\mu, N_e\tilde{V}$ の3個のパラメタを任意に与えると，$N_e\bar{s}$ の値は(8.5.25)を満足するものとして決定される．この手順で計算した2状態近似の結果を，$\langle H\rangle$ の K 依存性を示すグラフとして，図8.8に与える．ただし，この計算では，特に揺動淘汰の効果を見るために，$N_e=\infty$ とおいてサイズ効果を無視した．したがって，この場合の2状態近似分布密度 $\phi^{(2)}(x)$ は，(8.4.8)で与えられ，独立なパラメタは $K, \mu/\tilde{V}$ の2個となる．残りのパラメタ $\bar{s}/\tilde{V}$ は(8.5.25)を満足するように決定される．$\mu/\tilde{V}$ を固定して K を増す場合，$\langle H\rangle$ は単調に極限値1へと増大するように見える．図には $\tilde{V}=0$，すなわち中立 K アレル・モデルの場合の結果 $H=1-1/K$ をも併せて与えておいた．K を固定して $\tilde{V}$ を増した場合，$\langle H\rangle$ は単調に極限値0へと減少するように見える．

第9章　分子進化と多型現象

前章までにおいて，集団のレプリコン頻度が種々の要因の下で，どのように時間変化するかを簡単なモデルについて論じてきた．では，現実の自然集団において，レプリコンはどのようにその頻度を変えているのであろうか．最近に到るまで，表現型に可視的な変化を与えるような遺伝子以外については，直接遺伝子頻度を測定することや，生物種間の比較を行なうことはできなかったが，生化学の進歩により，構造遺伝子の生産物である蛋白質のアミノ酸系列(1次構造)の解析が行なわれ，それを通じて生物種間の相同蛋白質の構造の比較が可能になり，分子進化速度の概念が生まれた．また，電気泳動法によって，同一種生物集団において，同一の遺伝子座で作られるポリペプチドも個体によって差異があること，したがって同一種生物集団において，同一の遺伝子座におけるいくつかのアレルが共存していること，すなわち遺伝的多型現象が多く見られることが判ってきた．最近では，RNA や DNA の構造解析も進み，また異なる遺伝子座で作られ，異なる生理的機能を有する蛋白質の共通の起源なども活潑に調べられるようになってきた．本章では，これら広汎な分子進化の問題のうち，数理的解析がすでに種々行なわれた分子進化速度と多型現象について，主としてその数理的側面を考察することにしよう．

§9.1　分子進化速度の一様性

現存する種々の生物種のもつ，ヘモグロビンの α 鎖，β 鎖，ミオグロビン，フィブリノペプチド，チトクロム c など，ポリペプチドの1次構造(アミノ酸系列)を種間相互で比較すると，それらは種によって一般に異なる1次構造をもつが，立体構造はほぼ同一である．このように異なる種に属して互いに対応するポリペプチドの1次構造を相互に比較すると，これらのポリペプチドは，それぞれ共通の祖先ポリペプチドから由来したものであって，生物種の分岐に伴って，異なる種個体中に住みついて分化したものと考えられる．実際，例え

ばヘモグロビンの α 鎖の場合，それは哺乳類ではすべて141個のアミノ酸からできている．これをヒトとゴリラで比較すると，アミノ酸系列は1か所を除いてすべて一致している．哺乳類中系統的に離れたウシやウサギなどと比較しても，20前後のアミノ酸座位についてヒトと異なっているが，他の部分では配列はすべて同じである．ヘモグロビンは酸素の運搬，ミオグロビンは酸素の貯蔵，フィブリノペプチドは血液凝固の際フィブリノーゲンから切り離されるべきポリペプチドの部分，チトクロム c は電子の運搬というように，これらの蛋白質は，どの生物種の体内においてもそれぞれほぼ同一の生化学反応に関与している．このように，類似の構造と機能をもち，しかも由来を同じくする蛋白質は**相同蛋白質**(homologous protein)と呼ばれる．因みに類似の構造と機能をもつが，由来を異にする場合は**類似**(analogous)という語が用いられている．

相同蛋白質において，祖先のポリペプチドから現存するポリペプチドに至る系図を考えるならば，その系統線上のどこかでアミノ酸置換が起っているはずである．この置換が1つの系統線上で年当り起る率は，その分子の(その系統線上での)**分子進化速度**(molecular evolution rate)と呼ばれる．さて，これをモデル化して，図9.1に示すように，異なる生物種のもつ相同なポリペプチドBとCは T 年前に存在した共通の祖先ポリペプチドAから互いに独立にアミノ酸置換を行なって現存していると考えよう．

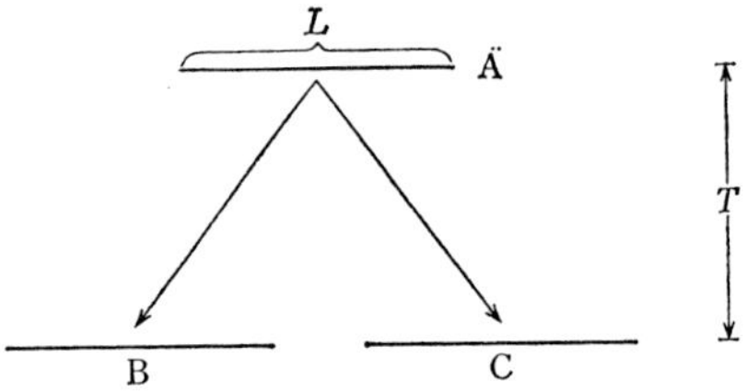

図9.1　モデルポリペプチドの進化と分化．

いま，これらのポリペプチドには置換の起り得るアミノ酸座位が L 個あり，各座位で起る置換は互いに独立で，置換率は一般に共通の祖先Aからの分岐後の年数に依存してもよいが，同一時点では置換は系統線によらず等しい確率で起るものと仮定しよう．$P(T)$ を系統線上 T 年を隔てるポリペプチドAとBまたはAとC間で，与えられた1つの座位が異なるアミノ酸によって占められる確率とすると，こうした2つのポリペプチド間で L 個の座位のうち，

ちょうど n 個の座位が異なるアミノ酸によって占められる確率は次のような2項分布によって与えられる.

$$P_T(n) = \binom{L}{n} P(T)^n \{1-P(T)\}^{L-n} \tag{9.1.1}$$

これから，確率変数 n の平均値 $\bar{n}(T)$ と，分散 $\sigma^2(T)$ はそれぞれ,

$$\bar{n}(T) = \sum_{n=0}^{L} nP_T(n) = LP(T) \tag{9.1.2}$$

$$\sigma^2(T) = \sum_{n=0}^{L} \{n-\bar{n}(T)\}^2 P_T(n) = LP(T)\{1-P(T)\} \tag{9.1.3}$$

によって与えられることになる.

さて，$v(t)$ を時点 t において注目する座位に置換が起る年当りの確率とする. 時点 t においてその座位が $t=0$ における祖先ポリペプチド A と異なるアミノ酸によって占められている場合，そこに置換が起ったとき一定の確率(復帰確率) p で A におけるアミノ酸に戻ると仮定すると,

$$P(0) = 0 \tag{9.1.4}$$

$$\frac{dP(t)}{dt} = -pv(t)P(t) + v(t)\{1-P(t)\} \tag{9.1.5}$$

となり，この解は

$$P(T) = \{1/(1+p)\}[1-\exp\{-(1+p)T\bar{v}(T)\}] \tag{9.1.6}$$

である. ただし,

$$\bar{v}(T) \equiv \frac{1}{T}\int_0^T v(t)\,dt \tag{9.1.7}$$

は時点 T までの間の平均置換率，すなわち，このモデルにおける平均分子進化速度である.

この考察をポリペプチド B から出発して A を経て C に至る系統線について行なうと，結局 B と C において与えられた座位が異なるアミノ酸によって置換されている確率は

$$P(2T) = \{1/(1+p)\}[1-\exp\{-2(1+p)T\bar{v}(T)\}] \tag{9.1.8}$$

となる. (9.1.8), (9.1.2) から

$$2(1+p)T\bar{v}(T) = -\log\{1-(1+p)\bar{n}(2T)/L\} \tag{9.1.9}$$

である.

簡単のため，L をアミノ酸座位の総数とし，$p=0$ と仮定すると，相同蛋白質の種間比較の実測値で得られた異なる座位の割合 K_{aa} を平均値 $\bar{n}(2T)/L$ と等置し，(9.1.9)を用いて実測値から $T\bar{v}(T)$ が求められる．一方，古生物学においては，化石とそれが発見される地層の年代から，2つの種の分岐年代が推定されているが，それを T の値として用いると(9.1.9)から $\bar{v}(T)$ が求められる．

こうして求めた $\bar{v}=\bar{v}(T)$ は，表9.1に示すように，大まかに見ると，選んだ種対には余り依存せず，相同蛋白質ごとにほぼ一定の値をもつが，異なる相同蛋白質ではかなりの違いがあり，$\bar{v}(T)$ の大きいフィブリノペプチドではそ

表9.1　ヘモグロビンとチトクロム c の進化速度およびその標準偏差，標準偏差の理論的期待値(Ohta, T. and Kimura, M.: J. Mol. Evolution, **1**(1977), 18にもとづく)

比　　較	K_{aa}	$2T\times10^{-8}$	$\bar{v}\times10^{9}$	$\langle\bar{v}\rangle\times10^{9}$	$\sigma\times10^{9}$	$\sigma_{\mathrm{th}}\times10^{9}$
ヘモグロビン β 鎖						
クモザル－ネズミ	0.196	1.6	1.225			
ヒト－ウサギ	0.101	1.6	0.631			
ウマ－ウシ(胎児)	0.232	1.0	2.319			
ラマ－ウシ	0.181	1.0	1.806	1.526	0.610*	0.298
ヒト δ－ヒツジ	0.206	1.6	1.288			
リーサスザル－ヤギ	0.189	1.6	1.184			
ブタ－ヒツジ	0.230	1.0	2.231			
ヘモグロビン α 鎖						
ヒト－ウシ	0.123	1.6	0.769			
ゴリラ－サル	0.036	0.8	0.450			
ウサギ－ネズミ	0.212	1.6	1.326	0.973	0.409	0.299
ウマ－ヒツジ	0.144	1.0	1.442			
ブタ－コイ	0.658	7.5	0.877			
チトクロム c						
ヒト－イヌ	0.112	1.6	0.699			
カンガルー－ウマ	0.070	2.4	0.290			
ニワトリ－ウサギ	0.080	6.0	0.136			
ブタ－クジラ	0.019	1.6	0.121	0.281	0.208*	0.114
タイ－ハト	0.080	6.0	0.136			
ウシガエル－マグロ	0.156	7.5	0.207			
ガラガラヘビ－ツノザメ	0.288	7.5	0.384			

$\langle\bar{v}\rangle$ は $\bar{v}$ の平均値，σ は標準偏差を表わす．σ_{th} はアミノ酸の置換が全く偶然にもとづくと仮定して(9.1.3)から求めた標準偏差の理論値．

＊ 理論と実測の統計的な有意差．

れは約 9×10^{-9}/年であり，小さいヒストンでは約 0.006×10^{-9}/年である．実際図 9.2 は種々の生物種対について $2T\bar{v}=-\log\{1-\bar{n}(2T)/L\}$ を T についてプロットしたもので，両者はほぼ比例関係を示しており，このような確率論的モデルが第1近似として事実を表わしていることが判る．

むろん，このような確率論的モデルは近似的なものであって，現実の結果は単なる統計的な偏差以上に外れていることが解析されているが，とにかく，分

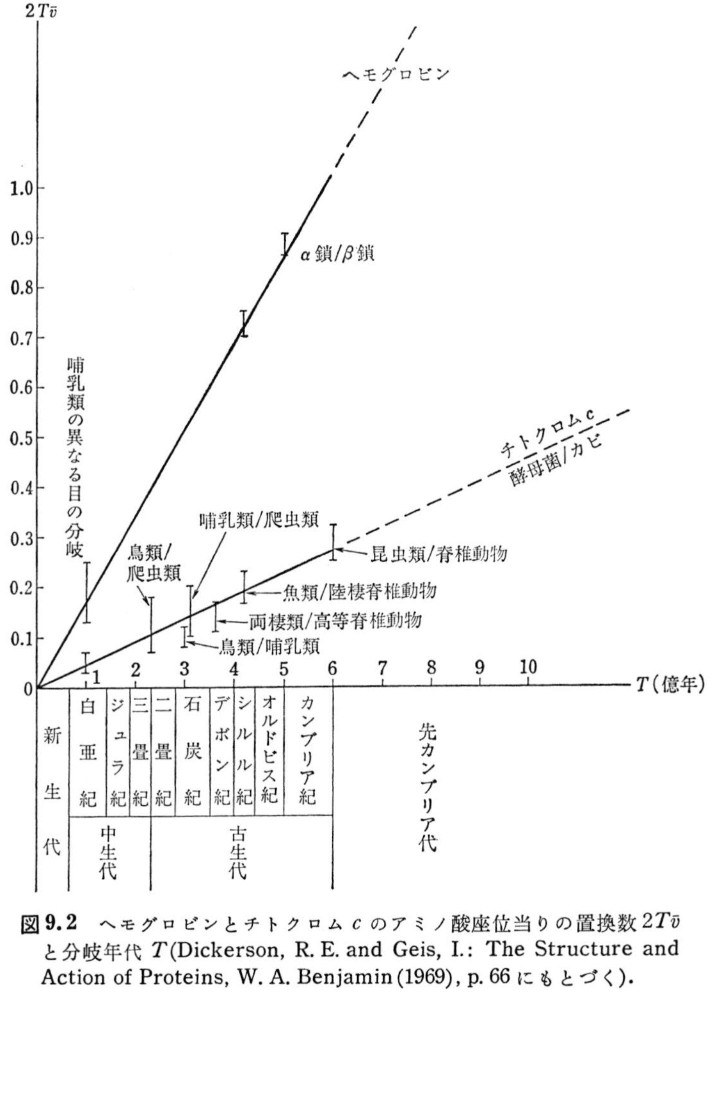

図 9.2　ヘモグロビンとチトクロム c のアミノ酸座位当りの置換数 $2T\bar{v}$ と分岐年代 T (Dickerson, R. E. and Geis, I.: The Structure and Action of Proteins, W. A. Benjamin (1969), p. 66 にもとづく).

子進化速度が近似的には種によらず一定であること，すなわち，哺乳類，さらにはヒトのように生物個体の形態，行動様式としては大きな進化を遂げた系統線上でも，魚類のようにすでに4億年も前から今と似た形態で存在していた生物に至る系統線上でも，分子進化速度が近似的にもせよ一定であるのは興味のあることである．したがって，このような確率論的モデルが成り立つ根底にある機構は何かということが問題になり，分子進化の中立説が唱えられるようになったのである．ただし，この議論は§9.3に譲り，次節では，このようなモデルの応用として，根井正利(1972)によって導入された異なる集団間の遺伝的距離の概念*を紹介しよう．

なお，上の確率論的モデルは蛋白質に限らず，核酸の塩基配列についても応用し得る．核酸の異なる塩基の数は4つで，異なるアミノ酸数20に比べると小さく，ここでは p が0と異なる効果は無視し得ないであろう．

§9.2　集団間の遺伝的距離

過去 T 年前に生物集団 P_0 が独立な分集団 P と P′ とに分れ，その後 P と P′ は互いに隔離されて現在に及んだと考えよう．遺伝子座 L に着目して，$I(L, P)$，$I(L, P')$ をそれぞれ集団 P および P′ から遺伝子座 L に属する2つのアレルを任意に抽出したとき，その2つが同一状態のアレルである確率とし，$I(L, P, P')$ を集団 P と P′ から L に属するアレルを1つずつ任意に抽出したときその2つが同一状態のアレルである確率とする．前節の確率論的モデル同様，各アレルの系統線上で年当り確率 v_L で他のアレル状態への置換が起り，しかも可能なアレル状態の数は非常に大きく，P_0 において異なる状態にあるアレルの子孫が P, P′ においてたまたま同一のアレル状態となる確率は無視されるとすると，P と P′ から抽出したアレルが同一状態であるためには，その祖先が P_0 において同一状態でなければならず，その確率は $I(L, P_0)$ である．P_0 において同一状態であるアレルの子孫が一方は P，他方は P′ にあるとき，それらがやはり同一状態にある確率は，(9.1.6)を導いたときと同じ考察から復帰確率 $p=0$ として，e^{-2Tv_L} である．かくて，

---

* Nei, M.: Amer. Nat., **106** (1972), 283.

$$I(\mathrm{L, P, P'}) = I(\mathrm{L, P_0})e^{-2Tv_\mathrm{L}} \tag{9.2.1}$$

が得られる．

過去の集団 $\mathrm{P_0}$ における $I(\mathrm{L, P_0})$ が現在の集団における $I(\mathrm{L, P})$，$I(\mathrm{L, P'})$ とあまり変らないと考えて，

$$I(\mathrm{L, P_0}) \cong \sqrt{I(\mathrm{L, P})I(\mathrm{L, P'})} \tag{9.2.2}$$

と仮定すると，

$$2Tv_\mathrm{L} = -\log\left[\frac{I(\mathrm{L, P, P'})}{\sqrt{I(\mathrm{L, P})I(\mathrm{L, P'})}}\right] \equiv D(\mathrm{L, P, P'}) \tag{9.2.3}$$

となり，$D(\mathrm{L, P, P'})$ は P と P′ との**遺伝的距離**(genetic distance)と呼ばれる．

さて，$I(\mathrm{L, P})$，$I(\mathrm{L, P, P'})$ は定義から集団 P, P′ における遺伝子頻度との間に次の関係をもつ．

$$I(\mathrm{L, P}) = \sum_\alpha x^2(\alpha, \mathrm{L, P}) \tag{9.2.4}$$

$$I(\mathrm{L, P, P'}) = \sum_\alpha x(\alpha, \mathrm{L, P})\, x(\alpha, \mathrm{L, P'}) \tag{9.2.5}$$

ただし，$x(\alpha, \mathrm{L, P})$ は集団 P において遺伝子座 L が α の状態のアレルで占められているようなゲノムの頻度であって，定義から

$$\sum_\alpha x(\alpha, \mathrm{L, P}) = 1 \tag{9.2.6}$$

を充す．

Lewontin と Hubby (1966)，および Harris (1966) は電気泳動法により，ショウジョウバエおよびヒト集団における種々の遺伝子座 L に対して遺伝子頻度 $x(\alpha, \mathrm{L, P})$ を求めた．この方法は爾来多くの研究者によって広汎に用いられるようになった．これは異なるアレルがコードする蛋白質において，それらが溶液中で異なる電荷をもつ場合には電場中での易動度が異なることを利用する方法である．ただし異なるアレルであっても，それらが等しい電荷をもつポリペプチドに対応することがあるが，それらは電気泳動法では区別できない．以下ではそのようなものは同一の α でラベルすることにする．このようにして求められた遺伝子頻度から，種々の L に対する $D(\mathrm{L, P, P'})$ が(9.2.3)～(9.2.5)から求められる．

表 9.2 に示すように，実測から求められた $D(\mathrm{L, P, P'})$ の L についての平均の大小は，P, P′ を構成する生物種の分類学上の距たりの大小と概ね一致して

いる．こうして求められた $D(\mathrm{L}, \mathrm{P}, \mathrm{P}')$ がどの程度(9.2.3)に与えられるように分岐年代 T に比例しているかは検討の余地があるにしても，$D(\mathrm{L}, \mathrm{P}, \mathrm{P}')$ はアミノ酸系列の比較では大して差が出ないほど，近い過去に分岐した分集団間の遺伝的距離を比較的簡単に表現できるので，多くの研究者によって用いられている．

表 9.2　種々の等級の分類単位間の遺伝的距離 D (Nei, M.: Molecular Population Genetics. North-Holland (1975), p. 184 による)

分類単位	分類単位数	遺伝子座数	D
A. 地方品種			
ヒト	3	35	0.011～0.019
ハツカネズミ	4	41	0.010～0.024
トカゲ	3	23	0.001～0.017
ウスグロショウジョウバエ	3	24	0.003～0.010
B. 亜種			
ハツカネズミ	2	41	0.194
トカゲ	4	23	0.335～0.351
ウスグロショウジョウバエ	5	24	0.083～0.126
C. 種			
トカゲ	4	23	1.32～1.75
ショウジョウバエ			
同胞種	18	13～23	0.18～1.54
非同胞種	27	13～23	1.3～2.54
D. 属			
魚(ニベ科)	5	16	1.1～2.8
E. 科			
ヒト－チンパンジー	2	42	0.62
F. 目			
ヒト－ウマ	2	—	19*

* アミノ酸系列のデータからの推定値．

§9.3　分子進化速度と突然変異率

§9.1において祖先ポリペプチドから現存するポリペプチドに至る系統線上において，年当りのアミノ酸置換率で測った分子進化速度には経験的に近似的な一様性があることを述べた．アミノ酸置換は構造遺伝子上に起る突然変異の産物ではあるが，分子進化速度は各個体においてアミノ酸置換を起す突然変異率そのものとは必ずしも等しくない．なぜなら，分子進化速度は現在まで生き残っている分子に至る系統線上で測られたものであるのに，各個体における突然変異率は，その子孫が絶滅してその個体に起った突然変異が分子進化速度に寄与しないような個体も進化速度に寄与する個体も区別なく，同じ重みで測ったものであるからである．

すなわち，個体に起る突然変異が分子進化に寄与するためには，突然変異を起した遺伝子の子孫が集団中に生き残らねばならない．第4章において，初期頻度が x である特定のアレルが集団中に固定する確率 $p(x)$ を突然変異は起らぬとの仮定の下で求めた．もし，分子進化に寄与する潜在的可能性をもつ新しいアレルが集団中に固定するまでの間には，更に新たなアレルが突然変異によって集団中に出現する可能性が無視されるとすると，新しいアレルが集団中に初期頻度 x で現れたとき，その子孫が生き残って分子進化に寄与する確率は $p(x)$ で与えられることになる．

このような新しいアレルが1個体に現れる確率，すなわち突然変異率を遺伝子当り単位時間当り μ であるとし，2倍体生物集団の個体数を N，ただし $2N\mu \ll 1$ とすると，新しいアレルは遺伝子座当り単位時間当り確率 $2N\mu$，初期頻度 $1/2N$ で集団中に出現すると考えてよい．したがって当該集団において，分子進化に寄与するアレルが単位時間当りに出現する確率，すなわち分子進化速度は

$$v = 2N\mu p(1/2N) \tag{9.3.1}$$

である．

当該アレルの選択係数を定数 s とすると，(4.4.30)から，

$$p(1/2N) \cong \begin{cases} 1/2N & (|s| \ll 1/2N_e) \\ sN_e/N & (1 \gg s \gg 1/2N_e) \\ (|s|N_e/N)e^{-2N_e|s|} & (1 \gg -s \gg 1/2N_e) \end{cases} \tag{9.3.2}$$

となり，

$$v \cong \begin{cases} \mu & (|s| \ll 1/2N_e) \\ 2sN_e\mu & (1 \gg s \gg 1/2N_e) \\ 2|s|N_e e^{-2N_e|s|}\mu & (1 \gg -s \gg 1/2N_e) \end{cases} \tag{9.3.3}$$

である．

(9.3.3)からすれば，分子進化速度の一様性を導くためには，$|s| \ll 1/2N_e$ と

いう中立的な突然変異が分子進化に主として寄与すると仮定するのが自然のように見える．なぜなら，個体に起る突然変異率 μ は集団の大きさには無関係であって，分子進化速度の経験的な一様性を理解するのに具合よく，それに対して(9.3.3)の他の場合については，v は $N_e s$ の値に強く依存し，$N_e s$ が種や集団に依らず一様であるとする根拠はなさそうに思われるからである．木村資生(1968)*は，このことを有力な根拠の1つとして，分子進化速度で測られるような分子進化の量的側面は，分子の環境への適応とは無関係な適応的に中立な突然変異によるとする分子進化の中立説を提唱した．

実際，中立突然変異のみがほとんど分子進化速度に寄与しているならば，それは中立突然変異率に等しいことは，もっと簡単かつ一般的に示すことができる．すなわち，1つの遺伝子座に着目すると分子進化速度 v は，中立突然変異に限らず，一般に

$$v = \sum_i \mu_i p_i' \qquad (9.3.4)$$

と書くことができる．ただし，μ_i は集団中の i 番目の遺伝子に単位時間当り起る突然変異率で，p_i' は i 番目の遺伝子に突然変異が起ったとき，その子孫が究極的に(実際的には現在まで)生き残る確率である．現在と(9.3.4)で考察している時点との間には十分の隔たりがあるとして，現時点まで子孫が生き残っているのは，ただ1つの遺伝子の子孫のみであるとすると，各遺伝子に突然変異が起って，しかもその子孫が究極的に生き残る事象は互いに排反事象となり，(9.3.4)で表わされるように，それぞれの確率を集団の遺伝子について加えたものが v に等しい．ここで，μ_i は i によらぬと考えるのが自然であり，これを μ と書くことにする．一方，p_i' は遺伝子自体の差や，それが置かれた内的，外的環境に依存するから，一般に i によって異なるであろう．因みに，(9.3.3)を導くモデルでは p_i' は i に依らぬと仮定されているが，ここではその必要はない．

注意すべきことは，p_i' はそこに突然変異が起ったという条件付きでの究極的生き残りの確率であって，無条件に i が究極的に生き残る確率 p_i とは一般には等しくないことである．もし，突然変異が機能的にすぐれたアレル状態へ

---

* Kimura, M.: Nature, **217** (1968), 624.

の突然変異であれば，$p_i' > p_i$ であり，劣ったアレル状態への突然変異であれば，$p_i' < p_i$ となろう．中立突然変異とは，正に

$$p_i' = p_i \tag{9.3.5}$$

を意味する．

一方，集団中のどれかただ1つの遺伝子の子孫が究極的に生き残ることから，

$$\sum_i p_i = 1 \tag{9.3.6}$$

が得られるから，(9.3.4)～(9.3.6)から，

$$v = \mu \tag{9.3.7}$$

となるのである．したがって，分子進化が専ら中立突然変異によると仮定すれば，進化速度は極めて一般的に中立突然変異率に等しいことが導かれる．しかし，突然変異が DNA の複製の際に主に起ることからすると，中立突然変異率も年当りよりも，むしろ世代当り一定と考えた方が自然である．一方，生物種によって世代の長さはかなり異なるから，(9.3.7)の結果は進化速度が世代当りでなく，むしろ年当り一定という実測の結果と両立しないように思われる．

次に中立突然変異以外の分子進化速度への寄与を不自然として斥けるもととなった表式(9.3.3)はかなり厳しい限定下で導かれた結果であることに気付く．現実の生物種の自然集団において，新しいアレルが集団中に固定するまでの間に，更に新たなアレルが突然変異によって出現することの影響は実際に無視され得るであろうか．また，当該アレルの選択係数はアレル出現から固定に到る長い間(平均待ち時間 $2N_e$)に，一定不変と仮定してよいかは大いに疑問である．実際，突然変異が起った時点では新しいアレルは適応上多少有利であっても，やがて集団の他の遺伝子にも有利な突然変異が起るならば，この有利さは打ち消されて，結局 $p_i' \cong p_i$ となることも可能かも知れない．

分子進化速度は中立突然変異によって与えられるとする分子進化の中立説は，Darwin 以来の自然淘汰，すなわち適応による進化説と対立する説として大きな論議を呼んだ．中立説も適応による進化の存在を否定しているわけではないが，適応によらぬ進化が分子のレベルでは数多く存在する．特に相同蛋白質のアミノ酸系列の種間差異を生ずるのは，適応とは無関係な突然変異が起り，集団の個体数が有限であるため変異体の頻度が機会的浮動を受け，その結果，変異体が集団中に固定することによると主張するのである．分子構造に違いがあ

れば分子の機能にも何らかの差があるはずであるが，この差が自然淘汰の対象として有意に働くか否かは自明ではない．実際，実験室的な短い時間内で見ると，アレルによる適応度のちがいは測定にかからぬほど微弱なことが多いようである*．しかし，分子進化速度の対象になるような変化は種の分岐に関連する時間スケール，すなわち少なくも何十万年，何百万年という長い間の変化であって，集団遺伝学理論からすれば，微弱なちがいも上のような長い年月の間には拡大再生産される可能性を含んでいることも事実である．そこで，恐らくこの両極端の中間的な時間スケールでの変化が効くと考えられる現象として，次節では蛋白多型現象を解析して中立説論争に探りを入れてみよう．

§9.4　蛋白多型現象

一般に，**遺伝的多型**(genetic polymorphism)とは，同一の生物種集団内に含まれる正常な個体間に不連続な遺伝的変異が存在する現象である．本章の始めに述べたように，同一の遺伝子座から作られながら，異なる電荷をもつ蛋白質を有する個体が同一種集団中に共存する，いわゆる**蛋白多型**(protein polymorphism)が多くの遺伝子座にわたって存在することが定量的に明らかになってきた．§9.2では，集団Pにおいて，遺伝子座Lがαというアレルで占められているゲノム(レプリコン)の頻度を$x(\alpha, \mathrm{L}, \mathrm{P})$と定義した．指数$q$($q$は通常0.01～0.05と採られる)でLがPにおいて**多型的**(polymorphic)とはどのαについても

$$x(\alpha, \mathrm{L}, \mathrm{P}) < 1-q \tag{9.4.1}$$

であることをいう．(L, P)に対する多型の程度を表わすのによく用いられる量は

$$H(\mathrm{L}, \mathrm{P}) \equiv \sum_{\alpha} x(\alpha, \mathrm{L}, \mathrm{P})\{1-x(\alpha, \mathrm{L}, \mathrm{P})\} \tag{9.4.2}$$

で定義されるヘテロ接合度(heterozygosity)** であって，(9.2.4)の$I(\mathrm{L}, \mathrm{P})$

---

* Yamazaki, T.: Genetics, **67**(1971), 579. Mukai, T., Watanabe, T. K. and Yamaguchi, O.: Genetics, **77**(1974), 771.

** $H(\mathrm{L}, \mathrm{P})$をヘテロ接合度と呼ぶのは，集団Pにおいて，2倍体生物の接合子が任意交配の結果生じたとき，遺伝子座Lにおいて異なるアレルが接合している頻度，すなわちヘテロ接合体の頻度は(9.4.2)で定義される$H(\mathrm{L}, \mathrm{P})$に他ならないからである．しかし，$H(\mathrm{L}, \mathrm{P})$は交配の仕方や，2倍体，1倍体に無関係に，集団の多様性の目安と

とは

$$H(\mathrm{L, P})+I(\mathrm{L, P})=1 \tag{9.4.3}$$

の関係にある．P を固定して種々の L についての $H(\mathrm{L, P})$ の平均を，平均ヘテロ接合度 $H(\mathrm{P})$ と呼び，これは集団 P の平均的な多様性を表わしている．平均的多様性を表わすのによく用いられるもう 1 つの量は，指数 q で多型的である L が，調べられた遺伝子座全体に占める割合であって，これを P における多型的遺伝子座の割合 $P_q(\mathrm{P})$ で表わす．

最近，Nevo* は 1976 年初頭までに発表された植物，動物を含めて，各 14 以上の遺伝子座について調べられた計 242 種の生物に対する測定結果をまとめた．定義からすれば，$H(\mathrm{P})$ と $P_q(\mathrm{P})$ は共に 0 から 1 までの値を取り得るが，現実には，表 9.3 に示すように，それらの実測値は比較的狭い領域に限られている．また，種々の $(\alpha, \mathrm{L, P})$ についての $x=x(\alpha, \mathrm{L, P})$ の値の度数分布図は図

表 9.3 種々の生物集団における多型的遺伝子座の割合 $P_{0.05}$ と平均ヘテロ接合度 $H(\mathrm{P})$ (Nevo による)

			$P_{0.05}$		$H(\mathrm{P})$	
		種の数	平均	標準偏差	平均	標準偏差
9つのグループ	1. 植物	15	0.259	0.166	0.0706	0.0706
	2. 無脊椎動物(昆虫類を除く)	27	0.399	0.275	0.1001	0.0740
	3. 昆虫類(ショウジョウバエを除く)	23	0.329	0.203	0.0743	0.0810
	4. ショウジョウバエ	43	0.431	0.130	0.1402	0.0534
	5. 硬骨魚類	51	0.152	0.098	0.0513	0.0338
	6. 両棲類	13	0.269	0.134	0.0788	0.0420
	7. 爬虫類	17	0.219	0.129	0.0471	0.0228
	8. 鳥類	7	0.150	0.111	0.0473	0.0360
	9. 哺乳類	46	0.147	0.098	0.0359	0.0245
	計	242	0.263	0.153	0.0741	0.0510
3つのグループ	I. 植物 (1)	15	0.259	0.166	0.0706	0.0706
	II. 無脊椎動物(2–4)	93	0.397	0.201	0.1123	0.0720
	III. 脊椎動物(5–9)	134	0.173	0.119	0.0494	0.0365

して意味をもっている．したがって，Nei と Roychoudhuri (1974) が呼んだように，これを多様指数 (heterogeneity index) と呼ぶのが合理的であろうが，ヘテロ接合度という呼び方がすでに非常に行きわたっているので，本書でもそれを踏襲することにした．

* Nevo, E.: Theor. Pop. Biol., **13** (1978), 121.

9.3に示すように，$x=0, 1$ の近傍を除けば，ほぼ $\{x(1-x)\}^{-1}$ に比例した曲線で近似し得る．その他いろいろデータを解析してみると*，生物種相互の巨視的な表現型のちがいとは対照的に，このような分子のレベルでの多型現象の起り方には統計的に見て，それほど種によらない一様性があることが判る．それでは，こうした蛋白多型が集団中に保持される機構は何かということが問題になってくる．これは，ここ十数年来，集団遺伝学の中心課題の1つであって，未だに結着を見ていない大問題である．ここでは，主として第8章で得られた結果の応用として，少しく理論的解析を行なってみよう．

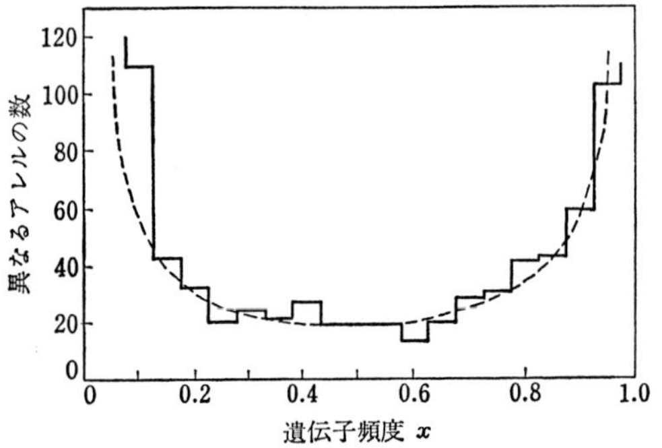

図 9.3　遺伝子頻度の度数分布図．破線は $\{x(1-x)\}^{-1}$ に比例する曲線(Takahata, N., Ishii, K. and Matsuda, H.: Proc. Nat. Acad. Sci. USA, **72**(1975), 2761 による)．

まず，$w(\alpha, \mathrm{L}, \mathrm{P}, t)$ をアレル $(\alpha, \mathrm{L}, \mathrm{P})$ の時点 t における適応度，$w^{c}(\alpha, \mathrm{L}, \mathrm{P}, t)$ を (L, P) に属する α 以外のアレルの平均適応度とし，

$$s(\alpha, \mathrm{L}, \mathrm{P}, t) \equiv \ln\left[\frac{w(\alpha, \mathrm{L}, \mathrm{P}, t)}{w^{c}(\alpha, \mathrm{L}, \mathrm{P}, t)}\right] \tag{9.4.4}$$

を $(\alpha, \mathrm{L}, \mathrm{P})$ の時点 t における淘汰有利度としよう．遺伝子頻度の時間変化の実測から推定される $|s(\alpha, \mathrm{L}, \mathrm{P}, t)|$ の値は多型に寄与するような多くのアレルについては小さく，高々0.01以下とされている．このことから多型を論ずるときには，実質的に

$$s(\alpha, \mathrm{L}, \mathrm{P}, t) = 0 \tag{9.4.5}$$

とおいてよいと仮定し，アレル頻度の時間変化は主として P に含まれるアレ

* Matsuda, H. and Gojobori, T.: Adv. in Biophys., **12**(1979), 53.

ル(レプリコン)数が有限であるために起る機会的浮動と突然変異によって支配されると考えるのは中立説の主張である.

しかし，現実には蛋白質の1次構造が異なればその機能には何らかの差があると考えるべきであるから，(9.4.5)はあくまで近似である．観測された多型の統計的性質は，集団中の多くのアレルが多世代にわたってその頻度を現在まで変えてきた結果であるから，たとえ淘汰有利度が小さくても0でない限り，多世代にわたる累積的効果は無視し得るとは限らない．どのような条件の下でこの効果が利くのかまたは無視されるのか，また現実はどうであるかを解析するのは正に理論の役割である．$w(\alpha, \mathrm{L}, \mathrm{P}, t)$ は $(\alpha, \mathrm{L}, \mathrm{P})$ でラベルされる多くのアレルの適応度の平均である．アレルおよびその生産物である蛋白質は個体内の内的環境，個体外の外的環境の下で機能し，自己再生産を行なうのであるから，アレルごとにその環境は異なり，それらは時間 t と共に変化する．したがって，当然 $w(\alpha, \mathrm{L}, \mathrm{P}, t)$ は t とともに変化すると考えねばならず，$s(\alpha, \mathrm{L}, \mathrm{P}, t)$ もまた然りである．次に，同様の環境は何世代かにわたって持続すると考えるべきである．このことは，個体の置かれた生態系の状態の変化が連続的であることもあろうし，染色体上で多くの遺伝子座が連鎖していることを考えれば，注目するアレルの置かれる内的環境は，その子孫に多少とも引きついで行かれるものと見なければならない．第8章で考察した揺動環境モデルは，正にこのような環境ゆらぎの時継続を取り入れ，淘汰有利度を確率過程として，アレル頻度の時間変化の模様を拡散方程式で表わしたものであった.

一方，現実においては，時刻 t をパラメタとして，アレル $(\alpha, \mathrm{L}, \mathrm{P})$ の集団における一切の内的，外的環境が指定されるものと考えると，$s(\alpha, \mathrm{L}, \mathrm{P}, t)$ の時間変化は，確率的ではなく，ある定まった t の関数かも知れない．しかし，ここで理論的解析を行なう対象は多くの $(\alpha, \mathrm{L}, \mathrm{P})$ の統計的性質であるので，現実では，こうした異なる $(\alpha, \mathrm{L}, \mathrm{P})$ の集団中で，$(\alpha, \mathrm{L}, \mathrm{P})$ それぞれを確率モデルの見本であると考えることができる．すなわち，いま，ゆらぎの持続時間 τ がアレル頻度 $x(\alpha, \mathrm{L}, \mathrm{P}, t)$ がかなり変化するのに要する時間 T に比べて十分小さいとし，時点 t を中心とする時間 T にわたっての $s(\alpha, \mathrm{L}, \mathrm{P}, t)$ の平均を $\bar{s}(\alpha, \mathrm{L}, \mathrm{P}, t)$，ゆらぎの累積的な大きさ(これを**ゆらぎの強度** magnitude of fluctuation と呼ぼう)の平均を

$$V(\alpha, \mathrm{L}, \mathrm{P}, t) \equiv \frac{1}{T}\left[\int_{t-T/2}^{t+T/2} dt' \{s(\alpha, \mathrm{L}, \mathrm{P}, t') - \bar{s}(\alpha, \mathrm{L}, \mathrm{P}, t)\}\right]^2 \tag{9.4.6}$$

とおく．種分化，種形成を起すに要する時間では $\bar{s}(\alpha, \mathrm{L}, \mathrm{P}, t)$, $V(\alpha, \mathrm{L}, \mathrm{P}, t)$ は一定でなく変化するかも知れないが，アレル頻度が平衡に達する程度の時間スケール T 内では，これらの量の t 依存性は小さいとすると，

$$\bar{s}(\alpha, \mathrm{L}, \mathrm{P}, t) \cong \bar{s}, \qquad V(\alpha, \mathrm{L}, \mathrm{P}, t) \cong V \tag{9.4.7}$$

という $(\alpha, \mathrm{L}, \mathrm{P})$ の各〻は，§8.2における，パラメタ $\bar{s}, V$ で特徴づけられる確率モデルの見本とみなされる．そして，このような時間スケール T における見本集団の統計的性質は，確率モデルの平衡分布によって近似されるであろう．

このように考えると，§8.2で考察したモデルは，時継続をもつ環境ゆらぎを取り入れることに主眼をおいて導入されたものではあったが，それは一般に平均淘汰有利度を $\bar{s}$，ゆらぎの強度を V，有効集団サイズを N_e で表わしており，このようなパラメタで代表される異なる $(\alpha, \mathrm{L}, \mathrm{P})$ の集団の統計的振舞の特徴がパラメタにどのように依存して変るかを探るための一般的モデルとみなすことができる．

そもそも，分子進化や多型現象の起因は突然変異にあることはいうまでもない．これに対して，自然淘汰やサイズ効果は，突然変異の効果に対して干渉するわけである．いわゆる分子進化，多型現象の機構論は何が干渉の主役であるかの議論ともいえる．一般的には，いろいろな淘汰もサイズ効果も干渉を行なっているに違いないが，もし，主役以外の脇役は2次的な効果とみなして現実の現象を把握できるならば，それに越したことはない．そこで，以下では，われわれのモデルにおいて，干渉者としての3種類の要因を枚挙し，それぞれが主役として脇役を無視し得るための条件と，それが充たされたときの理論的帰結と現実とを比較して，果してこのような簡単な把握が第1近似として可能かどうかを調べてみよう．

(1) ゆらぎによらぬ自然淘汰（条件 $|\bar{s}| \gg V, N_e^{-1}, \mu_\pm$）

ゆらぎによらぬ自然淘汰の場合のアレル頻度の時間変化は第3章で行なったような決定論的取扱いがよい近似となる．このとき，$\bar{s}$ に当る淘汰有利度 $s(t)$ は定数か，または

$$s(t) \equiv \tilde{s}(x(t)) \tag{9.4.8}$$

と，その時間 t 依存性は頻度 $x(t)$ を通じてのみ働くと考えられる．この場合には§3.7で考察したように，突然変異と淘汰のバランスとして，平衡頻度 x^* が存在し，$\phi(x)$ は x^* に鋭いピークをもつことになる．特に $s(t)=s$ が正定数のときは，(3.7.14)から

$$x^* = x(\infty) \cong 1-\frac{\mu_-}{s} \tag{9.4.9}$$

であり，$\tilde{s}(x)$ が(3.7.21)で与えられるときは，(3.7.22)～(3.7.25)から，$s>0$ として，

$$x^* \cong \begin{cases} 1-\dfrac{\mu_-}{s(1-h)} & (0\leqq h<1) \quad (9.4.10) \\ 1-\sqrt{(\mu_-/s)} & (h=1) \quad (9.4.11) \\ \dfrac{h}{2h-1}+\dfrac{(\mu_+-\mu_-)h-\mu_+}{h(h-1)} & (h>1) \quad (9.4.12) \\ -\dfrac{\mu_+}{h} \quad \text{または} \quad 1-\dfrac{\mu_-}{s(1-h)} & (h<0) \quad (9.4.13) \end{cases}$$

となる．x^* の値は上式のように，$\mu_\pm, s, h$ などのパラメタの関数として与えられており，現実のアレル頻度の分布密度は，これらのパラメタの分布について，それぞれに対応する $\phi(x)$ を平均したものである．

したがって，今の仮定の下でもしそれが $\{x(1-x)\}^{-1}$ に比例するとすれば，それはゆらぎによらぬ自然淘汰が干渉の主役であることの必然的な帰結ではなく，パラメタが特別の分布をとるせいであって，なぜ現実のパラメタの分布がそうであるかの説明にはなっていない．それにしてもパラメタの分布はそうなっているのだとの議論も可能ではあるが，(9.4.12)以外の場合，$|s|$ の値は μ_- 程度の小さいもの(弱有害説)* となり，x^* の値は s のわずかな変化に敏感で，$s(t)$ のゆらぎの効果を無視することは現実的とは思われない．(9.4.12)の場合は超優性の場合で，超優性が一般的な多型保持機構であることは，実測結果ではむしろ否定的であるので，あまり考えなくてよさそうである**.

* 弱有害説は主として太田朋子によって提唱された．Ohta, T.: Nature, **252** (1974), 351. Kimura, M.: Proc. Nat. Acad. Sci. USA, **76** (1979), 3440.

** 向井輝美:『集団遺伝学』, 講談社(1978).

(2) サイズ効果による機会的浮動(中立説) (条件 $N_e^{-1} \gg |\bar{s}|, V, \mu_\pm$)

サイズ効果による機会的浮動の場合は，一般に上のような条件をみたす K 個の等価なアレルがあるとすると，$\bar{s}=V=0$ という中立の極限では，(7.2.11) から

$$\phi(x)=\phi_1(x)=\frac{\Gamma(\alpha)}{\Gamma(\alpha/K)\Gamma(\alpha(1-1/K))}x^{\alpha/(K-1)-1}(1-x)^{\alpha(1-1/K)-1} \tag{9.4.14}$$

ただし

$$\alpha=2N_e\mu_-=2N_e\mu_+(K-1) \tag{9.4.15}$$

となり (N_e は有効集団サイズ)，

$$N_e\mu_- \ll 1 \tag{9.4.16}$$

である限り，$\phi(x) \propto \{x(1-x)\}^{-1}$ が近似的に成り立つことは，主役がサイズ効果であることの必然的な帰結である．

一方，平均ヘテロ接合度は，(7.2.17) から，

$$\langle H\rangle=\frac{\alpha}{\alpha K/(K-1)+1} \tag{9.4.17}$$

となる．特に $K\to\infty$ とすると，

$$\langle H\rangle=\frac{2N_e\mu_-}{2N_e\mu_-+1} \tag{9.4.18}$$

と簡単になる．何れにせよ，こうして得られた $\langle H\rangle$ の値が，表9.3のような実測値と両立するためには，$N_e\mu_-$ の値が生物種によらず，0.01～0.1 程度の狭い範囲に限られていなければならない．例えば Soulé* によれば微生物を除いても種の個体数は 10^3 から 10^{11} のオーダーまで広く分布している．さらに大腸菌のように，1 ml 中に 10^9 程度棲息し得るような微生物でも平均ヘテロ接合度の値は余り変わらない**のであるから，$N_e\mu_-$ がこのような狭い範囲内に限られているとすると神秘的である．第4章で導いた N_e の定義から，集団のレプリコン数が時間とともに変わるときは，(9.4.16) で用いる N_e は，各時点でのレプリコン数の逆数の時間平均の逆数，すなわち調和平均を用いるのが適

＊ Soulé, M.: Molecular Evolution (Ayala, F. J., ed.), Sinauer Associates, Sunderland (1976), Chap. 4.

＊＊ Milkman, R.: Science, **182** (1973), 1024.

当であり，最小の個体数が調和平均によく効くから，もしレプリコン頻度が平衡状態に達するに要する時間スケールである N_e 世代のオーダーまでの過去において，集団の個体数が激減したことが，どの種についても起るのが‘自然則’であるとすれば，α が余り大きくないことは理解できるかも知れない．そのような‘自然則’があるかどうかはよく判らないし，α が余り小さくないことはどのように考えればよいのであろうか．

(3) 環境ゆらぎによる自然淘汰(環境ゆらぎ説) (条件 $V \gg |\bar{s}|, N_e^{-1}, \mu_\pm$)

環境ゆらぎによる自然淘汰の場合は，§8.4 でくわしく調べたように，(8.4.16) において，$|\beta| \ll 1$ であり，必然的に近似式 $\phi(x) \propto \{x(1-x)\}^{-1}$ が得られる．$\langle H \rangle$ の値は (8.4.22) から対数関数の性質として予想され，図 8.5 から具体的に見られるように，パラメタ $\mu_\pm/V$ の値に鈍感であるが，これは $\langle H \rangle$ の値の種によらぬ一様性を理解する上にも自然である．

ただし，ゆらぎが主役であるための条件を充たすアレル状態の個数を K とするとき，§8.4 では $K=2$ としたが，現実のデータとのよりくわしい比較を行なうためには，一般の K について，§8.5 で取り扱った等価レプリコン・モデルを用いて解析をすすめることが必要である．もし，DNA の塩基配列のちがいまで区別してアレルの違いを指定する場合を考えれば，K の値はかなり大きいかも知れない．しかし，電気泳動法では，同一の電荷をもつポリペプチドは同一視されているから，くわしく見れば異なるアレルも 1 つのアレルとして束ねられており，このときの多型の実測値とを引きくらべると，K の値は 2 から 4 くらいであり，$\mu_\pm/V$ は 10^{-3} くらいの大きさとして，ほぼその特徴を理解することができる*.

§9.5 分子進化のモデルと進化の描像

以上述べたように，現実の多型現象の理解のためには，環境ゆらぎ説が第 1 近似として最も自然のように思われる．それでは，進化速度についてはどうか．§9.3 で考察したように，中立モデルによれば，極めて一般的に分子進化速度は中立突然変異率に等しいことが導かれた．しかし，前に述べたように，‘世代

* 188 ページ脚注文献(Matsuda, H. and Gojobori, T.)参照.

当り’でなく‘年当り’の一様性を説明する上に問題がある．自然淘汰による分子進化の場合，これまでは専ら(9.3.1)で行なったような考え方で進化速度が評価され，適応的進化が進化速度の一様性と矛盾するとされてきた．しかし，従来の評価は，(i)各世代において突然変異で新しいレプリコンが集団中に出現する確率は1に比して十分小さいこと，(ii)新しいレプリコンが集団中に現われてから消滅または固定するまでに集団中に起る突然変異が固定確率に及ぼす効果は無視されること，の2条件の下で正当化されるが，このことは少なくもレプリコン数 N が十分大きい集団については成り立たない．そこで最近筆者らは新たに進化のモデルとして次のようなものを考えた．

すなわち，すべてのレプリコンは，ある共通の祖先レプリコン(これを旧約聖書に因んでアダムと呼ぼう)から，何回かの突然変異の結果生じたものとし，レプリコンの状態 $\sigma\in\mathfrak{S}$ を整数 n, m を用い，$\sigma=(n, m)$ と表わすことにする．ここに n はその状態がアダムから n 回の突然変異で生じたことを表わし，m は同じ n をもつレプリコン内で異なる状態のものを区別するパラメタである．

さて，

$$N_n(t)\equiv\sum_m N_{(n,m)}(t)\qquad(n=0,1,2,\cdots)\tag{9.5.1}$$

を，$\sigma=(n\cdot)$ というレプリコンの時点 t における総数とすると，その頻度は

$$x_n(t)\equiv N_n(t)/N(t)\tag{9.5.2}$$

ただし

$$N(t)\equiv\sum_{n=0}^{\infty}N_n(t)\tag{9.5.3}$$

である．

$\{N_n(t)\}$ は十分大きいとして，サイズ効果を無視すると，連続時間近似の下で，1世代を時間の単位として $N_n(t)$ の時間変化は

$$\dot{N}_n(t)=\{m_n(t)-\mu\}N_n(t)+\mu N_{n-1}(t)\qquad(n=0,1,2,\cdots)\tag{9.5.4}$$

によって与えられる．ただし，

$$N_{-1}(t)\equiv 0,\qquad N_n(0)=N_0\delta_{n0}\qquad(N_0\text{ は正定数})\tag{9.5.5}$$

で，簡単のため，世代当りの突然変異率 μ は正定数とし，状態 (n, m) から状態 (n', m'), $(n'<m)$ へのいわば先祖帰りの突然変異は無視した．レプリコンが DNA またはその部分であり，いずれも極めて多数の塩基からなり，突然変異

は主として点突然変異，すなわちただ1つの塩基の置換であるとすると，この仮定はさほど非現実的ではなかろう．ここで $m_n(t)$ は時点 t における $\sigma=(n\cdot)$ という $N_n(t)$ 個のレプリコンの平均マルサス径数である．

進化のステップ数 n の集団平均を

$$\bar{n}(t) \equiv \sum_{n=0}^{\infty} n x_n(t) \tag{9.5.6}$$

とすると，時点 t での進化速度 $v(t)$ は自然に

$$v(t) = d\bar{n}(t)/dt \tag{9.5.7}$$

によって定義される．また

$$\bar{v}(t) \equiv \bar{n}(t)/t \tag{9.5.8}$$

は時点 t までの平均進化速度であるが，極限進化速度

$$v_\infty \equiv \lim_{t\to\infty} v(t) \tag{9.5.9}$$

が存在するときは，

$$v_\infty = \bar{v}_\infty \equiv \lim_{t\to\infty} \bar{v}(t) \tag{9.5.10}$$

である．

さて，(9.5.4)から，一般に，

$$N_0(t) = U_0(t, 0) N_0 \tag{9.5.11}$$

$$N_n(t) = \mu \int_0^t dt' U_n(t, t') N_{n-1}(t') \qquad (n=1, 2, \cdots) \tag{9.5.12}$$

ただし，

$$U_n(t, t') \equiv \exp\left[\int_{t'}^{t} \{m_n(t'') - \mu\} dt''\right] \tag{9.5.13}$$

である．したがって原理的には $N_n(t)$ は上式を用いて次々と求められることになるが，特に $\{m_n(t)\}$ が簡単な場合には具体的に $v(t)$，またはその $t\to\infty$ での漸近形を評価することができる．種々の場合の数学的結果はA9に述べられるが，ここではその結果を取りまとめ，その生物学的(進化学的)意義を考察してみよう．

まず，s を定数として，

$$m_n(t) = sn \qquad (n=0, 1, 2, \cdots) \tag{9.5.14}$$

の場合は

$$v(t)=\mu e^{st} \tag{9.5.15}$$

である．$s=0$ の場合は中立モデルに当り，当然 $v(t)=\mu$ である．一方，$s>0$ または $s<0$ はそれぞれ一定の選択係数 s で，次々と有利または有害な突然変異のくり返しが起ることによる進化に当るが，(9.5.15)から $t\to\infty$ で進化速度は ∞ または0に近接し，これは現実の分子進化速度の一様性とは全く異なる．元来，現実のマルサス径数のとる値には上限下限があり，(9.5.14)のように，n と共に限りなく大きくなったり，小さくなったりしないはずのものである．

現実のマルサス径数には上限があることと，第3章で述べたFisherの基本定理にかんがみれば，現実の自然集団の遺伝的構成において，突然変異で移り得る範囲の状態の間でマルサス径数が極大であるような状態を大部分のレプリコンが，いわゆる野生株として占めることになろう．したがって定まった環境下で集団に起る突然変異は大部分有害である．一方，種々の変異株が集団中には少数派として常に存在していて，環境の変化によりマルサス径数に変化が生じ，新環境の下で有利になった変異株が適応的にその数を増し新しい野生株となることによって進化の1ステップが進むと考えるのが，分子進化の研究が始まるまでの通常の進化に対する考え方であった．このような描像の下では，一定の環境の下では進化は進まず，進化の速度を律するのは環境変化の速度であって，突然変異率とは直接関係がないことになる．

このような古典的描像は蛋白多型現象や分子進化に対する知見が進むにつれ，その普遍性を疑われるようになってきた．実際，(i)多型現象が広く見られることから，野生株と変異株の区別が必ずしも明確でない，また(ii)多くのアレルの淘汰有利度の差は極めて小さい，(iii)分子進化速度の実測から推定されるゲノム当りの進化速度は極めて速く，例えばヒトでは年当り1塩基対のオーダーの置換とされている．もしこの置換が集団の野生株の完全な入れ代りに対応するものであるならば，以前野生株として集団の多数を占めていたゲノムは急激に集団から除去されることになり，新しい野生株がそれを補って集団の個体数を維持し得るほど高い増殖率をもつとは到底考えられない．

こうしたことは，単に野生株は必ずしも1つまたは少数のレプリコン状態に対応するものでないことを示唆するのみで，環境変化が進化速度を律するとする古典的描像はやはり成り立つと考えるべきであろうか．それとも条件によっては古典的描像は全く放棄せねばならぬのであろうか．われわれのモデルでこれを調べて行くために，まず一定環境に対応して，マルサス径数は時間 t には依存しない，ただし一般にはステップ数 n には依存するとする定数適応度モデルを考えよう．§3.2で注意したように，一般に $\{m_n(t)\}$ に n に依らぬ定数（t には依ってもよい）を加えても，$\{\dot{x}_n(t)\}$，したがって進化速度は不変であるので，以下一般性を失うことなく，常に $\inf_{n,t} m_n(t)=0$ となるよう $\{m_n(t)\}$ の原点を定める．

A9に述べるように，定数適応度モデルでは $N_n(t)$ のラプラス変換は簡単な形をしており，それに基づいて $\bar{v}_\infty$ の振舞を論ずることができる．すなわち，

$$\hat{m} \equiv \sup_n m_n \tag{9.5.16}$$

とし，一般に状態 n の関数 A_n の状態列についての平均を，

$$\bar{A} \equiv \lim_{n\to\infty} \frac{1}{n+1} \sum_{\alpha=0}^{n} A_\alpha \tag{9.5.17}$$

で表わすことにすると，

$$\text{(I)} \quad \lim_{\varepsilon\to 0+} \overline{\log(\hat{m}-m+\varepsilon)} = \lim_{\varepsilon\to 0+} \lim_{n\to\infty} \frac{1}{n+1} \sum_{\alpha=0}^{n} \log(\hat{m}-m_\alpha+\varepsilon) \leqq \log\mu \tag{9.5.18}$$

ならば，一般に

$$\overline{\log(p^*+\mu-m)} = \log\mu \tag{9.5.19}$$

を充たす定数 p^* が区間 $[\hat{m}-\mu, \hat{m}]$ にただ1つ存在する．特に $\{m_n\}$ が有限個の状態 n を除いては周期列である場合は，A を正定数として，

$$\left.\begin{aligned} N(t) &\equiv \sum_{n=0}^{\infty} N_n(t) \sim Ae^{p^*t} \\ M(t) &\equiv \sum_{n=0}^{\infty} nN_n(t) \sim A\bar{v}_\infty t e^{p^*t} \end{aligned}\right\} \quad (t\to\infty) \tag{9.5.20}$$

となることが示され，進化速度 $\bar{v}_\infty$ は

$$\bar{v}_\infty = \overline{\{(p^*+\mu-m)^{-1}\}}^{-1} \tag{9.5.21}$$

であり，しかも常に，

$$0 \leqq \bar{v}_\infty \leqq \mu \tag{9.5.22}$$

となる．上のように，$\{m_n\}$ が本質的に周期列であるとき，もし

(II) $\lim_{\varepsilon\to 0+}\overline{\log(\hat{m}-m+\varepsilon)} > \log\mu$　(9.5.23)

ならば

$$\bar{v}_\infty = 0 \quad (9.5.24)$$

であって，このことは $\{m_n(t)\}$ が時間に依存しない限り，すなわち環境の変化がない限り進化は起らぬとする古典的な進化の描像と合致するので，(9.5.23) を充たす状態列を一般に古典列，これに対して(9.5.18)を充たす状態列を非古典列と呼ぶことにする．

上のような簡単な結果は広く一般のマルサス径数列 $\{m_n\}$ についても成り立つことが推測されるが，その一般的証明はまだ得られていない．しかし，$\{m_n\}$ が一般に非古典列であって，$A, \bar{v}_\infty, p^*$ を定数として

$$\begin{aligned} N(t) &\sim Ae^{p^*t} \\ M(t) &\sim A\bar{v}_\infty te^{p^*t} \end{aligned} \quad (t\to\infty) \quad (9.5.25)$$

となると仮定すると，p^* は(9.5.19)の解であり，$\bar{v}_\infty$ はやはり(9.5.21)で与えられることが示される．さらに，$\{m_n\}$ が区間 $[0, \hat{m}]$ で一様な連続分布をなすときは，$\hat{m}\leqq\mu e$ ならば非古典列，$\hat{m}>\mu e$ ならば古典列である．非古典列の場合は(9.5.25)の仮定の下に，$\hat{m}<\mu e$ のとき $\bar{v}_\infty>0$, $\hat{m}=\mu e$ のとき $\bar{v}_\infty=0$ となる．$\bar{v}_\infty$ は $\hat{m}$ の非増加関数であろうから，このことから $\hat{m}>\mu e$ という古典列では $v_\infty=0$ であることが期待される．

もし上記推測が正しいとすると，一定環境では進化は進まぬとする古典的描像が成り立つためには $\{m_n\}$ が古典列であることが必要ということができる．すなわち，$\{m_n\}$ の分布の幅のオーダーをパラメタ s で表わすことにすると，古典的描像が成り立つ典型的な場合は

$$s/\mu \gg 1 \quad (9.5.26)$$

の場合ということができる．さらに，一定の環境が持続する時間のオーダーをパラメタ τ で表わすことにすると，上のような場合，レプリコン頻度の変化する時間スケールは s^{-1} であるから，古典的描像では暗々裡に

$$s\tau \gg 1 \quad (9.5.27)$$

が仮定されていた．環境ゆらぎ説は(9.5.27)の成立が自明でないことから出発したが，中立説は，分子進化において，(9.5.27)よりむしろ(9.5.26)を否定することに重点をおいて構築されたといえる．しかし，μ は1遺伝子座当り 10^{-6}

の程度と小さく，一方 10^{-3} より小さい s については直接測定されないから，分子進化において必ずしも(9.5.26)が否定されるかどうかは明らかではない．

そこで，以下では古典的描像が破れる可能な場合として，(9.5.27)が成り立たない場合，すなわち本質的に環境の変化を含む場合を考えよう．まず，$\{m_n(t)\}$ が n について独立同分布の定常過程であるとすると，現実の進化速度と比較されるのは，$\bar{v}_\infty$ の統計平均 $\langle\bar{v}_\infty\rangle$ であるが，解析的にこれを求めることにはまだ成功していない．その代り，$N(t), M(t)$ 個々の統計平均 $\langle M(t)\rangle$，$\langle N(t)\rangle$ を用いて定義される

$$\tilde{v}_\infty \equiv \lim_{t\to\infty}\frac{1}{t}\frac{\langle M(t)\rangle}{\langle N(t)\rangle} \tag{9.5.28}$$

を求めることは比較的容易であって A9 にその定式化が与えられている．特に $m_n(t)$ が定常マルコフ過程であって，時点 t において $m_n(t)=m$ $(0\leqq m\leqq \hat{m})$ であるとき，時点 $t'>t$ において $m_n(t')=m'$ である推移確率密度が

$$p(m', t'\,|\,m, t) = e^{-(t'-t)/\tau}\delta(m'-m)+(1-e^{-(t'-t)/\tau})\frac{1}{\hat{m}} \tag{9.5.29}$$

である場合は

$$\tilde{v}_\infty = \mu\left\{\frac{\hat{m}_{\mathrm{e}}/2}{\sinh(\hat{m}_{\mathrm{e}}/2)}\right\}^2 \tag{9.5.30}$$

$$\cong \mu e^{-V\tau} \qquad (\mu\tau\ll 1) \tag{9.5.31}$$

ただし，

$$\hat{m}_{\mathrm{e}} \equiv \frac{\hat{m}/\mu}{1+(\mu\tau)^{-1}} \tag{9 5.32}$$

$$V \equiv \int_0^\infty dt\,\mathrm{Cov}(m_n(0), m_n(t)) \tag{9.5.33}$$

である．

$\tilde{v}_\infty$ はプールした見本集団の平均進化速度であって，現実の進化速度に対応する $\bar{v}_\infty$ とは一般には異なるが，もし $\bar{v}_\infty$ が存在して十分大きい t に対し，$(1/t)\cdot M(t)/N(t)$ が見本によらずほとんど一定とすると，$\tilde{v}_\infty\cong\bar{v}_\infty$ となるであろう．

(9.5.31)が進化速度の年当りの一定性を与える必然性はないが，$V\tau\sim(s\tau)^2$ であり，環境の持続時間 τ は暦の上の時間と相関しているであろうから，世代数で表わした τ は世代時間の長い生物では小さい目になり，s は遺伝子座でき

まるパラメタとすると，(9.5.31)の $\tilde{v}_\infty$ は世代時間の長い生物では大きい目となり，年当りの一様性を与える余地を残している．また s は遺伝子座におけるアレルのちがいによるマルサス径数のちがいのオーダーであるから，(9.5.31)は s が大きい遺伝子座では進化速度が遅いという現実の知見とも一致している．

以上のような進化速度についての解析はまだ始められたばかりで，サイズ効果を含めて検討すべきことが多い．特に多型現象に対して有効な環境の持続時間 τ と分子進化速度のモデルとして，例えば(9.5.29)に導入された τ とを直ちに同一視してよいかは大いに疑問である．実際，分子進化に有効なマルサス径数の時間変化には，多型現象にきく時間スケール T 内では定数として取り扱われた $\bar{s}(\alpha, \mathrm{L}, \mathrm{P}, t)$ の t 依存性がむしろ重要であろう．

このような次第で，まだ決定的なことは言えないが，環境ゆらぎによる自然淘汰が現実の分子進化をかなり支配しているとの仮説は必ずしも否定できないようである．中立説はアレル頻度の確率論的変化に注目することによって，多型現象，分子進化の統計的性質に対して予測可能性をもつ理論建設が可能であることを示唆した．しかし，確率的変化は必ずしも中立説の主張するように，サイズ効果による機会的浮動に局限されたり，正の自然選択を否定するものではなく，むしろ分子レベルでも伝統的な自然淘汰による適応的変化*の存在の普遍性を認め，多数のアレル集団に対して統計的に見れば，自然淘汰はあたかも確率的な頻度変化を与えると考えた方が以上の解析が示す通り多くの場合現実を理解しやすく，しかもある程度の予測可能性を保有することができるとわれわれは考える．したがって，本書で展開したように，広い意味での遺伝子座は，主として，パラメタ μ, s, および τ で特徴づけられ，集団は主としてその有効サイズ N_e および τ で特徴づけられていると考え，それによって遺伝子座の機能やその進化上の役割やさらには集団の特徴を理解すべく，理論と現実の解析をさらに深めて行くことは，進化の理論的研究を進める上での1つの有力な方法であろう．

＊　ここにいう適応的変化とは，レプリコンの状態による適応度の差がレプリコン頻度の時間変化に有意に働いているとの意味，すなわちレプリコンとしての適応であって，必ずしもその生産物である蛋白質のレベルにおける適応とは限定されない．たとえば，DNA 上で他の遺伝子座の適応度の高いレプリコンと強く連鎖しているレプリコンが頻度を増すのも適応的変化の1つである．

A 9　淘汰の下での分子進化速度

§9.5で考えた進化モデルの性質を少し詳しく調べてみよう．簡単な場合には(9.5.7)で定義される進化速度 $v(t)$ を求め，それが難しい場合には(9.5.10)で定義される極限平均進化速度 $\bar{v}_\infty$ を求めよう．このためには集団のレプリコン数構成 $\{N_n(t)\}$ の時間変化を追跡し，(9.5.20)で定義される集団のサイズ $N(t)$ とステップ総数 $M(t)$ を t のあらわな関数として求めたり，$t\to\infty$ のときの漸近挙動を調べたりする必要がある．そこで，(9.5.4)，(9.5.5)の形式解(9.5.11)，(9.5.12)から出発しよう．表式を簡略化するために，以下では一般性を失うことなく $\mu=1$, $N_0=1$ と置くことにしよう．(これは μt, $N_n(t)/N_0$, $m_n(t)/\mu$ を改めて $t, N_n(t), m_n(t)$ と置くことに対応する.) そうすると(9.5.11)，(9.5.12)は

$$N_0(t) = U_0(t, 0) \tag{A 9.1}$$

$$N_n(t) = \int_0^t dt' U_n(t, t') N_{n-1}(t') \qquad (n=1, 2, 3, \cdots) \tag{A 9.2}$$

となり，(9.5.13)は

$$U_n(t, t') = \exp\left[\int_{t'}^t dt'' \{m_n(t'')-1\}\right] \qquad (n=0, 1, 2, \cdots) \tag{A 9.3}$$

となる．$\{N_n(t)\}$ の挙動は自然淘汰の様式 $\{m_n(t); n=0, 1, 2, \cdots\}$ に依るが，ここでは大別して2つのモデルについて調べてみよう．

定数適応度モデル

定数適応度モデルでは，マルサス径数 $m_n(t)$ が時間 t に依存しない定数 m_n であると仮定する．ただし m_n 自身の状態添数 n 依存性については，さしあたり何ら特定の仮定を置かないで話を進めよう．したがって，ある自然淘汰の様式を表わすマルサス径数の無限列 $\{m_n; n=0, 1, 2, \cdots\}$ が1つ任意に与えられていると考える．

このとき(A 9.3)は

$$U_n(t, t') = e^{(m_n-1)(t-t')} \qquad (n=0, 1, 2, \cdots) \tag{A 9.4}$$

のようにあらわな形で求められ，時間 t, t' には $t-t'$ を通してのみ依存することが分る．そこで $U_n(t-t') \equiv U_n(t, t')$ と置くと，(A 9.2)は

$$N_n(t) = \int_0^t dt' U_n(t-t') N_{n-1}(t') \qquad (n=1, 2, 3, \cdots) \tag{A 9.5}$$

となる．すなわち，$N_n(t)$ は $U_n(t)$ と $N_{n-1}(t)$ とのたたみ込み(convolution)である．したがって，$N_n(t)$ のラプラス変換

$$\tilde{N}_n(p) \equiv \int_0^\infty dt e^{-pt} N_n(t) \qquad (n=0, 1, 2, \cdots) \tag{A 9.6}$$

を導入すると，(A 9.5)から

$$\tilde{N}_n(p) = \int_0^\infty dt e^{-pt} \int_0^t dt' U_n(t-t') N_{n-1}(t')$$

$$= \int_0^\infty dt' e^{-pt'} N_{n-1}(t') \int_{t'}^\infty dt e^{-p(t-t')} U_n(t-t')$$
$$= \tilde{U}_n(p) \tilde{N}_{n-1}(p) \qquad (n=1, 2, 3, \cdots) \qquad \text{(A 9. 7)}$$

を得る．ただし，途中で積分順序の入れ換えを行なった．(A 9. 7)は，たたみ込みのラプラス変換がラプラス変換の積に等しいという一般的な定理を表わしているに他ならない．ここで $\tilde{U}_n(p)$ はもちろん $U_n(t)$ のラプラス変換であって，(A 9. 4)によれば

$$\tilde{U}_n(p) = \frac{1}{p+1-m_n} \qquad (n=0, 1, 2, \cdots) \qquad \text{(A 9. 8)}$$

である．$\tilde{N}_0(p)$ については，(A 9. 1)から

$$\tilde{N}_0(p) = \tilde{U}_0(p) \qquad \text{(A 9. 9)}$$

となるので，(A 9. 7)を繰り返し用いると

$$\tilde{N}_n(p) = \prod_{\alpha=0}^{n} \tilde{U}_\alpha(p) \qquad (n=0, 1, 2, \cdots) \qquad \text{(A 9. 10)}$$

を得る．さらに，(A 9. 8)を代入すると，(A 9. 10)は

$$\tilde{N}_n(p) = \prod_{\alpha=0}^{n} \frac{1}{p+1-m_\alpha} \qquad (n=0, 1, 2, \cdots) \qquad \text{(A 9. 11)}$$

となる．このように $\tilde{N}_n(p)$ のあらわな形が求められたから，これのラプラス逆変換を行なえば $N_n(t)$ が分る．

ここで，一般的な場合を扱う前に，2, 3の簡単な場合について調べておこう．

［例1］ m を定数として

$$m_n = m \qquad (n=0, 1, 2, \cdots) \qquad \text{(A 9. 12)}$$

の場合．このとき(A 9. 11)は

$$\tilde{N}_n(p) = \frac{1}{(p+1-m)^{n+1}} \qquad (n=0, 1, 2, \cdots) \qquad \text{(A 9. 13)}$$

となり，その逆変換は

$$N_n(t) = \frac{t^n}{n!} e^{(m-1)t} \qquad (n=0, 1, 2, \cdots) \qquad \text{(A 9. 14)}$$

である．したがって，集団のサイズ $N(t)$ は

$$N(t) \equiv \sum_{n=0}^{\infty} N_n(t) = e^{(m-1)t} \sum_{n=0}^{\infty} \frac{t^n}{n!} = e^{mt} \qquad \text{(A 9. 15)}$$

となり，ステップ総数 $M(t)$ は

$$M(t) \equiv \sum_{n=0}^{\infty} n N_n(t) = e^{(m-1)t} \sum_{n=1}^{\infty} \frac{t^n}{(n-1)!} = te^{mt} \qquad \text{(A 9. 16)}$$

となる．ゆえに，平均ステップ数 $\bar{n}(t)$ は

$$\bar{n}(t) \equiv \frac{M(t)}{N(t)} = t \qquad \text{(A 9. 17)}$$

であって，進化速度 $v(t)$ は

$$v(t) \equiv \frac{d}{dt}\bar{n}(t) = 1 \tag{A 9.18}$$

となる．

［例 2］ s を定数として

$$m_n = sn \qquad (n=0, 1, 2, \cdots) \tag{A 9.19}$$

の場合．このとき，(A 9.11)は

$$\tilde{N}_n(p) = \prod_{\alpha=0}^{n} \frac{1}{p+1-s\alpha} \qquad (n=0, 1, 2, \cdots) \tag{A 9.20}$$

となる．右辺の部分分数展開を行なうと

$$\tilde{N}_n(p) = \sum_{\alpha=0}^{n} \frac{s^{-n}(-1)^{n-\alpha}}{\alpha!\,(n-\alpha)!} \cdot \frac{1}{p+1-s\alpha} \qquad (n=0, 1, 2, \cdots) \tag{A 9.21}$$

となり，その逆変換は

$$\begin{aligned} N_n(t) &= \sum_{\alpha=0}^{n} \frac{s^{-n}(-1)^{n-\alpha}}{\alpha!\,(n-\alpha)!} e^{(s\alpha-1)t} = \frac{s^{-n}e^{-t}}{n!} \sum_{\alpha=0}^{n} \binom{n}{\alpha} e^{s\alpha t}(-1)^{n-\alpha} \\ &= \frac{e^{-t}}{n!}\left(\frac{e^{st}-1}{s}\right)^n \qquad (n=0, 1, 2, \cdots) \end{aligned} \tag{A 9.22}$$

である．したがって，集団のサイズ $N(t)$ は

$$N(t) = e^{-t} \sum_{n=0}^{\infty} \frac{1}{n!}\left(\frac{e^{st}-1}{s}\right)^n = \exp\left(\frac{e^{st}-1}{s} - t\right) \tag{A 9.23}$$

となり，ステップ総数 $M(t)$ は

$$M(t) = e^{-t} \sum_{n=1}^{\infty} \frac{1}{(n-1)!}\left(\frac{e^{st}-1}{s}\right)^n = \frac{e^{st}-1}{s} \exp\left(\frac{e^{st}-1}{s} - t\right) \tag{A 9.24}$$

となる．ゆえに，平均ステップ数 $\bar{n}(t)$ は

$$\bar{n}(t) \equiv \frac{M(t)}{N(t)} = \frac{e^{st}-1}{s} \tag{A 9.25}$$

であって，進化速度 $v(t)$ は

$$v(t) \equiv \frac{d}{dt}\bar{n}(t) = e^{st} \tag{A 9.26}$$

となる．

［例 3］ $\{m_n; n=0, 1, 2, \cdots\}$ が周期列である場合．すなわち，ある自然数 ν に対して

$$m_{n+\nu} = m_n \qquad (n=0, 1, 2, \cdots) \tag{A 9.27}$$

である場合．このとき(A 9.11)は

$$\tilde{N}_n(p) = \left(\prod_{\alpha=0}^{\nu-1} \frac{1}{p+1-m_\alpha}\right)^{[n/\nu]} \cdot \prod_{\alpha=0}^{n-[n/\nu]\nu} \frac{1}{p+1-m_\alpha} \qquad (n=0, 1, 2, \cdots) \tag{A 9.28}$$

となる．ただし，ここで［・］は Gauss の記号であって，・を超えない最大整数を表わす．(A 9.28)から，$\tilde{N}_n(p)$ は p の関数として高々 ν 個の特異点

$$p = m_\alpha - 1 \qquad (\alpha=0, 1, \cdots, \nu-1) \tag{A 9.29}$$

を持つことが分る．したがって，$N_n(t)$ を求めるためには(A 9.28)の右辺を部分分数展開してから，各項の逆ラプラス変換を求めればよい．しかし部分分数展開の結果は簡単な表式とならないので，ここではむしろ集団のサイズ $N(t)$ とステップ総数 $M(t)$ のラプラス変換

$$\tilde{N}(p) \equiv \int_0^\infty dte^{-pt}N(t) = \sum_{n=0}^\infty \tilde{N}_n(p) \tag{A 9.30}$$

$$\tilde{M}(p) \equiv \int_0^\infty dte^{-pt}M(t) = \sum_{n=0}^\infty n\tilde{N}_n(p) \tag{A 9.31}$$

のあらわな形を求め，それに基づいて $N(t), M(t)$ の挙動を調べることにしよう．ただし(A 9.30), (A 9.31)で $\tilde{N}(p), \tilde{M}(p)$ を $\tilde{N}_n(p)$ によって表わす際に，$N(t), M(t)$ の定義(9.5.20)を用いた．さて，(A 9.28)を代入すると(A 9.30), (A 9.31)は

$$\tilde{N}(p) = \left(\sum_{\alpha=0}^{\nu-1}\prod_{\beta=0}^{\alpha}\frac{1}{p+1-m_\beta}\right)\bigg/\left(1-\prod_{\alpha=0}^{\nu-1}\frac{1}{p+1-m_\alpha}\right) \tag{A 9.32}$$

$$\begin{aligned}\tilde{M}(p) &= \sum_{\alpha=0}^{\infty}\sum_{\beta=0}^{\nu-1}(\nu\alpha+\beta)\tilde{N}_{\nu\alpha+\beta} \\ &= \nu\left(\sum_{\alpha=0}^{\nu-1}\prod_{\beta=0}^{\alpha}\frac{1}{p+1-m_\beta}\right)\left(\prod_{\alpha=0}^{\nu-1}\frac{1}{p+1-m_\alpha}\right)\bigg/\left(1-\prod_{\alpha=0}^{\nu-1}\frac{1}{p+1-m_\alpha}\right)^2 \\ &\quad +\left(\sum_{\alpha=0}^{\nu-1}\alpha\prod_{\beta=0}^{\alpha}\frac{1}{p+1-m_\beta}\right)\bigg/\left(1-\prod_{\alpha=0}^{\nu-1}\frac{1}{p+1-m_\alpha}\right)\end{aligned} \tag{A 9.33}$$

となる．したがって，$\tilde{N}(p), \tilde{M}(p)$ は p の関数として

$$f(p) \equiv \prod_{\alpha=0}^{\nu-1}\frac{1}{p+1-m_\alpha} = 1 \tag{A 9.34}$$

の高々 ν 個の根を特異点として持つことが分る．ところが

$$\hat{m} \equiv \operatorname*{Max}_{0\leqq\alpha\leqq\nu-1} m_\alpha \tag{A 9.35}$$

と置くと，$f(p)$ は区間 $(\hat{m}-1, \infty)$ で p の単調減少かつ連続な関数であり，

$$f(\hat{m}-1+0) = +\infty, \qquad f(+\infty) = 0 \tag{A 9.36}$$

であるので，(A 9.34)の根 p^* で区間 $(\hat{m}-1, \infty)$ に属するものが必ず唯1つ存在する．この p^* は $\tilde{N}(p), \tilde{M}(p)$ の実数部最大の特異点であって，その特異性は(A 9.32), (A 9.33)から

$$\tilde{N}(p) \sim -\frac{C}{f'(p^*)}\cdot\frac{1}{p-p^*} \qquad (p\to p^*) \tag{A 9.37}$$

$$\tilde{M}(p) \sim \frac{\nu C}{\{f'(p^*)\}^2}\cdot\frac{1}{(p-p^*)^2} \qquad (p\to p^*) \tag{A 9.38}$$

であることが分る．ただし，ここで簡単のため

$$C \equiv \sum_{\alpha=0}^{\nu-1}\prod_{\beta=0}^{\alpha}\frac{1}{p^*+1-m_\beta} \tag{A 9.39}$$

と置いた.

さて，ラプラス変換の実数部最大の特異点での特異性は，原関数の $t\to\infty$ での漸近挙動と密接な関係がある．例えば，次のような逆変換積分に関するアーベル型定理がある*. $F(t)$ のラプラス変換 $\tilde{F}(p)$ が p^* の近傍の扇形領域 $|\mathrm{arc}(p-p^*)|\leqq\psi$ $(\pi/2<\psi<\pi)$ で p^* を除いて正則であり，扇形領域 $|\mathrm{arc}(p-p^*)|\leqq\psi$ の中で $p\to p^*$ のとき p について一様に

$$\tilde{F}(p)\sim A(p-p^*)^{\lambda}\qquad(\lambda\text{ は任意の実数})\tag{A 9.40}$$

であるとする．さらに，直線 $\mathrm{arc}(p-p^*)=\pm\psi$ 上で $|p|\to\infty$ のとき，正数 k が存在して

$$\tilde{F}(p)=O(e^{k|p|})\tag{A 9.41}$$

であるとする．すると，原関数 $F(t)$ は $t\to\infty$ のとき

$$F(t)\sim A\frac{t^{-\lambda-1}}{\Gamma(-\lambda)}e^{p^*t}\tag{A 9.42}$$

である．$\lambda=0,1,2,\cdots$ のときには $1/\Gamma(-\lambda)=0$ であるので，(A 9.42)の主張は

$$F(t)=o(t^{-\lambda-1}e^{p^*t})\tag{A 9.43}$$

で置き換えられるものとする.

今の場合，(A 9.32), (A 9.33)から

$$\lim_{p\to\infty}\tilde{N}(p)=\lim_{p\to\infty}\tilde{M}(p)=0\tag{A 9.44}$$

が任意の極限の取り方に対して成り立つことが分るので，副条件(A 9.41)は任意の $k>0$ に対して満足されている．したがって(A 9.37), (A 9.38)の特異性は，上記アーベル型定理により，漸近挙動

$$N(t)\sim-\frac{C}{f'(p^*)}e^{p^*t}\qquad(t\to\infty)\tag{A 9.45}$$

$$M(t)\sim\frac{\nu C}{\{f'(p^*)\}^2}te^{p^*t}\qquad(t\to\infty)\tag{A 9.46}$$

を帰結する．ゆえに平均ステップ数については

$$\bar{n}(t)\equiv\frac{M(t)}{N(t)}\sim-\frac{\nu}{f'(p^*)}t\qquad(t\to\infty)\tag{A 9.47}$$

であって，極限平均進化速度 $\bar{v}_\infty$ は定義(9.5.10)により

$$\bar{v}_\infty\equiv\lim_{t\to\infty}\frac{\bar{n}(t)}{t}=-\frac{\nu}{f'(p^*)}\tag{A 9.48}$$

となる．後に述べる一般論との対応を良くするため，

$$\lambda(p)\equiv-\frac{1}{\nu}\log f(p)=\frac{1}{\nu}\sum_{\alpha=0}^{\nu-1}\log(p+1-m_\alpha)\tag{A 9.49}$$

---

* Doetsch, G.: Handbuch der Laplace-Transformation, Bd. I, Birkhäuser, Basel (1971), p. 498 の定理 3.

を導入すると，p^* を決定する(A 9. 34)は

$$\lambda(p^*)=0 \qquad (\hat{m}-1<p^*<\infty) \tag{A 9. 50}$$

となり，(A 9. 48)は

$$\bar{v}_\infty=-\frac{\nu}{-\nu\lambda'(p^*)e^{-\nu\lambda(p^*)}}=\frac{1}{\lambda'(p^*)}=\left(\frac{1}{\nu}\sum_{\alpha=0}^{\nu-1}\frac{1}{p^*+1-m_\alpha}\right)^{-1} \tag{A 9. 51}$$

と表わされる．(A 9. 51) の両辺の対数を取り，Jensen の不等式を適用すると

$$\log\bar{v}_\infty=-\log\left(\frac{1}{\nu}\sum_{\alpha=0}^{\nu-1}\frac{1}{p^*+1-m_\alpha}\right)\leqq-\frac{1}{\nu}\sum_{\alpha=0}^{\nu-1}\log\frac{1}{p^*+1-m_\alpha}=\lambda(p^*)=0 \tag{A 9. 52}$$

を得る．ただし途中で(A 9. 50)を用いた．(A 9. 52)は

$$\bar{v}_\infty\leqq 1 \tag{A 9. 53}$$

すなわち，極限平均進化速度が突然変異率を越えないことを示している．

[例 4]　$\{m_n; n=0,1,2,\cdots\}$ が最初の有限個を除いて周期列である場合．すなわち，ある自然数 n_0 と ν に対して

$$m_{n+\nu}=m_n \qquad (n=n_0, n_0+1, n_0+2, \cdots) \tag{A 9. 54}$$

である場合．この場合にも，例 3 の場合と同様に，$\tilde{N}(p), \tilde{M}(p)$ のあらわな形を求めその特異性から $t\to\infty$ での漸近挙動を調べることができる．ただしこの場合には，除外された最初の有限個のマルサス径数の値によっては，例 3 の周期列の場合に見られなかった挙動が出現し得ることが示される．このことを一般的に示すのも計算の労を嫌わなければ易しいことであるが，ここでは徒らに計算を複雑にするのを避け，最も簡単な場合として $n_0=1, \nu=1$ と置き，m を定数として

$$m_n=m\delta_{n0} \qquad (n=0,1,2,\cdots) \tag{A 9. 55}$$

の場合を調べてみよう．このとき(A 9. 11)は

$$\tilde{N}_n(p)=\frac{1}{p+1-m}\frac{1}{(p+1)^n} \qquad (n=0,1,2,\cdots) \tag{A 9. 56}$$

となる．したがって，$\tilde{N}(p), \tilde{M}(p)$ は

$$\tilde{N}(p)=\frac{1}{p+1-m}\sum_{n=0}^{\infty}\frac{1}{(p+1)^n}=\frac{p+1}{p(p+1-m)} \tag{A 9. 57}$$

$$\tilde{M}(p)=\frac{1}{p+1-m}\sum_{n=0}^{\infty}\frac{n}{(p+1)^n}=\frac{p+1}{p^2(p+1-m)} \tag{A 9. 58}$$

となり，2 個の特異点 $p=m-1$ と $p=0$ とを持つ．これら 2 個の特異点のうちどちらが実数部最大となるかはパラメタ m の値に依って決定され，それに応じて $t\to\infty$ での漸近挙動が異なることになる．

(i)　$m<1$ のとき

このとき，実数部最大の特異点は $p=0$ であって，$p\to 0$ のとき(A 9. 57)，(A 9. 58)は

$$\tilde{N}(p)\sim\frac{1}{1-m}\cdot\frac{1}{p}, \qquad \tilde{M}(p)\sim\frac{1}{1-m}\cdot\frac{1}{p^2} \tag{A 9. 59}$$

となる．これは，上述のアーベル型定理により，

$$N(t) \sim \frac{1}{1-m}, \qquad M(t) \sim \frac{1}{1-m}t \qquad (t\to\infty) \tag{A 9.60}$$

を意味する．したがって，極限平均進化速度 $\bar{v}_\infty$ は

$$\bar{v}_\infty \equiv \lim_{t\to\infty}\frac{1}{t}\cdot\frac{M(t)}{N(t)} = \lim_{t\to\infty}\frac{1}{t}\cdot t = 1 \tag{A 9.61}$$

となる．

(ii) $m=1$ のとき

このときも実数部最大の特異点は $p=0$ であるが，これは $p=m-1$ と縮退している．このため，$p\to 0$ のとき (A 9.57)，(A 9.58) は，$m<1$ の場合 (i) とは異なって

$$\tilde{N}(p) \sim \frac{1}{p^2}, \qquad \tilde{M}(p) \sim \frac{1}{p^3} \tag{A 9.62}$$

となる．これは，上述のアーベル型定理により

$$N(t) \sim t, \qquad M(t) \sim \frac{t^2}{2} \qquad (t\to\infty) \tag{A 9.63}$$

を意味する．したがって，極限平均進化速度 $\bar{v}_\infty$ は

$$\bar{v}_\infty \equiv \lim_{t\to\infty}\frac{1}{t}\cdot\frac{M(t)}{N(t)} = \frac{1}{2} \tag{A 9.64}$$

となる．

(iii) $m>1$ のとき

このとき，実数部最大の特異点は $p=m-1$ であって，

$$\tilde{N}(p) \sim \frac{m}{m-1}\cdot\frac{1}{p+1-m}, \qquad \tilde{M}(p) \sim \frac{m}{(m-1)^2}\cdot\frac{1}{p+1-m} \qquad (p\to m-1) \tag{A 9.65}$$

である．この特異性は，上記アーベル型定理により

$$N(t) \sim \frac{m}{m-1}e^{(m-1)t}, \qquad M(t) \sim \frac{m}{(m-1)^2}e^{(m-1)t} \qquad (t\to\infty) \tag{A 9.66}$$

を意味する．したがって，進化速度 $\bar{v}_\infty$ は

$$\bar{v}_\infty \equiv \lim_{t\to\infty}\frac{1}{t}\cdot\frac{M(t)}{N(t)} = 0 \tag{A 9.67}$$

となる．

さて，(i)～(iii) の結果を，対応する例 3 の周期列の場合の結果と比較してみよう．今考えている (A 9.55) の $\{m_n\}$ は，$m_0=m$ を除外すると，すべてのマルサス径数 m_n の値が 0 に等しい周期 $\nu=1$ の周期列に対応する．この周期列に対し (A 9.49) で定義される $\lambda(p)$ は

$$\lambda(p) = \log(p+1) \tag{A 9.68}$$

となり，(A 9.50) を満足する解 p^* は $p^*=0$ である．ゆえに周期列の場合の進化速度

(A 9.51)は $\bar{v}_\infty=1$ となる．この結果は上の場合(i)のものと一致しており，しかもこの一致は $\bar{v}_\infty$ に限られず，$N(t), M(t)$ の $t\to\infty$ での漸近挙動(A 9.60)も対応する周期列の公式(A 9.45)，(A 9.46)に一致している．しかし，その他の場合(ii)，(iii)の結果は周期列に関して得た公式(A 9.45)～(A 9.52)の与えるものとは全く異なっている．どのような場合に上の公式が適用できるか否かを一般的に判定するためには，(A 9.50)に副条件として現れる $\hat{m}$ の定義(A 9.35)を拡張し

$$\hat{m} \equiv \sup_{0\leqq n<\infty} m_n \qquad \text{(A 9.69)}$$

とすればよい．すると今の場合 $\hat{m}=\mathrm{Max}\{0, m\}$ であり，場合(i)には(A 9.50)を満足する解 $p^*=0$ が存在し公式(A 9.45)～(A 9.52)が意味をもつようになるが，場合(ii)，(iii)には(A 9.50)を満足する解 p^* 自身が存在しなくて公式の適用を考える余地がないようになるからである．

これまで4つの例について具体的に進化速度 $v(t), \bar{v}_\infty$ や $N(t), M(t)$ の $t\to\infty$ での漸近挙動を調べてきた．以下ではこれらの結果を参考にしながら，一般の $\{m_n\}$ の場合の性質を調べることにしよう．$s>0$ の場合の例2を除くと，上で調べたすべての例においてマルサス径数の最大値 $\hat{m}$ は有限であった．これは生物的に自然な条件であるので，以下で考える一般の $\{m_n\}$ の場合にも(A 9.69)で定義される $\hat{m}$ は有限であると仮定しよう．

まず最初に，上の諸例について得られた結果をできるだけ一般的に表現してみよう．このため $\lambda(p)$ の定義(A 9.49)を自然な形に拡張し，以下では

$$\lambda(p) \equiv \lim_{n\to\infty}\frac{1}{n+1}\sum_{\alpha=0}^{n}\log(p+1-m_\alpha) \qquad \text{(A 9.70)}$$

と置くことにしよう．この $\lambda(p)$ は区間 $(\hat{m}-1, \infty)$ で p の単調増大かつ連続な関数であり，$\lambda(+\infty)=+\infty$ であるので，(A 9.50)を満足する p^* が存在するための必要十分条件は

$$\lambda(\hat{m}-1+0) = \lim_{\varepsilon\to+0}\lim_{n\to\infty}\frac{1}{n+1}\sum_{\alpha=0}^{n}\log(\hat{m}-m_\alpha+\varepsilon) < 0 \qquad \text{(A 9.71)}$$

である．以下では，この条件(A 9.71)を満足する $\{m_n\}$ を非古典列と呼ぼう．(A 9.71)と反対に

$$\lambda(\hat{m}-1+0) > 0 \qquad \text{(A 9.72)}$$

を満足する $\{m_n\}$ を古典列と呼ぼう．すると，上の諸例の結果は次のような一般的命題にまとめられる．

‘$\{m_n\}$ が最初の有限個を除いて周期列であって，さらに(Ⅰ) $\{m_n\}$ が非古典列の場合，(A 9.50)を満足する p^* が唯1つ必ず存在し，$N(t), M(t)$ は A をある正定数として漸近挙動

$$N(t) \sim Ae^{p^*t}, \qquad M(t) \sim A\bar{v}_\infty te^{p^*t} \qquad (t\to\infty) \qquad \text{(A 9.73)}$$

を示す，ここで $\bar{v}_\infty$ は(A 9.51)で与えられる正数であり，(A 9.53)を満足する．(Ⅱ)

$\{m_n\}$ が古典列の場合，$N(t), M(t)$ は，A, B をある正定数，α をある非負定数として漸近挙動

$$N(t) \sim At^{\alpha}e^{(\hat{m}-1)t}, \qquad M(t) \sim Bt^{\alpha}e^{(\hat{m}-1)t} \qquad (t \to \infty) \tag{A 9.74}$$

を示し，極限平均進化速度 $\bar{v}_\infty$ は

$$\bar{v}_\infty \equiv \lim_{t\to\infty} \frac{1}{t} \frac{M(t)}{N(t)} = 0 \tag{A 9.75}$$

である.'

このように簡単な結果は，$\{m_n\}$ が最初の有限個を除いて周期列であるといった特定の場合に限らず，広く一般の $\{m_n\}$ についても成り立つのではないかと推測される．その一般的な証明はまだ得られていないが，次の命題は証明できる．

'$\{m_n\}$ が非古典列である場合に，$A, p^*, \bar{v}_\infty$ を実定数として $N(t), M(t)$ が漸近挙動 (A 9.73) を示すと仮定すると，p^* は (A 9.50) の解であり，$\bar{v}_\infty$ はやはり (A 9.51) で与えられる.'

この命題を証明しておこう．このために，原関数の $t\to\infty$ での漸近挙動とラプラス変換の特異性との関係を利用しよう．次のようなラプラス変換像に関するアーベル型定理がある*．$F(t)$ が $t\to\infty$ のとき，任意の複素定数 A, p_0 と $\mathrm{Re}\,\alpha > -1$ に対して，漸近挙動

$$F(t) \sim At^{\alpha}e^{p_0 t} \qquad (t \to \infty) \tag{A 9.76}$$

を示すならば，ラプラス変換 $\tilde{F}(p)$ は $\mathrm{Re}\,p > \mathrm{Re}\,p_0$ で存在し，$p=p_0$ に特異点を持ち，p が p_0 に扇形領域 $|\mathrm{arc}(p-p_0)| < \psi$ $(\psi < \pi/2)$ から近づくとき漸近的に

$$\tilde{F}(p) \sim A\frac{\Gamma(\alpha+1)}{(p-p_0)^{\alpha+1}} \tag{A 9.77}$$

である．

この定理を $N(t), M(t)$ の仮定された漸近挙動 (A 9.73) に適用すると，$\tilde{N}(p), \tilde{M}(p)$ は $p=p_0{}^*$ に実数部最大の特異点を持ち，

$$\lim_{p\to p_0{}^*+0} (p-p_0{}^*)\tilde{N}(p) = A, \qquad \lim_{p\to p_0{}^*+0} (p-p_0{}^*)^2 \tilde{M}(p) = A\bar{v}_\infty \tag{A 9.78}$$

であることが分る．ただし，ここで仮定された漸近挙動 (A 9.73) に現われる p^* を $p_0{}^*$ と表記して，(A 9.50) の解として定義される p^* と区別することにした．

ところが，(A 9.50) によって定義される p^* は $\tilde{N}(p), \tilde{M}(p)$ の実数部最大の特異点であることが以下で示されるので，$p_0{}^*=p^*$ となる．また，

$$\lim_{p\to p^*} (p-p^*)\tilde{N}(p) = \lambda'(p^*) \lim_{p\to p^*+0} (p-p^*)^2 \tilde{M}(p) \tag{A 9.79}$$

の関係が成り立つことも示されるので，これと (A 9.78) とを比較すると $\bar{v}_\infty$ が (A 9.51) で与えられることが分る．

$\tilde{N}(p), \tilde{M}(p)$ の $p=p^*$ での特異性について証明するために

---

* G. Doetsch，前掲書，p. 459，定理 6.

$$\lambda_n(p) \equiv \frac{1}{n+1}\sum_{\alpha=0}^{n}\log(p+1-m_\alpha) \qquad (\mathrm{Re}\, p>\hat{m}-1) \qquad \text{(A 9. 80)}$$

を導入し，(A 9. 11)の $\tilde{N}_n(p)$ を

$$\tilde{N}_n(p) = e^{-(n+1)\lambda_n(p)} \qquad (n=0, 1, 2, \cdots) \qquad \text{(A 9. 81)}$$

と表わそう．(A 9. 70)の $\lambda(p)$ は $\lambda_n(p)$ の極限

$$\lambda(p) = \lim_{n\to\infty}\lambda_n(p) \qquad \text{(A 9. 82)}$$

である．$\lambda(p)$ については，$p \gtreqless p^*$ に応じて $\lambda(p) \gtreqless 0$ であることが分っている．この性質が(A 9. 82)の関係を通じて十分大きな n をもつ $\lambda_n(p)$ にもある程度伝染することに着目して

$$\tilde{N}(p) \equiv \sum_{n=0}^{\infty}\tilde{N}_n(p) = \sum_{n=0}^{\infty}e^{-(n+1)\lambda_n(p)} \qquad \text{(A 9. 83)}$$

$$\tilde{M}(p) \equiv \sum_{n=0}^{\infty}n\tilde{N}_n(p) = \sum_{n=0}^{\infty}ne^{-(n+1)\lambda_n(p)} \qquad \text{(A 9. 84)}$$

の解析性を調べようというのである．$\tilde{N}_n(p)$ 自身は(A 9. 11)の形から分るように $\mathrm{Re}\, p>\hat{m}-1$ では p について正則的である．したがって $\tilde{N}(p), \tilde{M}(p)$ が $\mathrm{Re}\, p>p^*$ で正則的であることを示すには，(A 9. 83), (A 9. 84)の無限級数が $\mathrm{Re}\, p>p^*$ である p に関して一様収束であることが保証されれば十分である．(A 9. 11)の具体的な形から，任意の $\varepsilon>0$ に対し

$$|\tilde{N}_n(p)| \leqq N_n(\mathrm{Re}\, p) \leqq \tilde{N}_n(p^*+\varepsilon) \qquad (\mathrm{Re}\, p\geqq p^*+\varepsilon>\hat{m}-1) \qquad \text{(A 9. 85)}$$

であることに注意すると，$\tilde{M}(p)$ に対し

$$|\tilde{M}(p)| \leqq \sum_{n=0}^{\infty}n|N_n(p)| \leqq \sum_{n=0}^{\infty}ne^{-(n+1)\lambda_n(p^*+\varepsilon)} \qquad (\mathrm{Re}\, p\geqq p^*+\varepsilon) \qquad \text{(A 9. 86)}$$

のように絶対評価ができる．他方 $\lambda(p^*+\varepsilon)>0$ であるので，(A 9. 82)からある適当な自然数 ν が存在して

$$\lambda_n(p^*+\varepsilon) > \frac{1}{2}\lambda(p^*+\varepsilon) > 0 \qquad (n=\nu, \nu+1, \nu+2, \cdots) \qquad \text{(A 9. 87)}$$

である．(A 9. 87)を(A 9. 86)に代入すると，級数 $\tilde{M}(p)$ が $\mathrm{Re}\, p>p^*+\varepsilon$ で p に関して一様に絶対収束することが分る．$\tilde{N}(p)$ についても，同様にして一様収束性が保証される．

次に，$p=p^*$ が $\tilde{N}(p), \tilde{M}(p)$ の特異点であることを言うには，(A 9. 83), (A 9. 84)の級数が $\hat{m}-1<p<p^*$ で発散することを示せばよい．このような p に対しては $\lambda(p)<0$ であるため，(A 9. 82)からある適当な自然数 ν が存在して

$$\lambda_n(p) < \frac{1}{2}\lambda(p) < 0 \qquad (n=\nu, \nu+1, \nu+2, \cdots) \qquad \text{(A 9. 88)}$$

である．これを

$$\sum_{n=0}^{\infty} \tilde{N}_n(p) \geqq \sum_{n=\nu}^{\infty} \tilde{N}_n(p) = \sum_{n=\nu}^{\infty} e^{-(n+1)\lambda_n(p)} \qquad (\hat{m}-1<p<p^*) \qquad \text{(A 9. 89)}$$

に用いると，(A 9. 83) の級数が $\hat{m}-1<p<p^*$ で発散することが分る．(A 9. 84) についても同様である．

$p \to p^*+0$ の極限値に関する関係 (A 9. 79) を示すため，極限値に関する de l'Hospital の定理を用いると

$$\lim_{p\to p^*+0}(p-p^*)\tilde{N}(p) = \lim_{p\to p^*+0}\frac{\tilde{N}(p)}{(p-p^*)^{-1}} = \lim_{p\to p^*+0}\frac{\frac{d}{dp}\tilde{N}(p)}{-(p-p^*)^{-2}}$$

$$= -\lim_{p\to p^*+0}(p-p^*)^2\frac{d}{dp}\tilde{N}(p) \qquad \text{(A 9. 90)}$$

である．ただし，等号は右辺の極限値が存在しているときにはじめて成り立つ．さて，(A 9. 83) を項別微分すると，$p>p^*$ で

$$\frac{d\tilde{N}(p)}{dp} = -\sum_{n=0}^{\infty}(n+1)\lambda_n'(p)e^{-(n+1)\lambda_n(p)} = -\sum_{n=0}^{\infty}(n+1)\lambda_n'(p)\tilde{N}_n(p)$$

$$\text{(A 9. 91)}$$

である．この項別微分は，$p>p^*$ で右辺の級数の一様収束が以下の議論で分るので，許される．

(A 9. 80) によれば $\lambda_n'(p)$ は

$$\lambda_n'(p) = \frac{1}{n+1}\sum_{\alpha=0}^{n}\frac{1}{p+1-m_\alpha} \qquad \text{(A 9. 92)}$$

である．この表式を $\lambda_n'(p^*)$ のそれと比較すると

$$\lambda_n'(p^*) - \frac{p-p^*}{(p^*+1-\hat{m})^2} < \lambda_n'(p) < \lambda_n'(p^*) \qquad (p>p^*) \qquad \text{(A 9. 93)}$$

であることが分る．そこで (A 9. 91) を (A 9. 90) に代入し，(A 9. 93) を用いると

$$\lim_{p\to p^*+0}(p-p^*)\tilde{N}(p) = \lim_{p\to p^*+0}(p-p^*)^2\sum_{n=0}^{\infty}(n+1)\lambda_n'(p^*)\tilde{N}_n(p) \qquad \text{(A 9. 94)}$$

を得る．ただし途中で (A 9. 78) に注意した．

さて，(A 9. 51) の $\bar{v}_\infty$ を上の命題で引用するとき，我々は既に暗黙の中に $\lambda'(p^*)$ の存在

$$\lim_{n\to\infty}\lambda_n'(p^*) = \lambda'(p^*) \qquad \text{(A 9. 95)}$$

を仮定していた．したがって，任意の $\varepsilon>0$ に対して適当な自然数 ν が存在して

$$\lambda'(p^*)-\varepsilon < \lambda_n'(p^*) < \lambda'(p^*)+\varepsilon \qquad (n=\nu, \nu+1, \nu+2, \cdots) \qquad \text{(A 9. 96)}$$

である．これを (A 9. 94) に代入し，(A 9. 78) に注意すると

$$\lim_{p\to p^*+0}(p-p^*)\tilde{N}(p) \lesseqgtr \{\lambda'(p^*)\pm\varepsilon\}\lim_{p\to p^*+0}(p-p^*)^2\tilde{M}(p) \qquad \text{(A 9. 97)}$$

を得る．ε は任意の正数であるから，(A 9. 97) は証明すべき (A 9. 79) に等価である．

なお，(A 9.91)を書き下す際に仮定した右辺の一様収束性は，(A 9.93)，(A 9.96)を用いて得られる評価

$$\sum_{n=\nu}^{\infty}(n+1)\lambda_n'(p)\tilde{N}_n(p) < \{\lambda'(p^*)+\varepsilon\}\{\tilde{M}(p)+\tilde{N}(p)\} \qquad \text{(A 9.98)}$$

によって，既に示された $\tilde{N}(p)$, $\tilde{M}(p)$ の一様収束性に帰着されることを補足しておこう．

これで一般の非古典列 $\{m_n\}$ の漸近挙動に関する命題の証明を終ったので，この命題によって1つの例を調べてみよう．

[例5]　マルサス径数の列 $\{m_n\}$ が区間 $[0, \hat{m}]$ 上に一様分布している場合．

このとき(A 9.70)の $\lambda(p)$ は

$$\lambda(p) = \frac{1}{\hat{m}}\int_0^{\hat{m}} dm \log(p+1-m)$$

$$= \frac{1}{\hat{m}}\{(p+1)\log(p+1)-(p+1-\hat{m})\log(p+1-\hat{m})\}-1 \qquad \text{(A 9.99)}$$

となる．したがって，$\{m_n\}$ が非古典列である条件(A 9.71)は

$$\lambda(\hat{m}-1+0) = \log\hat{m}-1 < 0 \qquad \text{(A 9.100)}$$

すなわち $\hat{m}<e$ の場合である．このとき p^* を決定する(A 9.50)は超越方程式となるので，数値解法によって p^* を決定し，(A 9.51)によって $\bar{v}_\infty$ を求めた結果が図A 9.1である．$\bar{v}_\infty$ は $\hat{m}=0$ のときの値1から出発して，$\hat{m}$ と共に単調に減少し，$\hat{m}=e-0$ のとき値が0となる．また $p^*-\hat{m}/2$ は $\hat{m}=0$ のときの値0から出発して，$\hat{m}$ と共に単調に増大し，$\hat{m}=e-0$ のとき $p^*-\hat{m}/2=\hat{m}/2-1$ の直線に滑らかに接続する．

最後に $N(t)$ の $t\to\infty$ での漸近挙動(A 9.73)または(A 9.74)の生物的意味について補

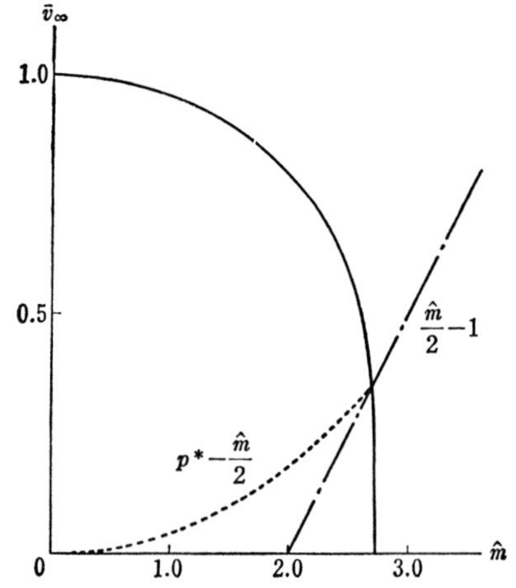

図 A 9.1　極限平均進化速度 $\bar{v}_\infty$ の $\hat{m}$ 依存性．破線は $p^*-\hat{m}/2$ の $\hat{m}$ 依存性を与える．

足しておこう．一般に $N(t)$ の時間変化は，(9. 5. 4) から

$$\frac{dN(t)}{dt}=\sum_{n=0}^{\infty}\dot{N}_n(t)=\sum_{n=0}^{\infty}[\{m_n(t)-1\}N_n(t)+N_{n-1}(t)]$$
$$=\sum_{n=0}^{\infty}m_n(t)N_n(t)=\bar{m}(t)N(t) \tag{A 9.101}$$

となる．ただし，ここで $\bar{m}(t)$ は

$$\bar{m}(t)\equiv\sum_{n=0}^{\infty}m_n(t)N_n(t)/N(t)=\sum_{n=0}^{\infty}m_n(t)x_n(t) \tag{A 9.102}$$

であって，時刻 t における集団の平均マルサス径数である．(A 9.101) を積分すると

$$N(t)=\exp\left[\int_0^t dt'\bar{m}(t')\right] \tag{A 9.103}$$

となる．そこで $\bar{m}(t)$ の長時間平均 $\bar{\bar{m}}$ は

$$\bar{\bar{m}}\equiv\lim_{t\to\infty}\frac{1}{t}\int_0^t dt\bar{m}(t')=\lim_{t\to\infty}\frac{1}{t}\log N(t) \tag{A 9.104}$$

のように計算されることになる．したがって，漸近挙動 (A 9.73), (A 9.74) はそれぞれ $\bar{\bar{m}}=p^*$, $\bar{\bar{m}}=\hat{m}-1$ を意味することになる．すなわち $\{m_n\}$ が非古典列の場合の p^* は，集団の平均マルサス径数の長時間平均を与えることになる．(A 9.74) は，$\{m_n\}$ が最初の有限個を除いて周期列であるような古典列の場合に，$\bar{\bar{m}}=\hat{m}-1$ であることを示している．一般の古典列の場合については一般的なことは分らないのであるが，上で調べた例 5 において p^* が $\hat{m}\to e-0$ のとき $\hat{m}-1$ に滑らかに接続した事実は，$0<\hat{m}<e$ が非古典列，$\hat{m}>e$ が古典列に対応することと併せ考えると，一般の古典列でも $\bar{\bar{m}}=\hat{m}-1$ が成り立っている可能性を示唆しているようにも思われる．

揺動淘汰モデル

揺動淘汰モデルでは，マルサス径数 $m_n(t)$ が定常確率過程であって，添数 n が異なるものは互いに独立かつ同等な確率過程であると仮定する．これは揺動環境下での自然淘汰のモデル化であるが，特に興味ある環境変動は一定の平均持続時間 τ をもって揺動するようなものである．以下ではこのことを念頭において解析を進めよう．

さて，$\{m_n(t)\}$ が確率過程であるから進化速度 $\bar{v}_\infty$ も確率変数となる．そこで，調べたいのは $\bar{v}_\infty$ の統計平均 $\langle\bar{v}_\infty\rangle$ など標本ごとに決まる漸近挙動の平均であるが，これは難しい問題であって未だ求められていない．ここではその代りに，平均量の漸近挙動を調べることで満足しよう．すなわち，$\langle M(t)\rangle, \langle N(t)\rangle$ の漸近挙動を調べ (9. 5. 28) で定義される

$$\tilde{v}_\infty\equiv\lim_{t\to\infty}\frac{1}{t}\frac{\langle M(t)\rangle}{\langle N(t)\rangle} \tag{A 9.105}$$

を求めよう．

まず，(A 9.1)～(A 9.3) から $N_n(t)$ は $\{m_\alpha(t);\alpha=0,1,\cdots,n\}$ に依存するが，それ以外のマルサス径数には無関係であることが分る．したがって，(A 9.1), (A 9.2) から

$$\langle N_0(t)\rangle = \langle U_0(t,0)\rangle \qquad \text{(A 9.106)}$$

$$\langle N_n(t)\rangle = \int_0^t dt'\langle U_n(t,t')\rangle\langle N_{n-1}(t')\rangle \qquad (n=1,2,3,\cdots) \qquad \text{(A 9.107)}$$

の漸化式が成り立つ．(A 9.107)を導く際，添数 n の異なる $m_n(t)$ の独立性を用いた．ここで，$\langle U_n(t,t')\rangle$ は(A 9.3)から

$$\langle U_n(t,t')\rangle = \left\langle \exp\left[\int_{t'}^t dt''\{m_n(t'')-1\}\right]\right\rangle \qquad \text{(A 9.108)}$$

である．$m_n(t)$ の定常性から，$\langle U_n(t,t')\rangle$ は時間 t, t' に $t-t'$ を通してのみ依存することになる．したがって(A 9.107)の右辺は $\langle U_n\rangle$ と $\langle N_{n-1}\rangle$ とのたたみ込みである．そこで漸近挙動を調べるために，定数適応度モデルの場合とほとんど同様の議論ができることになる．すなわち，$\langle N_n(t)\rangle$ のラプラス変換

$$\langle \tilde{N}_n(p)\rangle \equiv \int_0^\infty dte^{-pt}\langle N_n(t)\rangle \qquad \text{(A 9.109)}$$

を導入すると，(A 9.106), (A 9.107)から

$$\langle \tilde{N}_n(p)\rangle = \prod_{\alpha=0}^{n}\langle \tilde{U}_\alpha(p)\rangle = \langle \tilde{U}_0(p)\rangle^{n+1} \qquad (n=0,1,2,\cdots) \qquad \text{(A 9.110)}$$

が得られる．ここで

$$\langle \tilde{U}_n(p)\rangle \equiv \int_0^\infty dte^{-pt}\langle U_n(t,0)\rangle \qquad (n=0,1,2,\cdots) \qquad \text{(A 9.111)}$$

であるが，確率過程 $m_n(t)$ の n に関する同等性から，添数 n 依存性がないことに注意した．したがって，$\langle N(t)\rangle, \langle M(t)\rangle$ のラプラス変換 $\langle \tilde{N}(p)\rangle, \langle \tilde{M}(p)\rangle$ は

$$\langle \tilde{N}(p)\rangle = \sum_{n=0}^{\infty}\langle \tilde{N}_n(p)\rangle = \langle \tilde{U}_0(p)\rangle/\{1-\langle \tilde{U}_0(p)\rangle\} \qquad \text{(A 9.112)}$$

$$\langle \tilde{M}(p)\rangle = \sum_{n=0}^{\infty} n\langle \tilde{N}_n(p)\rangle = \langle \tilde{U}_0(p)\rangle^2/\{1-\langle \tilde{U}_0(p)\rangle\}^2 \qquad \text{(A 9.113)}$$

のように $\langle \tilde{U}_0(p)\rangle$ を用いて表わされる．これらの関係は統計平均 $\langle\cdot\rangle$ が付加されている点を除くと，定数適応度モデルの例1の場合のものと完全に形式的に対応している．そこで，ほとんど同じ途中の議論を繰り返すことを避け，進化速度 $\bar{v}_\infty$ を与える手順だけを述べることにしよう．まず，(A 9.50)に対応して

$$\langle \tilde{U}_0(p^*)\rangle = 1 \qquad \text{(A 9.114)}$$

を満足する実数部最大の p^* を決定する．すると進化速度 $\bar{v}_\infty$ は，(A 9.51)に対応して

$$\bar{v}_\infty = -\frac{1}{\langle U_0'(p^*)\rangle} \qquad \text{(A 9.115)}$$

によって与えられる．

最後にこの手順によって，典型的な持続型揺動淘汰の例に対する進化速度 $\bar{v}_\infty$ を調べよう．

［例6］　$m_n(t)$ が $[0, \hat{m}]$ の値を取る定常マルコフ過程であって，時刻 t に $m_n(t)=$

m であったときに，時刻 t' $(>t)$ に $m_n(t')=m'$ である推移確率密度が

$$p(m', t'|m, t) = e^{-(t'-t)/\tau}\delta(m-m') + (1-e^{-(t'-t)/\tau})\frac{1}{\hat{m}} \qquad \text{(A 9.116)}$$

である場合.

このとき，(A 9.111) の $\langle \tilde{U}_0(p) \rangle$ はマルコフ過程の Feynman-Kac の公式を用いるとあらわな形に求めることができる．途中を省略して結果だけ示すと

$$\langle \tilde{U}_0(p) \rangle = \frac{\log[P/(P-\hat{m})]}{\hat{m}-\tau^{-1}\log[P/(P-\hat{m})]} \qquad \text{(A 9.117)}$$

となる．ただし，ここで

$$P \equiv p+1-\frac{1}{\tau} \qquad \text{(A 9.118)}$$

と置いた．(A 9.117) を用いると，(A 9.114) を満足する p^* は

$$p^* = \frac{\hat{m}}{2}+\left(1+\frac{1}{\tau}\right)\left(\frac{\hat{m}_e}{2}\coth\frac{\hat{m}_e}{2}-1\right) \qquad \text{(A 9.119)}$$

となる．ただし，ここで

$$\hat{m}_e \equiv \frac{\hat{m}}{1+1/\tau} \qquad \text{(A 9.120)}$$

と置いた．この p^* を用いて (A 9.115) の $\tilde{v}_\infty$ を計算すると

$$\tilde{v}_\infty = \left(\frac{\hat{m}_e/2}{\sinh(\hat{m}_e/2)}\right)^2 \leqq 1 \qquad \text{(A 9.121)}$$

を得る.

以上の結果で最も著しいことは，進化速度 $\tilde{v}_\infty$ が有効変動幅とでも名付けられるべき (A 9.120) で定義される $\hat{m}_e$ の値を通してモデルパラメタ $\hat{m}, \tau$ に依存することである.

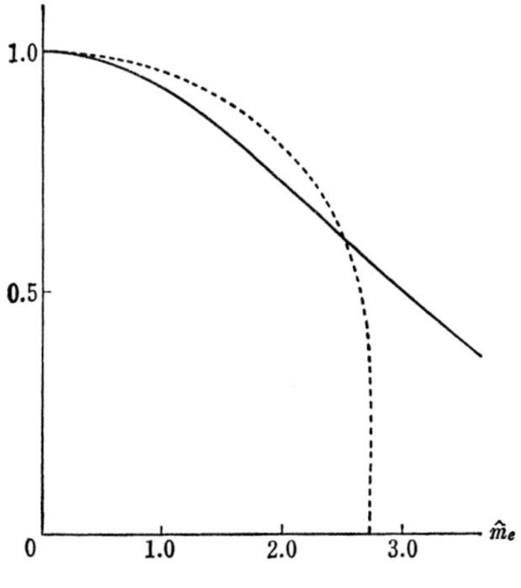

図 A 9.2　進化速度 $\tilde{v}_\infty$ の $\hat{m}_e$ 依存性．破線は $\tilde{v}_\infty$ の $\hat{m}_e$ 依存性 (図 A 9.1 参照).

しかも $\tilde{v}_\infty$ は $\hat{m}_e$ の単調減少関数であって，$\hat{m}_e=0$ のときの値1から出発して $\hat{m}_e=+\infty$ のとき値が0となる．図A 9.2 は $\tilde{v}_\infty$ を $\hat{m}_e$ の関数として図示したものである．

(A 9.120) によれば $\hat{m}_e$ は τ の単調増大関数であって，$\tau=0$ のときの値0から出発して $\tau=\infty$ のとき値が $\hat{m}$ に等しくなる．このことを $\tilde{v}_\infty$ が $\hat{m}_e$ の単調減少関数であることと併せ考えると，進化速度 $\tilde{v}_\infty$ は平均持続時間 τ の単調減少関数であることが分る．

また，$\tau=\infty$ のとき，今考えているモデルは定数適応度モデルで考えた例5に外ならない．このとき $\hat{m}_e=\hat{m}$ であるので，図A 9.2 に図A 9.1 の進化速度 $\bar{v}_\infty$ を $\hat{m}_e$ の関数として破線によって併せ示しておいた．両者を比較して分るように，$\tau=\infty$ のとき $\tilde{v}_\infty$ は $\bar{v}_\infty$ とかなりの食い違いを示し，特に $\hat{m}_e\geq 1$ において両者の差が大きい．このことは $\tilde{v}_\infty$ の定義 (A 9.105) からすると十分予想されることであって，$\tilde{v}_\infty$ が $\langle \bar{v}_\infty \rangle$ の良い近似であることが期待できるのは $\tau\ll 1$ の場合に代表されるような τ が十分小さい場合なのである．

文献・参考書

第1章

本書は応用数学叢書中の1冊として，数理に重点をおいて記述した．数理的研究を必要とする現実と，現実が数理に課している枠組の大筋は第1章において述べたが，生物集団と進化の数理を数理科学として研究しようとする方々が，くわしく具体的な現実と従来までの研究を学ぶための全般的参考書として，

[1] Lotka, A. J.: Elements of Mathematical Biology, Dover (1956)

[2] Fisher, R. A.: The Genetical Theory of Natural Selection (2nd revised ed.), Dover (1958)

[3] Dobzhansky, Th., Ayala, F. J., Stebbins, G. L. and Valentine, J. W.: Evolution, W. H. Freeman (1977)

[4] Roughgarden, J.: Theory of Population Genetics and Evolutionary Ecology: An Introduction, Macmillan (1979)

がそれぞれ古典的および最近の成書として特にすすめられる．[1], [2] はそれぞれ，1924年，1930年に出版され，数理生物学，数理生態学，進化遺伝学に大きな影響を与えた有名な書物の改訂版であり，今なお学ぶところが多い．[3], [4] はこの分野の研究の最近に至るまでの概観と幾多の文献の所在を与え，今後研究すべき問題をいろいろ示唆している．なお幾分古くはなったが

[5] 駒井卓:『遺伝学に基づく生物の進化』，培風館 (1963)

は平易に，しかもかなりくわしく生物進化の研究の歴史と問題点を教えてくれる．

第2章～第5章

集団遺伝学理論の参考書として，

[6] Crow, J. F. and Kimura, M.: An Introduction to Population Genetics Theory, Harper & Row (1970)

[7] Cavalli-Sforza, L. L. and Bodmer, W. F.: The Genetics of Human Populations, W. H. Freeman (1971)

[8] 木村資生編:『ヒト遺伝の基礎』(岩波講座現代生物科学 6)，岩波書店 (1975)

[9] Kimura, M. and Ohta, T.: Theoretical Aspects of Population Genetics, Princeton Univ. Press (1971)

[10] Ewens, W. J.: Mathematical Population Genetics (Biomathematics Vol. 9), Springer-Verlag (1979)

などがある．[6] は集団遺伝学の理論全般にわたってよくまとめて解説してある．目下

新しい内容を加えて改訂版の執筆中と聞く．[7],[8] はヒト集団遺伝学に重点をおいているが，集団遺伝学の一般理論もかなり解説されている．このうち，[7] はこの分野の代表的な大部の良書，[8] は小部ながらより新しい知見も含めてまとめられている．[9] は遺伝的変異，分子進化，遺伝子座間相関など著者らの理論的研究を中心に解説したもの．[10] は比較的最近の話題まで含め，数学的側面に重点をおいて書かれたものである．

集団遺伝学の確率論的モデルの参考書としては，

[11] Li, W. (ed.) : Stochastic Models in Population Genetics, Dowden, Hutchinson & Ross (1977)

[12] Maruyama, T.: Stochastic Problems in Population Genetics, Springer-Verlag (1977)

[13] 福島正俊・石井一成:『自然現象と確率過程』(入門 現代の数学 10)，日本評論社 (1980)

などがある．[11] は編者の序文およびコメントに従って 1975 年頃までの主要論文が集められており，この分野の研究全般の歴史的な流れを学ぶことができる．[12] はコルモゴロフの後退方程式を中心に据えて書かれた講義録で，地理的構造の扱いにくわしい．[13] は前半で確率過程の一般的考え方や手法を数理科学者向きに簡明に解説し，後半でその集団遺伝学への応用を紹介したもの．揺動淘汰や生物進化モデルなど新しい試みを含めてほぼ自己充足的に書かれているのが特徴である．

第 6 章

数理生態学の入門書として，[4] の他

[14] Pielou, E. C.: An Introduction to Mathematical Ecology, Wiley-Interscience (1969) (南雲仁一監訳:『数理生態学』，産業図書 (1974))

[15] Rosen, R.: Dynamical System Theory in Biology, Vol. 1, Stability and its Applications, John Wiley & Sons (1970) (山口昌哉・重定南奈子・中島久男訳:『生物学におけるダイナミカルシステムの理論』，産業図書 (1974))

[16] 大沢文夫・寺本英編:『生命の物理』(岩波講座現代物理学の基礎 9，第 2 版)，岩波書店 (1978)，第 11, 12 章

などがある．[14] は生態学における種々の数学的問題を紹介した入門書，[15] は力学系という観点から，種々の生命現象のモデル化を論じた参考書，[16] では数理生態学の統計力学的側面を強調して個体数変動の問題がまとめられている．

本書では割愛したが，個体数の空間変動は最近活潑に研究されている興味ある分野で，これについては

[17] Okubo, A.: Diffusion and Ecological Problems: Mathematical Models, Springer-Verlag (1980)

がよい参考になる．

第7章

中立アレル・モデルの様々なモデルは木村資生らによって始めて考案され，その性質が解明された．本書では簡単な少数のモデルだけを取り上げ，その性質をなるべく統一的に解析することを試みた．取り上げられなかった他の中立アレル・モデルやその性質については，[6],[9] に手際よくまとめられた紹介がある．また，[12] も，拡散過程の統一的応用を試みる際の例として多くの中立アレル・モデルを取り上げており参考になる．

§7.1

(7.1.25) は

[18] Kimura, M.: Some problems of stochastic processes in genetics, Ann. Math. Stat., **28** (1957), 882-901

で求められた．(7.1.26) は

[19] Kimura, M.: The length of time required for a selectively neutral mutant to reach fixation through random frequency drift in a finite population, Genet. Res., **15** (1970), 131-133

で求められた．(7.1.31) は

[20] Kimura, M. and Ohta, T.: The average number of generations until fixation of a mutant gene in a finite population, Genetics, **61** (1969), 763-771

で求められた．(7.1.32) は

[21] Kimura, M. and Ohta, T.: The average number of generations until extinction of an individual mutant gene in a finite population, Genetics, **63** (1969), 701-709

で求められた．(7.1.43) は

[22] Kimura, M.: Solution of a process of random genetic drift with a continuous model, Proc. Natl. Acad. Sci., **41** (1955), 144-150

で求めれらた．

§7.2

(7.2.30), (7.2.42) は

[23] Stewart, F. M.: Variability in the amount of heterozygosity maintained by neutral mutations, Theoret. Popul. Biol., **9** (1976), 188-201

で求められた．(7.2.40) は

[24] Kimura, M.: Genetic variability maintained in a finite population due to mutational production of neutral and nearly neutral isoalleles, Genet. Res., **11** (1968), 247-269

で求められた．(7.2.44) は [9] で求められた．

§7.3

この節の結果は

[25]　Ohta, T. and Kimura, M.: Linkage disequilibrium at steady state determined by random genetic drift and recurrent mutation, Genetics, **63** (1969), 229-238

で求められた.

§7.4

定常解(7.4.15)は次の [26] で求められた.

[26]　Kimura, M. and Weiss, G. H.: The stepping stone model of population structure and the decrease of genetic correlation with distance, Genetics, **49** (1964), 561-576

定常解への接近の仕方(7.4.42)は，空間添数 n を連続化したモデルについて，

[27]　Nagylaki, T.: The decay of genetic variability in geographically structured populations, II, Theoret. Popul. Biol., **10** (1976), 70-82

で求められた.

第8章

生物学における確率過程の参考書としては，[10]～[13] に加え，

[28]　Bartlett, M. S.: Stochastic Population Models in Ecology and Epidemiology, Mathuen (1960)

[29]　Goel, N. S. and Dyn, N.: Stochastic Models in Biology, Academic Press (1974) (寺本英・新田克己・芦田広訳:『生物学における確率過程の理論』，産業図書 (1978))

などが挙げられる．集団生物学の問題に加えて，[28] では疫学の問題，[29] ではニューロンの発火や化学反応速度の問題が紹介されている.

第9章

本章で扱った分子進化や多型現象をさらにくわしく学びたい方には下記の参考書を読むことをおすすめする.

[30]　Lewontin, R. C.: The Genetic Basis of Evolutionary Change, Columbia Univ. Press (1974)

[31]　Nei, M.: Molecular Population Genetics and Evolution, North-Holland (1975)

[32]　木村資生・近藤宗平編:『生命の起源と分子進化』(岩波講座現代生物科学 7)，岩波書店 (1976)

[33]　向井輝美:『集団遺伝学』，講談社 (1978)

索　引

ア 行

アデニン adenine　7
アリー効果 Allee effect　93
アレル allele (→対立遺伝子)　**10**, 38
アレル状態 allelic state　10
鞍状点 saddle point　105
安定 stable　15
安定共存 stable coexistence　**95**, 102
移住 migration　139
移住率 migration rate　139
1倍体 haploid　**6**, 29, 51
遺伝学 genetics　1
遺伝型 genotype　38
遺伝型頻度 genotype frequency　37, **39**
遺伝子 gene　**8**, 38
遺伝子座 locus　10
遺伝子座間相関 inter-locus correlation　80, 129
遺伝子頻度 gene frequency　38
遺伝的距離 genetic distance　181
遺伝的多型 genetic polymorphism　186
餌と捕食者 prey-predator　**94**, **105**
エピスタシス epistasis　90
mRNA　→メッセンジャー RNA
オペレーター operator　9

カ 行

Gauss の記号　25
拡散過程 diffusion process　60, 123
拡散過程近似 diffusion process approximation　**67**, 124, 150, 158
拡散係数 diffusion coefficient　**62**, 67, 74, **123**, 124, 153, 169
確率流の強さ probability flux　**63**, 75, 124, 163, 170
渦状点 focus　109
渦心点 center　109
完全優性 complete dominant　**40**, 49
完全劣性 complete recessive　40
擬固定 quasi-fixation　35, 150
擬消滅 quasi-extinction　150
木村資生　12, 81, 184
競合的 competitive　**93**, 94
共生的 symbiotic　93, 100
競争的排除則 competitive exclusion principle　98
寄与的 contributive　93
近交係数 inbreeding coefficient　**41**, 55, 82, 139
グアニン guanine　8
組換え recombination　30, 35, **81**, 130
組換え率　81
グリーン関数 Green function　71
K アレル・モデル K allele model　**122**, 154, 192
結節点 nodal point　105
ゲノム genome　**6**, 29, 35
減数分裂 meiosis　**6**, 81
構造遺伝子 structure gene　**8**, 175
個体群生態学 population ecology　2
固定 fixation　35, 59
固定確率 fixation probability　**64**, 68, 73, 160
固定過程 fixation process　**68**, 113, 159
固定までの待ち時間 waiting time until fixation　**69**, 73, 118, 162, **185**
古典列 classical sequence　198

コドン codon　8
Kolmogorov の後退方程式 Kolmogorov backward equation　**63**-65, 69
Kolmogorov の前進方程式 Kolmogorov forward equation　**62**, 74, 123

サ 行

サイズ効果 size effect　58
座間相関(遺伝子座の) inter-locus correlation　80, 129
自然淘汰の基本定理 fundamental theorem of natural selection　**45**, 196
自然突然変異率 spontaneous mutation rate　47
持続時間 duration time　**153**, 189, 199
子孫 progeny　30
シトシン cytosine　8
終局固定確率 ultimate fixation probability　**69**, 117, 159
集団遺伝学 population genetics　2
集団構造 population structure　139
集団生物学 population biology　3
周辺分布 marginal distribution　125, 172
消滅 extinction　59
消滅確率 extinction probability　73
進化速度 evolution rate (→分子進化速度) 195
新ダーウィニズム neo-Darwinism　113
推移確率 transition probability　61
推移確率密度 transition probability density　61
スケーリング scaling　68, 160
生態学的座 ecological locus　11
生態的地位 ecological niche　97
接合 conjugation, copulation　**6**, 35
接合子 zygote　**6**, 35
接合子選択 zygotic selection　**38**, 45
ゼロクライン zero-cline　**95**, 101, 106
漸近安定 asymptotically stable　104
線形マルサス径数モデル linear Malthusian model　**43**, 46, 94
染色体 chromosome　7
選択係数 selection coefficient　38, 183
選択交配 assortative mating　37
相同遺伝子 homologous gene　41
相同蛋白質 homologous protein　176
祖先 ancestor　**30**, 176, 194

タ 行

体細胞分裂 somatic cell division　6
対立遺伝子 allele　10
Darwin, C.　1, 185
多型現象 polymorphism　175
多型的 polymorphic　**127**, 186
多型的である確率 probability of polymorphism　127
蛋白質 protein　9, 175, 186
蛋白多型 protein polymorphism　186
チミン thymine　8
Chapman-Kolmogorov の等式 Chapman-Kolmogorov equation　61, 63
中心極限定理 central limit theorem　149
中立アレル・モデル neutral allele model　113
中立的 neutral　93
中立2座位モデル neutral two locus model　130
超幾何微分方程式 hypergeometric differential equation　**114**, 146
超優性 overdominance　**40**, 49, 191
地理的隔離 geographical isolation　139
tRNA　→転移 RNA
DNA　7
定差ロジスチック方程式 logistic difference equation　16, **26**, 28
定常解 stationary solution　104
定常ガウス過程 stationary Gaussian process　151

定常分布 stationary distribution　74
定数適応度モデル constant fitness model　197, 201
ディリクレ分布 Dirichlet distribution　125
適応的変化 adaptive change　200
適応度 fitness　**14**, 29, 31, 37, 148
転移 RNA (tRNA)　8
転写 transcription　8
等価 K アレル・モデル equivalent K allele model　**168**, 193
淘汰有利度 selective advantage　**34**, 73, 114, 149
突然変異 mutation　10, 47, 74
突然変異率 mutation rate　**10**, 47, 182
飛び石モデル stepping stone model　139
de Vries, H.　1
ドリフト係数 drift coefficient　**62**, 67, 74, 123, 124, 153, 169

ナ 行

2 アレル・モデル two allele model　**29**, 51, 79, 121, 129, 151, 162
2 状態近似 2 state approximation　173
2 倍体 diploid　**6**, 35, 54
任意交配 random mating　**37**, 39, 82, 139
根井正利　180
Nevo, E.　187

ハ 行

配偶子 gamete　**6**, 36
配偶子選択 gametic selection　**38**, 45
倍数体 polyploid　6
Hardy, G. H.　39
Hardy-Weinberg の公式 Hardy-Weinberg law　39
Hubby, J. L.　181
Harris, H.　181
繁殖価 reproductive value　22
半優性 semi-dominant　40
非古典列 non-classical sequence　198
表現型 phenotype　38
ピリミジン pyrimidine　7
不安定 unstable　15
Fisher, R. A.　2, 22, 45, 196
夫婦 couple　54
復帰確率 recurrence probability　177
プリン purine　7
分子集団遺伝学 molecular population genetics　3
分子進化速度 molecular evolution rate　175, **176**, 182, 193
分子進化の環境ゆらぎ説 fluctuating environment theory of molecular evolution　193, 200
分子進化の中立説 neutral theory of molecular evolution　3, **184**, 192
分集団 subpopulation　139
平均ヘテロ接合度 average heterozygosity　**59**, 122, 127, 165, 173, 187
平均マルサス径数 average Malthusian parameter　**33**, 44, 46
平衡頻度 equilibrium frequency　**49**, 75
平衡分布 equilibrium distribution　**74**, 120, 162, 169
平衡齢構造 equilibrium age structure　19
ベータ関数 beta function　121
ヘテロ接合体 heterozygote　**39**, 186
ヘテロ接合度 heterozygosity　**59**, 122, 126, **186**
変異型, 変異株 mutant　**4**, 196
変更を伴う遺伝 descent with modifications　1
偏微分作用素 partial differential operator　64, 123, 130, 154, 157
母関数 generating function　56, 69,

114, 119, 141
ホモ接合体 homozygote 39
ホモ接合度 homozygosity 169
Volterra, V. 2, 98, 112
Haldane, J. B. S. 2
翻訳 translation 8

マ 行

Malthus, T. R. 2
マルサス径数 Malthusian parameter **24**, 29, 31, 37, 41, 92
密度効果 density effect 15, 93
無限アレル・モデル infinite allele model 129
無作為抽出の効果 random sampling effect (→サイズ効果) 56
May, R. M. 16
メッセンジャー RNA (mRNA) 8
Mendel, G. J. 1
メンデル集団 Mendelian population 139
Morgan, T. H. 1

ヤ 行

野生型, 野生株 wild-type 4, 196
有効集団サイズ effective population size 51, **57**, 192
優性 dominant 39
優性度 degree of dominance 39
ゆらぎの強度 magnitude of fluctuation 189
揺動環境 fluctuating environment 148, 185, 189, 193
揺動淘汰モデル stochastic selection model 149, 213
抑制的 suppressive 93

ラ 行

Wright, S. 2
ライト-フィッシャー・モデル Wright-Fisher model 55
ラプラス変換 Laplace transformation 69, 119, 201
Lamarck, J. B. P. A. M. 1
ランダム・ドリフト random drift **58**, 185, 200
離散時間モデル discrete time model 23, 31
Richardson, I. W. 99
リプレッサー represser 9
Ljapunov の関数 Ljapunov function 110, 112
Ljapunov の定理 Ljapunov theorem 110, 112
Linné, C. 1
Lewontin, R. C. 181
Rescigno, A. 99
劣性 recessive 39
レプリコン replicon 11
レプリコン頻度 replicon frequency **32**, 38, 79
連鎖非平衡 linkage disequilibrium 81, 130
連鎖平衡 linkage equilibrium 81, 130
連続時間モデル continuous time model 23, 31, 37
ロジスチック曲線 logistic curve 26
ロジスチック方程式 logistic equation 26
Lotka, A. J. 2
ロンスキアン Wronskian 147

ワ 行

Weinberg, W. 39

■岩波オンデマンドブックス■

生物集団と進化の数理

1980年11月14日　第1刷発行
2016年9月13日　オンデマンド版発行

著　者　松田博嗣（まつだひろつぐ）　石井一成（いしいかずしげ）

発行者　岡本　厚

発行所　株式会社　岩波書店
〒101-8002　東京都千代田区一ツ橋2-5-5
電話案内　03-5210-4000
http://www.iwanami.co.jp/

印刷／製本・法令印刷

ISBN 978-4-00-730486-6　Printed in Japan